航空气象

主 编 胡文江 赵巧莲 常江涛
副主编 牛珍聪 潘赫拉 杨 朴

北京航空航天大学出版社

内 容 简 介

本书系统介绍了与直升机飞行相关的航空气象基础知识和危险天气理论,同时还介绍了天气预报的基本原理和方法,并结合直升机飞行特点深入阐述了中低空复杂大气环境对飞行的影响,进一步描述了气象信息分析、运用的原理和方法,完整呈现新形势下航空气象保障的过程和方法,结合实际需求对我国周边重点区域的航空气候也进行了概述。

本书共分为十二章,包括大气概述、大气的运动、云和降水、能见度、天气系统、积冰、颠簸、雷暴、低空风切变、特殊地表上空飞行气象特点、常用航空气象图表和资料以及航空气候。

本书可作为航空飞行与指挥专业飞行学员理论教材,也可供航空勤务保障人员参考使用。

图书在版编目(CIP)数据

航空气象 / 胡文江,赵巧莲,常江涛主编. -- 北京:
北京航空航天大学出版社,2022.10
ISBN 978 - 7 - 5124 - 3904 - 7

Ⅰ.①航⋯ Ⅱ.①胡⋯ ②赵⋯ ③常⋯ Ⅲ.①航空学
—气象学—教材 Ⅳ.①V321.2

中国版本图书馆 CIP 数据核字(2022)第 185356 号

版权所有,侵权必究。

航空气象

主　编　胡文江　赵巧莲　常江涛
副主编　牛珍聪　潘赫拉　杨　朴
策划编辑　刘　扬　责任编辑　刘　扬

*

北京航空航天大学出版社出版发行

北京市海淀区学院路 37 号(邮编 100191)　http://www.buaapress.com.cn
发行部电话:(010)82317024　传真:(010)82328026
读者信箱:qdpress@buaacm.com　邮购电话:(010)82316936
北京建宏印刷有限公司印装　各地书店经销

*

开本:787×1 092　1/16　印张:16　字数:410 千字
2022 年 10 月第 1 版　2024 年 5 月第 2 次印刷
ISBN 978 - 7 - 5124 - 3904 - 7　定价:69.00 元

若本书有倒页、脱页、缺页等印装质量问题,请与本社发行部联系调换。联系电话:(010)82317024

编委会

主　编　　胡文江　　赵巧莲　　常江涛
副主编　　牛珍聪　　潘赫拉　　杨　朴
编　委　　晏宏宇　　赵　程　　于潇洋　　陈智谦　　陈万新　　陈嘉华
　　　　　　吕　磊　　张　杰　　李　浩　　胡　川　　王海波　　王耀虎
　　　　　　冯伟伟　　王倩茹　　元慧慧　　刘青松　　狄　旭

前　言

　　大气中的主要天气现象都发生在中低空,而直升机是一种全程在中低空飞行的航空器,故各类气象条件对直升机飞行有显著的影响。因此,强化航空气象知识,对提高直升机飞行员及各类保障人员在不同气象条件下趋利避害的能力具有重要的实践意义。

　　本书依据航空飞行与指挥专业人才培养方案、按照军事训练教材建设的有关规定编写。编写组认真梳理了多年教学研究成果,结合飞行训练实际情况,力求使本书适应部队实战化训练的现实需求。本书全面系统地阐述了航空气象基础理论知识、气象要素的变化规律、各种天气现象和天气系统的发生发展与演变规律以及其对飞行的影响;介绍了常用航空气象图表和气象资料的分析方法,以及其在航空勤务保障工作中的应用;同时对我国及周边地区的航空气候与区域性气象特点也进行了细致描述。

　　本书力求使飞行员在面对复杂天气现象时能够积极预想预防、正确判断处置,树立尊重科学、敬畏天气的飞行理念,养成严谨细致、勇敢果断的职业习惯,从而为促进个人飞行事业长久发展、终身发展筑牢稳固根基。本书在内容广度和深度上兼顾了知识的系统性、逻辑性,结构合理,理论性和应用性并重,可作为航空飞行与指挥专业飞行学员的理论教材,也可供航空勤务保障人员参考使用。

　　在本书编写过程中,主要参考了目前已公开出版的各类专著、教材、手册和其他相关的国内外文献资料。由于编者水平所限,书中错漏和不当之处在所难免,请读者批评指正。

编　者
2022 年 6 月

目 录

第1章 大气概述 ··· 1
1.1 大气的物理属性 ··· 1
　1.1.1 大气的组成 ··· 1
　1.1.2 大气的结构 ··· 3
　1.1.3 标准大气 ·· 6
　1.1.4 大气的基本物理性质 ·· 7
1.2 基本气象要素 ·· 8
　1.2.1 气　压 ·· 8
　1.2.2 气　温 ·· 12
　1.2.3 湿　度 ·· 14
　1.2.4 空气密度 ·· 16
　1.2.5 基本气象要素变化对飞行的影响 ···························· 17

第2章 大气的运动 ··· 20
2.1 大气环流 ·· 20
　2.1.1 大气环流的形成 ·· 20
　2.1.2 季　风 ·· 23
2.2 空气的水平运动 ··· 25
　2.2.1 风的表示 ·· 25
　2.2.2 风的形成 ·· 27
　2.2.3 风的变化 ·· 31
　2.2.4 地方性风 ·· 33
　2.2.5 风对飞行的影响 ·· 35
2.3 空气的垂直运动 ··· 36
　2.3.1 空气垂直运动的形成原因 ···································· 36
　2.3.2 空气垂直运动的种类及特点 ································· 36

第3章 云和降水 ··· 41
3.1 云的形成与分类 ··· 41
　3.1.1 积状云 ·· 43
　3.1.2 层状云 ·· 44
　3.1.3 波状云 ·· 46
　3.1.4 特殊状云 ·· 47

3.2 云的观测 48
　　3.2.1 云状的观测 49
　　3.2.2 云量的观测 49
　　3.2.3 云高的观测 50
3.3 低云的外貌特征及其对飞行的影响 50
　　3.3.1 淡积云(Cu hum) 52
　　3.3.2 浓积云(Cu cong) 53
　　3.3.3 积雨云(Cb) 53
　　3.3.4 碎积云(Fc) 54
　　3.3.5 层积云(Sc) 55
　　3.3.6 层云(St) 56
　　3.3.7 碎层云(Fs) 56
　　3.3.8 雨层云(Ns) 57
　　3.3.9 碎雨云(Fn) 58
3.4 降水 58
　　3.4.1 降水的基本概念及分类 58
　　3.4.2 降水的形成 60
　　3.4.3 降水对飞行的影响 61

第4章 能见度 63

4.1 能见度的基础知识 63
　　4.1.1 能见度的概念 63
　　4.1.2 影响能见度的主要因子 63
　　4.1.3 能见度的种类及特点 64
4.2 视程障碍天气观象 67
　　4.2.1 雾 67
　　4.2.2 固体杂质形成的视程障碍天气现象 69

第5章 天气系统 72

5.1 气团和锋 72
　　5.1.1 气 团 72
　　5.1.2 锋 74
5.2 锋面天气及其对飞行的影响 75
　　5.2.1 暖 锋 75
　　5.2.2 冷 锋 77
　　5.2.3 准静止锋 80
　　5.2.4 锢囚锋 80
5.3 气旋和反气旋 81

  5.3.1 气　旋 ··· 81
  5.3.2 反气旋 ··· 85
 5.4 槽线和切变线 ·· 88
  5.4.1 槽　线 ··· 89
  5.4.2 切变线 ··· 89
 5.5 热带天气系统 ·· 90
  5.5.1 热带辐合带 ··· 90
  5.5.2 东风波 ··· 91
  5.5.3 热带云团 ··· 92
  5.5.4 热带气旋 ··· 92

第 6 章　积　冰 ··· 96

 6.1 积冰的形成 ·· 96
  6.1.1 机上聚集冰层的机制 ··· 96
  6.1.2 直升机积冰的种类 ··· 97
 6.2 积冰的强度 ·· 99
  6.2.1 积冰强度的等级划分 ··· 99
  6.2.2 影响积冰强度的因子 ··· 99
 6.3 产生积冰的气象条件 ·· 100
  6.3.1 积冰与云中温度、湿度的关系 ·· 100
  6.3.2 积冰与云状的关系 ··· 100
  6.3.3 积冰与降水的关系 ··· 101
 6.4 积冰条件下的飞行 ·· 101
  6.4.1 积冰对飞行的影响 ··· 101
  6.4.2 积冰的预防和处置措施 ··· 102

第 7 章　颠　簸 ·· 104

 7.1 大气湍流 ·· 104
  7.1.1 大气湍流产生的原因 ··· 104
  7.1.2 大气湍流的种类 ··· 104
 7.2 颠簸强度的划分 ·· 107
 7.3 影响颠簸强度的因子 ·· 107
 7.4 颠簸层的特征 ·· 108
  7.4.1 颠簸层的水平分布 ··· 108
  7.4.2 颠簸层随纬度和高度的分布 ··· 108
 7.5 引起颠簸的天气系统和地区 ·· 109
  7.5.1 天气系统 ··· 109
  7.5.2 地区性颠簸 ··· 109

7.6 颠簸对飞行的影响及其处置方法 ·· 111
　　7.6.1 颠簸对飞行的影响 ·· 111
　　7.6.2 颠簸的处置方法 ·· 112

第8章 雷　暴 ·· 113

8.1 雷暴的结构和天气 ·· 113
　　8.1.1 一般雷暴的结构和天气 ·· 114
　　8.1.2 强雷暴云的结构和天气 ·· 118
8.2 雷暴与飞行 ·· 122
　　8.2.1 雷暴对飞行的影响 ·· 122
　　8.2.2 飞行中对雷暴的判断 ·· 125
　　8.2.3 在雷暴活动区中飞行应采取的措施 ·· 129
8.3 其他对流性天气 ·· 130
　　8.3.1 背风波 ·· 130
　　8.3.2 下坡风 ·· 134
　　8.3.3 城市热岛效应 ·· 135

第9章 低空风切变 ·· 137

9.1 低空风切变的定义 ·· 137
9.2 低空风切变的表现形式 ·· 137
　　9.2.1 顺风切变 ·· 137
　　9.2.2 逆风切变 ·· 137
　　9.2.3 侧风切变 ·· 138
　　9.2.4 垂直风切变 ·· 138
9.3 产生低空风切变的天气和环境条件 ·· 139
　　9.3.1 雷　暴 ·· 139
　　9.3.2 锋　面 ·· 140
　　9.3.3 辐射逆温型的低空急流 ·· 140
　　9.3.4 地形和地物 ·· 141
9.4 低空风切变对起飞着陆的影响 ·· 141
　　9.4.1 低空风切变飞行事故的特征 ·· 141
　　9.4.2 低空风切变对着陆的影响 ·· 142
9.5 低空风切变的判定和处置 ·· 144

第10章 特殊地表上空飞行气象特点 ·· 147

10.1 山地飞行气象特点 ·· 147
　　10.1.1 山地的气流 ·· 147
　　10.1.2 山地的云、雾和降水 ·· 149
　　10.1.3 山地飞行应注意的问题 ·· 151

10.2 高原飞行气象特点 ··· 151
 10.2.1 高原的气温、气压和空气密度 ··· 152
 10.2.2 高原的气流 ·· 152
 10.2.3 高原的云和降水 ·· 153

10.3 荒漠飞行气象特点 ··· 155
 10.3.1 荒漠的气温和风 ·· 155
 10.3.2 荒漠的云和降水 ·· 156
 10.3.3 荒漠飞行应注意的问题 ·· 156

10.4 海上飞行气象特点 ··· 157
 10.4.1 海上气流的特点 ·· 157
 10.4.2 海上雾的特点 ··· 158
 10.4.3 海上云的特点 ··· 159
 10.4.4 海上飞行应注意的问题 ·· 160

第11章 常用航空气象图表和资料 ·· 162

11.1 天气图 ··· 162
 11.1.1 地面天气图 ·· 162
 11.1.2 高空天气图 ·· 170

11.2 气象雷达回波图 ·· 173
 11.2.1 雷达探测基本知识 ··· 174
 11.2.2 雷达回波的识别 ·· 175

11.3 卫星云图 ··· 181
 11.3.1 气象卫星简介 ··· 181
 11.3.2 卫星云图的种类 ·· 183
 11.3.3 卫星云图的应用 ·· 184

11.4 飞行气象图表 ··· 185
 11.4.1 日常航空天气报告 ··· 185
 11.4.2 航空危险天气通报 ··· 187
 11.4.3 航空天气预报 ··· 187

11.5 航空气象电报 ··· 191
 11.5.1 报 头 ··· 192
 11.5.2 机场天气报告 ··· 194
 11.5.3 机场(航站)天气预报(TAF) ··· 200
 11.5.4 航路天气预报(ROFOR) ·· 203
 11.5.5 区域天气预报(ARFOR) ·· 207

第12章 航空气候 ·· 209

12.1 我国航空气候 ··· 209

12.1.1 我国航空气象要素分布 ··· 209
12.1.2 我国各区航空气候特征 ··· 212
12.2 我国周边地区气候特征 ·· 220
12.2.1 蒙　古 ··· 220
12.2.2 俄罗斯亚洲部分 ·· 221
12.2.3 中亚、西亚地区 ·· 221
12.2.4 朝鲜半岛 ·· 222
12.2.5 日　本 ··· 222
12.2.6 中南半岛 ·· 223

附录 A 航空气象术语中英文对照 ·· 224

附录 B 部分云图 ··· 230

附录 C 《气象与飞行》在线课程及教材简介 ··· 241

参考文献 ··· 242

第 1 章　大气概述

地球周围包围着一层深厚的空气,这层空气称为地球大气,简称大气。大气时刻不停地运动着,不断地改变着它的状态,从而呈现出各种各样的天气现象,影响直升机的飞行。

大气的物理状态可用气温、气压、湿度、空气密度等来表示。要了解天气的变化及其对飞行的影响,就必须从研究大气的物理状态着手。

1.1　大气的物理属性

1.1.1　大气的组成

大气是一种混合物,它由 3 部分组成:干洁空气、水汽和气溶胶粒子。

1. 干洁空气

干洁空气是构成大气的最主要成分,一般意义上所说的空气就是指这一部分。干洁空气主要由氮气和氧气构成,其体积分别占整个干洁空气的 78% 和 21%,余下的 1% 由其他几种气体构成,这些气体称为微量气体,如二氧化碳、臭氧、氩气、氖气等,如图 1-1 所示。

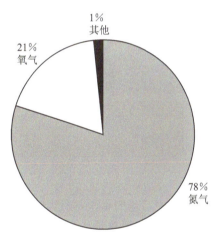

图 1-1　干洁空气的组成

在构成干洁空气的多种成分中,对天气影响较大的是臭氧和二氧化碳。

(1) 臭　氧

① 来源:氧分子在波长为 $0.1 \sim 0.24\ \mu m$ 的太阳紫外辐射下分解成氧原子,氧原子与氧分子结合而形成臭氧。

② 分布:臭氧主要分布在距海平面 $10 \sim 50\ km$ 的垂直范围内,其最大浓度出现在距海平面 $20 \sim 30\ km$ 高度处,大气低层的臭氧含量少。

③ 作用:臭氧吸收太阳紫外线而增温,使臭氧层温度升高,同时也使地球生物免受过多紫外线的伤害。

(2) 二氧化碳

① 来源:二氧化碳主要来源于有机物的燃烧(或腐化)、工业生产排放的废气和动植物的呼吸。

② 分布:二氧化碳多集中在 20 km 高度以下。它的含量一般是人口稠密的大城市多于郊区农村、阴天多于晴天、夜间多于白天、冬季多于夏季。

③ 作用:和大气的其他成分一样,二氧化碳不能直接吸收太阳短波辐射,但能大量吸收地

面的长波辐射,使地面上的热量不至于大量向外层空间散发,对地球起到了保温作用。这就是温室效应。

2. 水 汽

地表和潮湿物体表面的水分蒸发进入大气就形成了大气中的水汽。水汽是成云致雨的物质基础,大气中的水汽含量随着高度的增加而逐渐减少,因此大多数复杂天气都出现在中低空,高空天气往往很晴朗。水汽随大气运动而运动,并可在一定条件下发生状态变化,即气态、液态和固态之间的相互转换,如图1-2所示。水汽的状态变化过程伴随着热量的释放或吸收,如水汽凝结成水滴时要放出热量,放出的热量称为凝结潜热。反之,液态的水蒸发成水汽时要吸收热量。水汽直接冻结成冰的过程叫凝华,而冰直接变成水汽的过程叫升华。

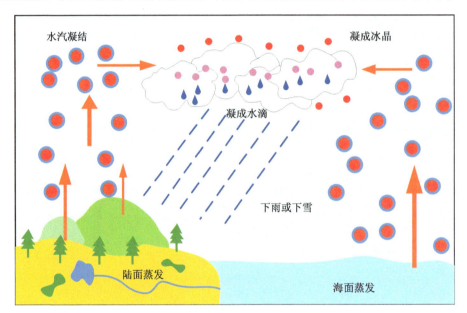

图1-2 水循环示意图

在大气中运动的水汽,通过状态变化传输热量,如甲地水汽移到乙地凝结,或低层水汽上升到高空凝结,就把热量从一个地方带到了另一个地方。热量传递是大气中的一个重要物理过程,与气温及天气变化关系密切。

作用:
- 在天气变化中扮演重要角色,是成云致雨的物质基础。
- 能强烈吸收地面放射的长波辐射并向地面和周围大气放出长波辐射,通过状态变化传输热量,影响空气温度。
- 释放潜热是剧烈天气的能源。

3. 气溶胶粒子

大气中的杂质称为气溶胶粒子,是指悬浮于大气中的固体微粒或水汽凝结物,固体微粒包括烟粒、盐粒、尘粒等。

① 来源:物质燃烧成的灰粉、海水飞沫蒸发后的盐粒、风扬起的灰尘、火山喷发的烟尘、流星燃烧后的余烬、花粉、细菌以及水汽的凝结物等。

② 作用:
- 吸收太阳辐射,使空气温度升高,但也削弱了到达地面的太阳辐射。
- 缓冲地面辐射冷却,部分补偿地面因长波有效辐射而失去的热量。
- 降低大气透明度,影响大气能见度。
- 充当水汽凝结核,对云、雾及降水形成有重要意义。

1.1.2 大气的结构

大气具有相当大的厚度,从垂直方向看,不同高度上的空气性质不同,但在水平方向上空气的性质却相对一致,即大气表现出一定的层状结构。这一结构可以通过对大气进行分层来加以描述,如图1-3所示。

1. 大气垂直分层的依据

大气垂直分层的主要依据是大气气温的分布特点,这一特点可用气温直减率来描述。气温直减率定义为:

$$\gamma = -\frac{\Delta t}{\Delta z} \tag{1-1}$$

式中,Δt 为气温变化值,单位为℃;Δz 为高度变化值,单位为 m;γ 为气温直减率,单位为 ℃/100 m。

因此,γ 表示气温随高度变化的快慢。在实际应用中,通常用高度每上升100 m,气温的降低值来表示 γ。例如,高度上升100 m,气温降低了0.65 ℃,即 $\gamma = 0.65$ ℃/100 m。若已知某高度 z_1 的气温为 t_1,大气的气温直减率为 γ,则另一高度 z_2 的气温 t_2 可用

$$t_2 = t_1 - \frac{(z_2 - z_1)}{100}\gamma \tag{1-2}$$

进行计算:

根据大气的 γ 值,可将大气分为常温层、等温层和逆温层,如图1-4所示。
① 常温层:$\gamma > 0$,气温随高度升高而降低,此层内易出现大气的垂直运动。
② 等温层:$\gamma = 0$,气温不随高度变化,此层不利于大气的垂直运动。
③ 逆温层:$\gamma < 0$,气温随高度升高而升高,此层抑制大气的垂直运动。

根据大气气温直减率变化情况,可将大气垂直分为层对流层、平流层、中间层、暖层(热层)和散逸层,前4层气温随高度变化如图1-5所示。

2. 大气各层的特征

(1) 对流层

对流层位于大气最下部,其厚度在赤道为17~18 km,在中纬度平均约为12 km,在极地约为8 km。与大气总厚度相比,对流层是很薄的,但它集中了整个大气75%以上的质量和95%以上的水汽。大气中各种天气现象和天气变化都出现在对流层,它是对人类的生产、生活以及飞行活动等影响最大的层次。其主要特点是:

① 气温随高度升高而降低。由于对流层中的空气主要从地表获得热量,因而气温的垂直分布是向上递减的。气温直减率 γ 的大小随时间、地点和高度的不同而变化,平均而言,高度每上升100 m,气温下降0.65 ℃。

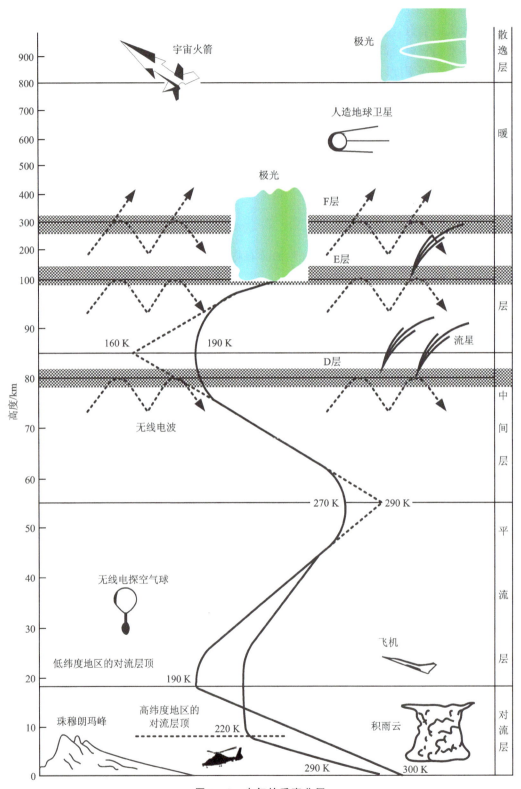

图 1-3 大气的垂直分层

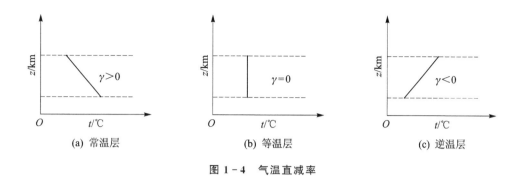

图 1-4 气温直减率

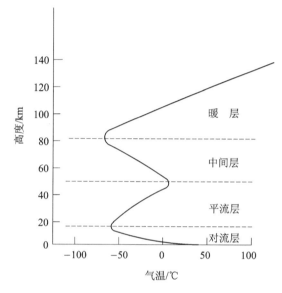

图 1-5 气温的垂直分布图

② 空气具有强烈的垂直混合。由于地表受热不均,使空气产生对流和湍流运动。这种垂直混合的强度因纬度和季节而不同,低纬地区和夏季较强,高纬地区和冬季较弱。

③ 气象要素水平分布不均匀。对流层受地表的影响很大,由于地表性质的明显差异,气温、湿度等气象要素的水平分布很不均匀,特别是冷暖空气交汇的区域,差别更为明显,往往伴有剧烈的天气变化,使飞行活动受到很大影响。

按气流和天气现象分布的特点,可将对流层分为 3 个层次:摩擦层、中层、上层。

① 摩擦层(又称行星边界层)的范围是自地表到 2 km 高度。其厚度一般是夏季大于冬季,昼间大于夜间。该层受地表热力作用和摩擦作用的影响大,空气对流和湍流运动很强,水汽充足,因而常有低云和雾出现。地表到 100 m 高度称为近地层,此层气温、湿度和风速等变化最为强烈,在短时间内和短距离内都能产生剧烈变化,对直升机起降和低空飞行影响很大。

② 中层是指摩擦层顶到约 6 km 高度的大气。因受地表影响较小,气流状况可表征整个对流层空气运动的基本趋势,云和降水现象大都在此层内产生。

③ 上层的范围是从约 6 km 高度到对流层顶。此层常年气温低于 0 ℃,云体多由过冷水滴和冰晶组成。

在对流层与平流层之间,有一个厚度为数百米到 1~2 km 的过渡层,称为对流层顶。其主要特征是气温不随高度改变而变化或变化很小,对垂直气流有很大的阻挡作用。

(2) 平流层

从对流层顶到大约 50 km 高度处的大气称为平流层。其特点是:

① 在平流层 25 km 高度以下,气温随高度的改变变化很小或不变;在平流层 25 km 高度以上,由于臭氧强烈吸收紫外辐射的增温效应,气温随高度增加而显著升高,到平流层顶可达 0 ℃。

② 该层水汽稀少,空气的垂直混合显著减弱。在中纬地区 20~30 km 高空,有时会出现由细小冰晶组成的珠母云。夏季发展强烈的积雨云有时可伸展到该层下部。

③ 该层夏季盛行以极地高压为中心的东风环流;冬季则为极地低压,整个中高纬度盛行西风环流。

④ 该层空气运动以水平运动为主,无明显的垂直运动。水平风速较大,在冬季,该层底部,特别是两极地区常有 80 m/s 的强风。

⑤ 该层大气层结稳定。上半部几乎没有垂直气流,故飞机飞行时所受的空气阻力小。这一层里面的水汽和尘埃含量极少,天气晴朗少云,大气透明度好,气流比较平稳,飞行气象条件非常有利,固定翼飞机通常会选择在这一层里面飞行,以减少气象因素对飞行的影响。但因空气密度小,飞机的空气动力性能变差,因而操纵时飞机会反应迟缓。

(3) 中间层

从平流层顶到 85 km 高度处的大气称为中间层。这一层的特点是气温随高度升高而迅速降低,高度每上升 1 km,气温大约降低 3.5 ℃,到这一层层顶,气温可以降到零下 83 ℃ 以下。中间层是大气中温度最低的一个层次。由于气温的垂直分布有利于对流运动的发展,因此这层大气的垂直运动相当明显,有高空对流层之称。

(4) 暖 层

从中间层顶到 800 km 高度处的大气称为暖层,也叫热层。这一层的气温随高度升高而迅速升高,在 300 km 的高度上温度可达 1 000 ℃ 以上。另外,在强烈的紫外辐射和宇宙射线的作用下,大气处于高度的电离状态,所以这一层也被称作电离层。暖层有个很重要的作用就是对通信提供帮助,短波通信就是靠暖层反射电磁波来实现远程通信的。另外,人造地球卫星和航天飞船也在这一层活动,多数位于暖层和散逸层的过渡地带。

(5) 散逸层

暖层以上的大气统称为散逸层,它位于 800 km 高度以上,主要成分是最轻的气体元素氦和氢。散逸层里大气极其稀薄,而且氦元素和氢元素都处于电离状态,温度很高,地球引力又非常小,所以气体粒子运动非常快,有些气体粒子经常会克服地球引力散逸到星际空间,这一层中的大气物质具有向星际空间散逸的特性。该层是大气与星际空间的过渡地带,出现的主要天气现象是极光。

1.1.3 标准大气

实际大气状态是在不断变化着的,而直升机的性能和某些仪表(高度表、空速表等)的示度都与大气状态有关。为了便于比较直升机性能和设计仪表,必须以一定的大气状态为标准。所谓标准大气,就是人们根据大量的大气探测数据而规定的一种特性随高度平均分布的最接近实际大气的大气模式。

标准大气的典型用途是作为气压高度表校准、飞机性能计算、飞机和火箭设计、弹道制表和气象制图的基准。国际性组织(如国际民航组织、国际标准化组织)颁布的称为国际标准大气,国家机构颁布的称为国家标准大气。一个时期内,只能规定一个标准大气,除相隔多年进行修正外,不允许经常变动。

1976年美国制定了新的美国国家标准大气,国际民航组织则在美国国家标准大气基础上制定了国际标准大气,它与我国45°N地区的大气十分接近,低纬度地区则有较大偏差。中国国家标准GB1920—80标准大气规定(自1980年5月1日起实施):选取1976年美国国家标准大气,其30 km以下部分作为我国国家标准,30 km以上部分可参考使用。其特性如下:

- 干洁大气,且成分不随高度改变,平均相对分子质量 Mr=28.964 4。
- 具有理想气体的性质。
- 标准海平面重力加速度 g_0=9.806 65 m/s²。
- 海平面气温 T_0=288.16 K=15 ℃,海平面气压 p_0=1 013.25 hPa=760 mmHg=1个大气压,海平面空气密度 ρ_0=1.225 kg/m³。
- 处于流体静力平衡状态。
- 在海拔11 000 m以下,气温直减率为0.65 ℃/100 m;在11 000~20 000 m,气温不变,为−56.5 ℃;从20 000~30 000 m,气温直减率为−0.1 ℃/100 m。

标准大气的气温、气压和相对密度(某高度的空气密度与海平面空气密度之比)随高度的分布如表1-1所列。

表1-1 标准大气的气温、气压和相对密度随高度的分布

高度/km	气温/℃	气压/hPa	相对密度/%
20.0	−56.5	54.70	7.2
17.5	−56.5	81.20	10.7
15.0	−56.5	120.50	15.8
12.5	−56.5	178.70	23.5
10.0	−50.0	264.40	33.7
7.5	−33.7	382.50	45.4
5.0	−17.5	540.20	60.1
2.5	−1.3	746.80	78.1
1.0	8.5	898.70	90.7
0.5	11.7	954.60	95.3
0.0	15.0	1 013.25	100.0

1.1.4 大气的基本物理性质

大气是流体,具有一般流体所共有的4个基本特征:

(1) 连续性

流体和固体一样都是由分子组成的,分子之间有空隙且分子在其间杂乱无章地运动着。

因此,流体的微观结构是不连续的。但研究流体的运动不是研究个别分子的运动,而是研究大量分子集团的运动。所以,在宏观上把流体看成连续介质,这是允许的。大气也是如此。

(2) 流动性

正是由于环绕地球的大气的流动性,才形成了风。

(3) 可压缩性

流体都是可以压缩的,气体的压缩性比液体的压缩性大得多。但在气流速度很小时,其压缩性是不甚显著的,所以,气象学常把大范围空气近似地当作不可压缩流体来处理。

(4) 黏 性

当两层流体有相对运动时,在两层流体之间存在着一种相互牵引的作用力,称为黏性力。如果在研究的问题中相对速度很小,黏性力对流体的运动不起主导作用时,则常把该流体近似地看成无黏性的。例如,可将1~1.5 km高度以上的大气当作无黏性的理想流体来处理。

1.2 基本气象要素

表示大气状态的物理量和物理现象通称为气象要素。气压、气温、湿度等物理量是气象要素,风、云、降水等天气现象也是气象要素,它们都能在一定程度上反映当时的大气状况。本节主要讨论最基本的气象要素:气压、气温、湿度、空气密度。

1.2.1 气 压

气压(大气压强)是指静止大气从观测高度到大气上界单位截面上的垂直气柱的质量。随着高度增加,其上部气柱越来越短,且气柱中空气密度越来越小,气柱质量也就越来越小,气压降低。

由大气静力学方程 $dp = -\rho g dz$ 也可得出,气压总是随高度升高而降低的,而且高度越高,气压随高度降低得越慢,如图1-6所示。

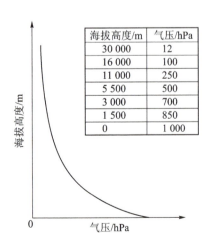

海拔高度/m	气压/hPa
30 000	12
16 000	100
11 000	250
5 500	500
3 000	700
1 500	850
0	1 000

图1-6 气压随高度的变化

常用的量度气压的单位有百帕（hPa）和毫米汞柱（mmHg），它们之间的换算关系是：
$1\ hPa=100\ N/m^2=0.75\ mmHg$。

1. 气压的测量

最早测量气压的实验，是采用一端封闭并抽成真空再灌上水银的玻璃管，将其开口端垂直地插入水银槽内，利用管中水银柱的高度来显示气压。气压升高使管中的水银柱上升；而当气压下降时，水银从管子里流出来，水银柱的高度降低。水银气压计如图 1-7 所示。

如果所有的气象台都处于海平面高度，则气压表的读数会指示某一通用高度层的气压的准确值。然而事实并非如此，为了达到通用高度层的气压值，每一个气象台都要将它们的气压表读数转化为海平面气压（又称修正海平面气压）。

2. 飞行上常用的 4 种气压

(1) 本站气压

本站气压是指气象台气压表直接测得的气压。由于各测站所处地理位置及海拔高度不同，本站气压常有较大差异。

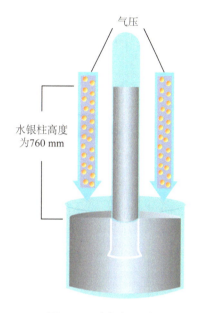

图 1-7　水银气压计

(2) 修正海平面气压

修正海平面气压是由本站气压推算到同一地点海平面高度上的气压值。运用修正海平面气压便于分析和研究气压水平分布情况。对于海拔高度大于 1 500 m 的测站，不推算修正海平面气压，因为推算出的修正海平面气压误差可能过大，失去了推算的意义。

(3) 场面气压

场面气压是指离跑道面 3 m 高处的气压，它也是由本站气压推算出来的。场面气压主要用来调整直升机相对机场跑道面的高度，通常在起飞和着陆时，根据当时机场的场面气压来校正直升机气压高度表的示度。

(4) 标准海平面气压

大气处于标准状态下的海平面气压称为标准海平面气压，其值为 1 013.25 hPa 或者 760 mmHg。海平面气压是经常变化的，而标准海平面气压是一个常数。

3. 气压与高度

直升机飞行时，测量高度多采用无线电高度表和气压高度表。

无线电高度表所测量的是直升机相对于所飞越地区地表的垂直距离。无线电高度表能不断地指示直升机相对于所飞越地表的高度，而且它对地表的任何变化都很"敏感"，这既是很大的优点，又是严重的缺点。如果在地形多变的地区上空飞行，飞行员试图按无线电高度表保持规定飞行高度，则直升机航迹将随地形起伏。而且，如果在云上或有限能见度条件下飞行，则将无法判定飞行高度的这种变化是由飞行条件受破坏造成的，还是由地形影响引起的。这样就使无线电高度表的使用受到限制,因而它主要用于校正仪表和在复杂气象条件下着陆使用。无线电高度表测高原理如图 1-8 所示。

气压高度表是主要的航行仪表,它是一个高度灵敏的空盒气压表,但刻度上标出的是高度,另外有一个辅助刻度盘可以显示气压,高度和气压都可以通过旋钮调定。气压高度表刻度盘是在标准大气条件下按气压随高度的变化规律而确定的,即气压高度表所测量的是气压。根据标准大气中气压与高度的关系,就可以表示高度的高低。气压高度表测高原理如图 1-9 所示。

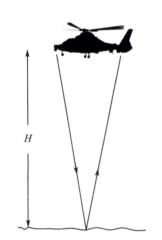

图 1-8　无线电高度表测高原理示意图　　图 1-9　气压高度表测高原理示意图

飞行中常用的气压高度(见图 1-10)有以下 3 种:

(1) 场面气压高度

场面气压高度是指直升机相对于起飞或着落机场跑道的高度。为使气压高度表指示场面气压高度,飞行员须按场面气压来拨正气压高度表,将气压高度表的气压刻度拨正到场面气压值上。

(2) 标准海平面气压高度

标准海平面气压高度是指直升机相对于标准海平面(气压为 760 mmHg 或 1 013.25 hPa)的高度。直升机在航线上飞行时,都要按标准海平面气压调整气压高度表,目的是使所有在航线上飞行的直升机都有相同的"零点"高度,并按此保持规定的航线仪表高度飞行,以避免直升机在空中相撞。

(3) 修正海平面气压高度

如果按修正海平面气压拨正气压高度表,则气压高度表将会显示出修正海平面气压高度。在直升机着落时,将气压高度表指示高度减去机场标高就等于直升机距机场跑道面的高度。

4. 气压的水平分布特点——水平气压场

水平气压场指某一水平面上的气压分布,这一水平面通常取为海平面。将海拔高度在 1 500 m 以下的各气象站推算出的海平面气压填在一张图上,绘出等压线,则可显示海平面上的气压分布。通常每隔 2.5 hPa 或 5 hPa 绘制一条等压线,在其两端或闭合等压线的北方标注气压数值。

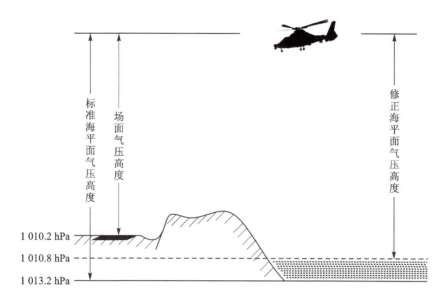

图1-10 常用气压高度示意图

常见的气压水平分布的基本形式有5种：

(1) 低 压

由闭合等压线构成的中心气压比四周气压低的区域称为低气压，简称低压，如图1-11(a)所示。

(2) 低压槽

由低压延伸出来的狭长区域称为低压槽，如图1-11(b)所示，低压槽中各条等压线弯曲最大处的连线称为槽线。

(3) 高 压

由闭合等压线构成的中心气压比四周气压高的区域称为高气压，简称高压，如图1-11(c)所示。

(4) 高压脊

由高压伸展出来的狭长区域叫高压脊，如图1-11(d)所示，高压脊中各条等压线弯曲最大处的连线称为脊线。

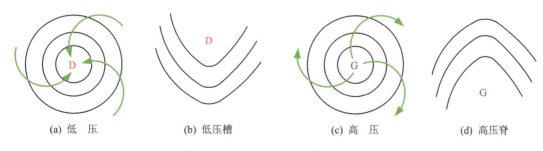

图1-11 气压水平分布的基本形式

(5) 鞍型气压区

两高压和两低压相对组成的中间区域称为鞍型气压区,简称鞍。

以上5种气压水平分布的基本形式统称气压系统,水平气压场就是由气压系统组合而成的,如图1-12所示。

通过分析等压线,既可直观地了解气压系统的分布情况,也能看出气压在水平方向上变化的快慢。由于相邻两条等压线间的气压差值是一定的(一般为2.5 hPa),因此等压线的疏密程度就代表了气压在水平方向上变化快慢的程度。等压线越密的地方,气压沿垂直于等压线的方向变化得就越快(气压沿平行于等压线的方向没有变化)。

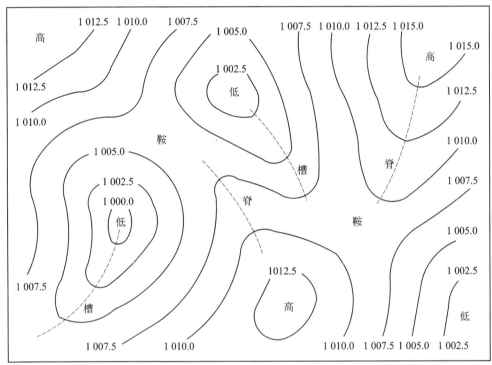

注：图中单位为 hPa。

图 1-12 水平气压场示意图

1.2.2 气 温

气温(空气温度)是表示空气冷热程度的物理量。它实质上是空气分子平均动能大小的宏观表现。

气温通常用3种温标来量度:热力学温标(T),单位为开尔文(K);摄氏温标(t),单位为℃;华氏温标[①](F),单位为℉。

3种温标之间的关系如图1-13所示。三者的换算关系如下：

$$T = t + 273.16 \tag{1-3}$$

$$t = 5(F - 32)/9 \tag{1-4}$$

---

① 华氏温标是经验温标之一,在我国温标中已不再使用,1 ℉=-17.22 ℃。

$$F = 9t/5 + 32 \tag{1-5}$$

在实际大气中,气温变化的方式主要有两种:非绝热变化和绝热变化。

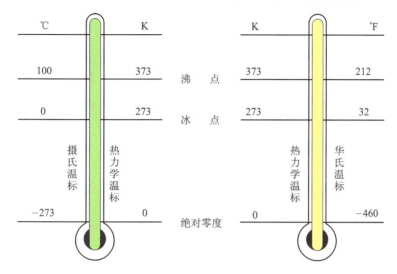

图1-13　3种温标之间的关系

1. 气温的非绝热变化

非绝热变化是指气块通过与外界的热量交换而产生的气温变化。气块与外界的热量交换主要有以下4种:

① 辐射:物体以电磁波的形式向外放射热量的方式,太阳辐射如图1-14所示。

② 湍流:空气无规则地小范围涡旋运动。湍流使空气微团产生混合,气块间热量也随之得到交换。

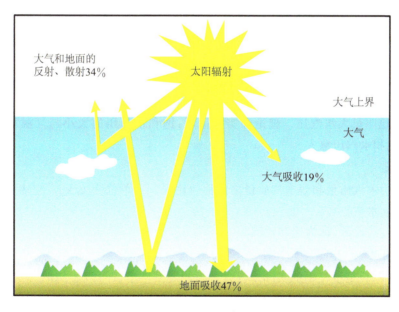

图1-14　太阳辐射

③ 水相变化:水的状态变化。水通过相变释放热量或吸收热量,引起气温变化。

④ 传导:依靠分子的热运动将热量从高温物体直接传递给低温物体的现象。

2. 气温的绝热变化

绝热变化是指空气与外界不发生热量交换,仅由于外界气压的变化使空气膨胀或压缩而引起的气温变化,如图 1-15 所示。

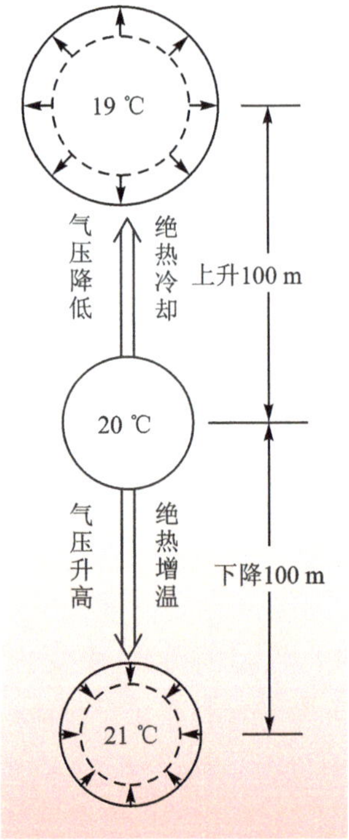

绝热变化过程有两种情况:

(1) 干绝热变化过程

在绝热变化过程中,如果气块内部没有水相的变化,则此过程称为干绝热变化过程或未饱和空气的绝热变化过程。

(2) 湿绝热变化过程

在绝热变化过程中,如果气块内部存在水相变化,则此过程称为湿绝热变化过程。

实际大气中的气温变化规律:当气块做水平运动或静止不动时,非绝热变化是主要的;当气块做垂直运动时,绝热变化是主要的。

图 1-15 气温的绝热变化

1.2.3 湿 度

湿度是表征空气中水汽含量或潮湿程度的物理量。大气中的水汽含量随时间、地点、高度和天气条件不断变化。

1. 几种常用湿度参量

(1) 水汽压

在湿空气中水汽的分压称为水汽压(e)。它是气压的一部分,单位与气压一样,用帕斯卡(Pa)表示。

在气温一定的情况下,单位体积空气中能容纳的水汽含量有一定的限度,如果水汽含量达到了这个限度,则空气就呈饱和状态,这时的空气称为饱和空气。饱和空气中的水汽压,叫饱和水汽压(E),也叫最大水汽压。理论和实践证明:饱和水汽压的大小与气温有直接的关系,即气温愈高,饱和水汽压愈大。

(2) 比 湿

在湿空气中水汽质量和湿空气质量之比称为比湿(q),单位为 g/kg。它表示每 1 kg 湿空气中含有多少 g 水汽。

饱和湿空气的比湿,称为饱和比湿。

(3) 相对湿度

相对湿度(RH)是空气中的实际水汽含量与同温度下空气可以容纳的总水汽含量的百分比,即空气的实际水汽压(e)与同温度下的饱和水汽压(E)的百分比:

$$RH = \frac{e}{E} \times 100\% \tag{1-6}$$

相对湿度的大小取决于两个因素:空气中的水汽含量和气温。相对湿度的大小直接反映了空气距离饱和状态的程度(空气的潮湿程度)。例如,如果当前相对湿度为65%,则表示在此气温和气压下,空气含有能够容纳的总水汽含量65%的水汽。在我国西北部的大部分地区很少有高湿度的天气,但是在我国南方地区的温暖月份,相对湿度75%～90%并不罕见。

(4) 露点和露点差

当空气中水汽含量不变且气压一定时,气温降低到使空气达到饱和时的温度,称为露点温度,简称露点(t_d)。它的单位和气温的单位相同。

当气压一定时,露点的高低只与空气中的水汽含量有关,水汽含量愈多,露点愈高,所以露点也是反映空气中水汽含量的物理量。

在实际大气中,空气中水汽含量经常处于未饱和状态,露点常常比气温低($t_d < t$),只有当空气中水汽含量达到饱和时,露点才和气温相等($t_d = t$)。所以可用露点差($t - t_d$)来判读空气的饱和程度,露点差越小,空气越潮湿。

露点的高低还和气压大小有关。在水汽含量不变的情况下,当气压降低时,露点也会随之降低。在实际大气中做上升运动的气块,一方面由于体积膨胀而绝热降温,另一方面由于气压的减小其露点也有所降低。但气温的降低速度远远大于露点的降低速度,因而气块只要能上升到足够的高度就能达到饱和(气温和露点趋于一致)。一般而言,不饱和空气每上升100 m,气温下降约1 ℃,而露点下降约0.2 ℃,因此露点差的减小速度约为0.8 ℃/100 m。

(5) 相对湿度、露点和气温之间的关系

可用露点和气温之间的关系定义相对湿度的概念。以℃表示的露点是空气不能再容纳更多水汽时的温度。当气温降低到露点时,空气就完全饱和,水汽开始在空气中凝结,以雾、露水、霜、云、雨、冰雹或者雪的形式出现。相对湿度、气温和露点之间的关系如图1-16所示。

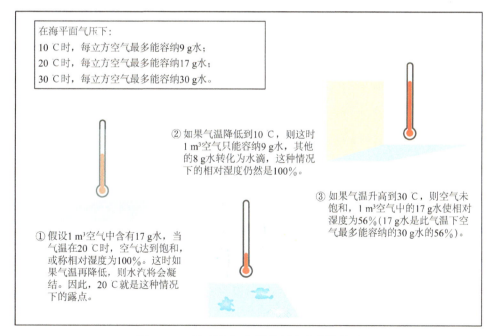

图1-16 相对湿度、气温和露点之间的关系

2. 湿度的变化

湿度的变化主要从水汽含量和饱和程度两方面来考虑。

(1) 空气中水汽含量的变化

空气中的水汽含量与地表有关,地表潮湿的地方,空气中的水汽含量较高;在同一地区,水汽含量与气温的关系很大,当气温升高时,饱和水汽压增大,空气中的水汽含量也相应增大。对一定地区来说,水汽含量的变化规律与气温的变化规律基本相同,即白天高于晚上,最高值出现在午后。但在大陆上当湍流特别强时,水汽迅速扩散到高空,近地面空气中的水汽含量反而迅速减少。水汽含量的年变化与气温的年变化相当吻合,水汽含量最高的月份是7、8月,水汽含量最低的月份是1月、2月。

(2) 空气饱和程度的变化

空气的饱和程度与气温高低和空气中的水汽含量有关。由于气温变化比露点的变化要快,因此空气饱和程度一般是早晨大、午后小、冬季大、夏季小。露珠一般出现在夏季的早晨,而在冬季的夜间容易形成霜。夜间停放在地面的直升机,冬季会出现表面结霜、夏季会出现油箱积水等现象,这都和空气饱和程度的变化有关。

3. 空气到达饱和点的方法

如果空气到达饱和点而气温和露点非常接近,则雾、低云或降雨就很可能形成。空气可以有4种方式到达完全的饱和点:第一,当暖空气在寒冷地表上移动时,气温会下降而达到饱和点;第二,当冷空气和暖空气交汇时可能到达饱和点;第三,当空气在夜晚通过和较冷的地表接触而冷却时,空气会达到饱和点;第四,空气升高或者被迫在大气中上升时到达饱和点。不管是什么原因导致空气到达它的饱和点,饱和空气都会带来云、雨和其他危险的天气状况。

1.2.4 空气密度

1. 干空气和湿空气的密度

在气象台(站),空气密度不是直接观测到的,而是用观测到的气压、气温值,通过气体状态方程

$$P = \rho R_{比} T \tag{1-7}$$

计算得到的。式(1-7)是研究实际大气常用的状态方程。式中,P 为气压;ρ 为空气密度;T 为气温;$R_{比}$ 为比气体常数,它与空气的组成有关,对干洁空气和水汽含量不同的湿空气,其值略有差异,但变化不大,一般情况下可视为常数。

从状态方程(1-7)可知,空气密度同气温和气压有关。如果气温不变,则空气密度随气压的增大而增大;如果气压不变,则空气密度随气温的升高而减小。

空气密度还与空气中的水汽含量有关。在自然条件下,空气中通常都含有水汽,水汽比干空气轻,水汽密度比干空气密度小。因此,在同样的气温和气压条件下,湿空气的密度比干空气的密度小。例如,当气压为999.92 hPa、气温为20 ℃时,干空气的密度为1 189 g/m³,而在同样条件下饱和湿空气的密度为1 178 g/m³。

2. 空气密度随高度的变化

空气密度随高度的升高而迅速减小。观测结果表明:若高度以等差级数升高,则气压和空

气密度以等比级数减小。

在地球引力作用下,空气向低层聚集,处在最低层的地面附近的空气密度最大,越向上气压越低,空气密度也越小。

3. 密度高度

在飞行中常常用到密度高度的概念。密度高度是指飞行高度上的实际空气密度在标准大气中所对应的高度。在标准大气条件下,空气密度与高度的关系是确定的,但在实际大气中,某高度上的空气密度还要受到气温、湿度、气压等因素的影响。密度高度可用来描述这种空气密度随高度变化的差异。

在热天,空气受热变得暖而轻,直升机所在高度的空气密度较小,相当于标准大气中较高高度的空气密度,称直升机所处的密度高度为高密度高度。反之,在冷天,直升机飞行所处位置的密度高度一般为低密度高度。低密度高度能增加直升机操纵的效率,而高密度高度则降低直升机操纵的效率,且容易带来危险。

4. 基本气象要素变化对空气密度的影响

气温、气压和湿度的变化都会对直升机性能和仪表指示造成影响,这种影响主要是通过它们对空气密度的影响而实现的。

(1) 气温变化对空气密度的影响

空气密度不仅随高度的变化而改变,而且随气温的变化而变化。当空气被加温时,体积膨胀,所包含的空气分子数量相对减少,因此,空气密度降低。暖空气的密度小于同样体积的冷空气的密度。而空气密度降低,会导致密度高度增加,这一现象对飞行有重大影响。

(2) 湿度变化对空气密度的影响

水蒸气的质量大约是相同体积干空气质量的 5/8 或 62%。当空气中含有水蒸气形式的水分时,它要比干空气的质量轻、密度小。

假设气温和气压保持不变,空气密度的变化与湿度的变化相反。当湿度升高时,空气密度降低(密度高度增加);当湿度减小时,空气密度增加(密度高度降低)。气温越高,空气能够携带水分的能力越强。

1.2.5 基本气象要素变化对飞行的影响

直升机性能计算及某些仪表是按照标准大气制定的。当实际大气状态与标准大气状态有差异时,直升机性能及某些仪表示度就会发生变化。下面基于基本气象要素变化对直升机飞行产生的主要影响进行讨论。

1. 对高度表示度的影响

实际大气状态与标准大气状态通常存在一定差异,因此,在实际飞行时,高度表示度与当时的气象条件有关。在飞行中,即使高度表示度相同,实际高度也并不都一样,尤其是在高空飞行时更是如此。航线飞行时通常采用标准海平面气压高度(QNE),在标准大气中"零点"高度上的气压为 760 mmHg(1 013.25 hPa),但实际上"零点"高度处的气压并不总是 760 mmHg,因而高度表示度会出现误差。但当实际"零点"高度的气压低于 760 mmHg 时,高度表示度会大于实际高度;反之,高度表示度就会小于实际高度,如图 1-17 所示。

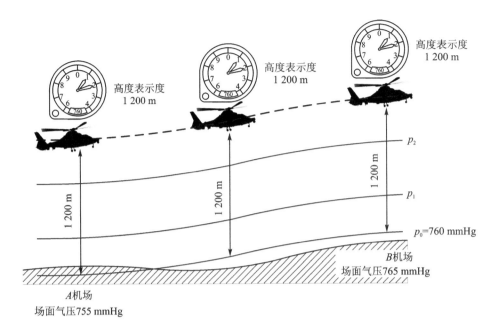

图 1-17 气压对高度表示度的影响

此外,当实际大气的温度与标准大气的温度不同时,高度表示度也会出现误差。由于在较暖的空气中气压随高度升高降低得较慢,而在较冷的空气中气压随高度升高降低得较快,因而在比标准大气暖的空气中飞行时,高度表示度将低于实际飞行高度,在比标准大气冷的空气中飞行时,高度表示度将高于实际飞行高度,如图 1-18 所示。根据资料统计,高度表示度因温度原因而产生的误差,随高度、纬度和季节而不同。冬季在我国北方地区飞行时,高度表示度偏高约 10%;夏季在我国南方地区中高空飞行时,高度表示度通常偏低不到 10%。

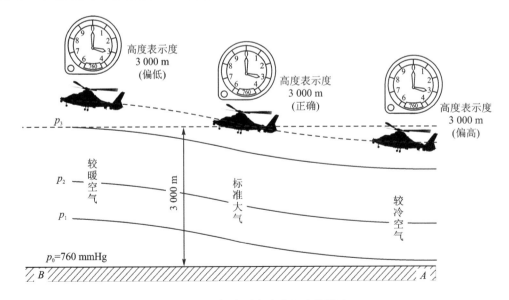

图 1-18 温度对高度表示度的影响

在山区或强对流区飞行时,由于空气有较大的垂直运动,不满足静力平衡条件,因而高度表示度会出现较大误差,通常在下降气流区示度偏高,在上升气流区示度偏低,误差可达几百米甚至上千米。在这些地区飞行时,要将气压高度表和无线电高度表配合使用,以确保飞行安全。

2. 对空速表示度的影响

空速表是根据空气作用于空速表上的动压来指示空速的。空速表示度不仅取决于直升机的空速,也与空气密度有关。如果实际大气密度与标准大气密度不符,则表速与真空速也就不相等。当实际大气密度大于标准大气密度时,表速会大于真空速;反之,则表速小于真空速。

从前面的讨论可知,空气密度受气温、气压和湿度的影响。在暖湿空气中(如中午)飞行的直升机,空速表示度容易偏低;而在干、冷空气中飞行的直升机,空速表示度容易偏高。

3. 对直升机飞行性能的影响

直升机的飞行性能主要受大气密度的影响。当实际大气密度大于标准大气密度时,一方面,空气作用于直升机上的力要加大;另一方面,发动机功率增加。这两方面作用的结果,就会使直升机飞行性能变好,即最大平飞速度、最大爬升率和起飞载重量会增加。当实际大气密度小于标准大气密度时,情况相反。

第 2 章 大气的运动

2.1 大气环流

地球上空大气中大规模的气流运动,称为大气环流。它的水平尺度在数千千米以上,垂直尺度可达 10 km 以上;其时间也较长,一般在两天以上。这些大尺度的环流构成了大气运动的基本状态,它们是各种天气系统活动的背景,是属于全局性的现象。研究大气环流状态及其变化,对于了解影响短期天气变化的天气系统的演变规律,制作天气预报,以及研究气候及其形成都有十分重要的意义。

2.1.1 大气环流的形成

1. 大气运动的维持

太阳辐射是地球上的重要能源,也是大气运动的动力。太阳辐射在地表的分布是不均匀的,在赤道和低纬度地区,太阳辐射强,地表和空气得到的热量多;在极地和高纬度地区,太阳辐射弱,地表和空气得到的热量少。地表这种热量分布不均的状况,造成了南北方向上气温和气压的差异,从而,在气压梯度力的作用下,空气产生了运动。

在空气产生运动的同时,必然随之出现摩擦减速作用。摩擦作用使大气运动的能量逐渐被消耗,从而使大气运动趋于静止。有人计算过,假如没有太阳辐射继续进入大气,大气运动的能量将因摩擦作用而在七天内消耗殆尽,也就是说,大气将停止运动。但这是从未有过的事情,相反地,也没有出现过大气长期地加速运动的现象。可见,从平均情况来看,大气因太阳辐射而得到的动能基本上可以补偿因摩擦作用而消耗的能量。一般来说,可以把地球(包括大气)看作一部巨大的热机,热源在赤道和低纬度地区,冷源在两极和高纬度地区。这部热机不断地把太阳辐射转化成为大气运动的能量,之后又不断地用于摩擦消耗。大气既不断吸收能量,又不断消耗能量,于是它就处于永不停息的运动之中了。

2. 单圈环流模式

由于影响大气运动的因子很多,因此实际大气的运动状况是比较复杂的。为了便于讨论,应该先从最简单的情况出发,然后再做进一步分析。这里主要讨论对流层和平流层低层的情况。

假定地表性质到处都是一样的,并且暂时忽略地转偏向力的作用。在这样的情况下,由于赤道地区受热多、气温高、空气膨胀上升,因此赤道上空的气压就会高于极地上空的气压。在气压梯度力的作用下,赤道上空的空气即向极地上空流动。赤道上空由于空气流出,气柱质量减小,地表气压就会降低而形成低压,称为赤道低压;极地上空因有空气流入,地表气压就会升高而形成高压,称为极地高压。于是,在低层就产生了自极地流向赤道的气流,这支气流在赤道地区受热上升,补偿了赤道上空流出的空气。这样,在赤道和极地之间就形成了如图 2-1

所示的南北向的闭合环流,称为单圈环流模式。

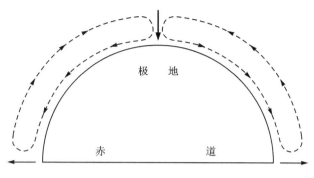

图 2-1　单圈环流模式

3. 三圈环流模式

单圈环流模式是没有考虑地转偏向力作用时得出的。但事实上,在自转的地球上,只要空气一有运动,地转偏向力随即发生作用。在北半球,它将使气流向右偏转;在南半球,它将使气流向左偏转。这种偏向作用随纬度增加而增大。在地转偏向力作用下,大气环流的情况就比较复杂了。

当空气由赤道上空向极地上空流动时,起初因地转偏向力的作用很小,空气基本上是顺着气压梯度力方向沿经圈运动的;之后随着纬度增加,地转偏向力逐渐增大,气流就逐渐向纬圈方向偏转;到纬度20~30°处,地转偏向力已经增大到和气压梯度力相等的程度,空气运动方向就接近于和纬圈平行了。

当气流在纬度20~30°处上空转成纬向以后,源源不断地从赤道上空流到这里来的空气就在此处堆积下降,使近地层气压升高而形成一个高压,这个高压就是副热带高压。在副热带高压和极地高压之间是一个相对的低压带,称为副极地低压带。这时,近地层气压分布情况如图2-2所示。

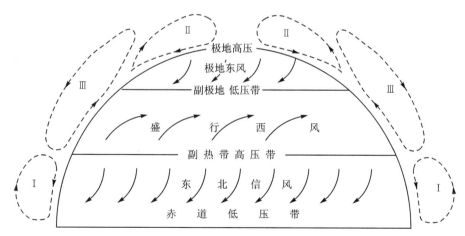

Ⅰ:信风环流圈;Ⅱ:极地环流圈;Ⅲ:中纬度环流圈

图 2-2　三圈环流模式

副热带高压出现以后,在副热带高压地区的近地层,空气向赤道和极地两边流去。其中流向赤道的一支气流,在地转偏向力作用下,在北半球成为东北风,在南半球成为东南风,分别称为东北信风和东南信风(又称贸易风)。这两支信风到了赤道附近辐合,补偿由赤道上空流出的空气,于是热带地区的上下层气流形成了一个环流圈,称为信风环流圈(见图 2-2 的环流圈Ⅰ)。

由副热带高压地区流向极地的一支气流,则在地转偏向力作用下形成中纬度地区的偏西风。当它到达副极地低压带时,遇上由极地高压流来的冷空气(称为极地东风),于是在两支气流之间形成了极锋。从副热带高压地区来的暖空气就沿极锋向极地方向滑升(在地转偏向力作用下为偏西气流),然后在极地冷却下降,补偿极地地表流走的空气,这样,极地的上下层气流也形成了一个环流圈,称为极地环流圈(见图 2-2 的环流圈Ⅱ)。

中纬度地区上下层都盛行西风,只是近地层具有南风分速,上层具有北风分速,所以在南北方向上也形成了一个环流圈,称为中纬度环流圈(见图 2-2 环流圈Ⅲ)。它的方向和信风环流圈、极地环流圈相反。

由上述讨论可知,在地转偏向力的参与下,南北半球近地层中各出现了 4 个气压带,即赤道低压带、副热带高压带、副极地低压带和极地高压;同时相应地形成了 3 个风带,即信风带、盛行西风带和极地东风带(这些风带通常称为行星风带)。这些风带与上空气流结合起来,便形成了 3 个环流圈,即信风环流圈、中纬度环流圈和极地环流圈。这样,就把复杂的大气环流归纳成为一个简单的模式,即通常所说的三圈环流模式。

4. 海陆差异和地形对大气环流的影响

对于大气运动的状况,还要考虑到海陆差异和地形起伏的作用。

地表的温度差异不仅存在于高低纬度之间,而且存在于海洋与大陆之间。在冬季,大陆比海洋冷;在夏季,大陆比海洋暖。因此,海洋与大陆(包括大气)仿佛是第二部巨大的热机,它对于近地层气流或空中气流都有很大的影响。

先来看海陆热力差异对空中气流的影响。在冬季,当空气自西向东流过大陆时,在移动过程中,由于冷地面的影响,气温会不断降低,并以到达大陆东岸时达最低;而当空气由西向东流过海洋时,在移动过程中,由于暖洋面的影响,气温将不断升高,并以到达大陆西岸时为最高。这样,由于冷空气上方等压面降低,暖空气上方等压面升高,在大陆东岸上空就会出现低压槽,在大陆西岸上空就会出现高压脊。夏季则相反,在大陆东岸上空出现高压脊,在大陆西岸上空出现低压槽。这就是说,由于海陆的影响,空中的西风气流将具有南北的分量,从而成为波状气流。

再来看海陆热力差异对近地层气流的影响。由于暖的地表有利于地表低压的形成、冷的地表有利于地表高压的形成,因此,在夏季的大陆上,低压带范围会扩大,高压带范围会缩小;在海洋上则相反。在冬季的大陆上,高压带范围会扩大,低压带范围会缩小;在海洋上则相反。这样一来,图 2-2 中的各个气压带就分成一个个独立的高低压了。此外,实际情况表明:暖地表通常与空中槽前的辐散气流相对应,冷地表通常与空中脊前的辐合气流相对应。因此,空中槽前辐散气流对暖地表上低压的形成、空中脊前辐合气流对冷地表上高压的形成,也有很大的促进作用。

除海陆的热力差异外,地形起伏也会影响大气环流的状况,尤其是大范围的高原和山脉(如我国的青藏高原及北美洲的落基山脉等)的影响更为显著。一方面,它们是气流的巨大障碍物,迫使气流绕行、分支或越过,并使气流速度发生变化;另一方面,它们同周围自由大气的热力性质不同,还可以产生局部性的气流,从而使大气运动状况更加复杂。此外,地表的摩擦作用也对大气环流有影响。例如,摩擦作用不仅会减慢气流速度,而且使近地层空气不沿等压线运行(如高压区有辐散气流,低压区有辐合气流)等。

2.1.2 季 风

季风是指一个大范围地区内盛行风向有明显季节变化的现象。随着风向和气压条件的季节变化,这些地区的天气也发生明显变化。季风是大气环流的重要组成部分。

1. 季风的形成

某一地区的季风是海陆热力差异、盛行风带季节移动以及地形特征等多种因素综合作用的结果。

(1) 因海陆热力差异而形成的季风

由海陆热力差异而形成的季风,与海陆风的形成情况相似。夏季,因为大陆上气压比海洋上气压低,气压梯度由海洋指向大陆,所以气流由海洋流向大陆,如图 2-3(a)所示;冬季,由于大陆上气压比海洋上气压高,气压梯度由大陆指向海洋,所以气流由大陆流向海洋,如图 2-3(b)所示。

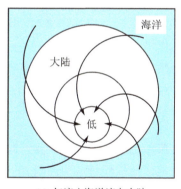 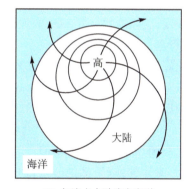

(a) 气流由海洋流向大陆　　　　(b) 气流由大陆流向海洋

图 2-3　因海陆热力差异而形成的季风

这种季风与海陆风在形成原理方面虽然基本相同,但它们在表现上是有差别的。主要差别:季风是由海陆之间气压的季节变化而引起的,规模很大,是一年内风向随季节变化的现象;而海陆风只是由海陆之间气压日变化不同而引起的,仅出现在滨海区域,是一日内风向转变的现象。

由海陆热力差异而形成的季风,大都出现在海陆相接的地方,如亚洲东部、澳大利亚和北美等地。温带、副热带地区海陆热力差异最大,这种季风也最显著。

(2) 因行星风带的移动而形成的季风

南北半球近地层中各有3个风带:信风带、盛行西风带和极地东风带。因为这些风带具有世界规模,所以又称为行星风带。行星风带的分布很有规律,其位置随季节有明显的移动,而在两个行星风带相接的地区会发生显著的风的季节性改变现象。例如,在太平洋东部,冬季赤道低压带停留在南半球,夏季移动到了北半球,因而在赤道至北纬10°的区域,冬季受北半球信风控制,吹东北风,夏季受南半球信风控制,吹西南风。

由行星风带随季节移动而形成的季风,可以出现在沿海和陆地,也可以出现在大洋中央。

2. 亚洲的季风

从世界范围来看,季风区域分布很广,各大洲几乎都存在季风现象。在季风区域内,天气的季节变化十分明显,同一地区在不同季节会出现对航空活动影响较大的不同天气过程。亚洲南部和东部、西非的几内亚附近沿岸、澳大利亚北部和东南部沿岸、北美洲东南岸等地,都是比较著名的季风区,其中以亚洲季风最强盛、范围最广。

亚洲的季风根据它的特征可以分为亚洲东部季风和亚洲南部季风。喜马拉雅山脉及其东面与它相连的山脉,是这两部分季风的自然分界线。

(1) 亚洲东部季风

亚洲东部季风(东亚季风)主要是由海陆热力差异而引起的。亚洲东部濒临广阔的太平洋,居于世界上最大的海洋和大陆之间,气温梯度和气压梯度的季节变化比其他任何地区都显著,所以这一地区形成的季风是由海陆热力差异引起的季风中最强的。它的范围主要包括我国东部、朝鲜和日本等地。

在冬季,亚洲大陆内部为冷高压所盘踞,温暖的海洋上形成低气压,空气从西伯利亚高压区向太平洋活动,形成强劲的冬季风,可直达东南亚(风向大体自西北逐渐转为东北)。冬季风的强弱和稳定程度,主要取决于冷高压的强度与移动情况。当冷高压强时,偏北风就大,反之就小;当冷高压稳定少动时,风的变化较小,当冷高压迅速移动时则相反。

夏季情况正好相反。亚洲大陆内部强烈增温,整个大陆内部又被热低压所控制,同时太平洋高压西伸北进,因此,高低压之间的偏南风就成为亚洲东部的夏季风。由于热低压的气压梯度不如冬季冷高压前部的气压梯度大,因此夏季风比冬季风弱。这是东亚季风的一个重要特征。

东亚季风对我国、朝鲜、日本等地的天气、气候影响很大。当冬季风盛行时,这些地区的气候特征为低温、干燥和少雨;当夏季风盛行时,这些地区的气候特征为高温、湿润和多雨。

(2) 亚洲南部季风

亚洲南部季风(南亚季风)是由行星风带的季节移动而引起的,但也有海陆热力差异的影响。南亚季风以印度半岛表现最为明显,这就是世界闻名的印度季风。

在冬季,亚洲大陆被冷高压所盘踞,高压南部的东北风就成为亚洲南部的冬季风。当冬季风盛行时,亚洲南部的气候特征是干燥、少雨。到了夏季,亚洲南部位于赤道低压带内,南半球过来的西南气流成为亚洲南部的夏季风。当夏季风盛行时,亚洲南部的气候特征是潮湿、多雨。

南亚地处低纬,北侧又有高山阻挡北方冷空气的侵入,为热带季风气候。全年气温变化幅度不大,故在季节上只有干、湿两季,且在雨季来临之前有热季。每年5月中旬,强大的西南季风从印度洋进抵大陆,倾盆大雨突然来临,几天一阵。一直延续到9月中旬甚至10月中旬,大部分地区85%的年降水量就集中在这个雨季,年降水量一般为1 000~1 500 mm,迎风山坡可达2 000 mm以上。南亚季风对我国西南地区(如云南、四川南部)有很大影响,享有"春城"之称的昆明就受南亚季风的控制,在季节上有干、湿之分。

3. 我国季风气候特征

我国地处世界上最大的大洋与最大的大陆之间，是季风最活跃的地区，东亚季风和南亚季风对我国的天气、气候都有很大影响。

(1) 冬季风

冬季，偏北风来自中高纬度的内陆，空气寒冷而干燥。每当这种强大的气流过境时，气温迅速下降，天气晴冷，这就是我国常说的"寒潮"。在频频南下的冷空气控制和影响之下，我国大部分地区冬季的气候寒冷而干燥，成为世界同纬度上冬季最冷的国家。在我国境内，冬季气温南北差异很大，冬季的广大北方地区"千里冰封，万里雪飘"，漠河地区1月平均气温为-30 ℃；而两广、福建和云南的中南部地区的气温还在10 ℃以上，树木花草终年常青。两广沿海、海南岛、台湾中南部和云南最南部，2月平均气温更高达15～16 ℃，鲜花艳丽、椰林茂密，一片热带景象。

(2) 夏季风

夏季，偏南风来自太平洋、印度洋，气候温暖湿润。北方虽然太阳斜射，但是日照时间比南方长，所以全国气温普遍较高。南方广大地区7月平均气温为28 ℃，黑龙江大部分地区气温也可达20 ℃以上，南北方的温差比冬季小得多。

因此，受季风影响，我国气候特点大致如下：大部分地区冬冷夏热、四季分明；东北北部长冬无夏，春秋相连；两广地区长夏无冬、秋去春来；青藏高原海拔4 500 m以上全年皆冬；南海诸岛常年如夏；云南中南部地区冬无严寒、夏无酷暑、四季如春。

(3) 降水的季节变化

我国的降水主要集中在夏季。年降水量由东南沿海向西北内陆递减：广东沿海为2 000 mm，长江中下游地区为1 200～1 400 mm，淮河流域为800～1 000 mm，华北平原和东北平原为600～700 mm。而且主要雨带出现季节性的推移：5月在华南地区；6月中旬北跃到长江中下游地区，开始这里的梅雨季节；7月中旬，雨带再次北跃到淮河以北地区，北方进入雨季盛期；8月下旬，雨带南退，东部地区雨季先后迅速结束。

2.2 空气的水平运动

空气是处于运动之中的。空气的运动使得各地区和各高度之间的热量、水汽、杂质等得以输送和交换，使大气始终保持一种平衡状态。由于空气的运动，不同性质的气团得以相互作用，产生各种各样的天气和气候。同时，空气运动对航空活动也有直接影响。

空气的运动形态是多种多样的，大体上可以分为两种：一种是有规则的运动，表明空气的总的运动方向和速率比较有规律，可分为水平运动和垂直运动两大类；另一种是不规则的涡旋运动，空气的运动方向和速率呈现不规则的变化，这种包含着不规则运动的气流，称为湍流，它是大气中经常出现的现象，本书第7章7.1节将详细介绍。

空气相对于地表的水平运动就是风，风是一种重要的天气现象和气象要素。

2.2.1 风的表示

风是矢量，有大小和方向。气象上的风向是指风的来向，常用360°或16个方位来表示，如

图 2-4 所示,这与领航上定义的风向相反。

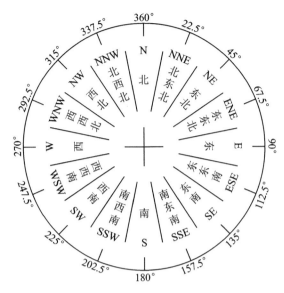

图 2-4 风向的表示

风速是指单位时间内空气微团的水平位移,常用的表示风速的单位是米每秒(m/s)、千米每小时(km/h)和海里每小时(n mile/h)(也称为节(kn))。它们之间的换算关系为:1 m/s=3.6 km/h,1 kn=1.852 km/h。此外,风速大小也可用风力等级来表示。

根据风对地面物体的影响所引起的各种征象,通常将陆上地面风的大小分为12个等级,如表 2-1 所列。

表 2-1 风力等级表

风力等级	名 称	陆上地物征象	相当于地面 10 m 高处风速/(m·s^{-1})	
			范 围	中 数
0	静风	静、烟直上	0.0~0.2	0.0
1	软风	烟能表示风向,树叶略有摇动	0.3~1.5	1.0
2	轻风	人面感觉有风,树叶有微响,旗子开始飘动,高草开始摇动	1.6~3.3	2.0
3	微风	树叶及小枝摇动不息,旗子展开,高草摇动不息	3.4~5.4	4.0
4	和风	能吹起地面灰尘和纸张,树枝动摇,高草呈波浪起伏	5.5~7.9	7.0
5	清劲风	有叶的小树摇摆,内陆的水面有小波,高草波浪起伏明显	8.0~10.7	9.0
6	强风	大树枝摇动,电线呼呼有声,撑伞困难,高草不时倾伏于地	10.8~13.8	12.0
7	疾风	全树摇动,大树枝弯下来,迎风步行感觉不便	13.9~17.1	16.0
8	大风	可折毁小树枝,人迎风前行感觉阻力甚大	17.2~20.7	19.0
9	烈风	草房遭受破坏,屋瓦被掀起,大树枝可折断	20.8~24.4	23.0
10	狂风	树木可被吹倒,一般建筑物遭破坏	24.5~28.4	26.0
11	暴风	大树可被吹倒,一般建筑物遭严重破坏	28.5~32.6	31.0
12	飓风	陆上少见,其摧毁力极大	32.7~36.9	35.0

注:此表引自中国气象局 2003 年 7 月颁发的《地面气象观测规范》。

风的测量方法主要有仪器探测和目视估计两大类。常用仪器有风向风速仪(见图2-5)、测风气球、风袋(见图2-6)、多普勒测风雷达等;风向风速仪是测量近地面风常用的仪器;高空风可用测风气球进行探测;为了便于飞行员观测跑道区的风向、风速,可在跑道旁设置风袋,风袋飘动的方向可指示风向,风袋飘起的角度可指示风速;当前大部分机场装有多普勒测风雷达,用来探测机场区域内一定高度风的分布情况,对直升机起降有很大帮助。风的目视估计主要是按风力等级表进行的。

图2-5 风向风速仪

图2-6 风 袋

2.2.2 风的形成

1. 形成风的力

要形成风,必须有水平方向的力作用在空气上,使空气产生水平运动。当作用在空气上的各水平力达到平衡,使空气水平运动能持续、稳定地进行时,就形成了稳定的风。在实际大气中作用于空气上的水平力有以下4种。

(1) 水平气压梯度力(F_g)

使空气产生水平运动的直接动力是气压在水平方向上分布不均匀而形成的水平气压梯度力。水平气压梯度的大小反映了气压在水平方向上分布不均匀的程度,在气压水平分布图上,等压线越密的地方,水平气压梯度越大。

由水平气压梯度引起的作用在单位质量空气上的压力差就是水平气压梯度力。很明显,水平气压梯度大的地方,水平气压梯度力也大,引起的风也越强。

水平气压梯度是一个向量,它的方向垂直于等压线,从高压指向低压。它的大小等于沿这个方向上单位距离内的气压差,可表示为:

$$G_n = -\frac{\Delta p}{\Delta n} \quad (2-1)$$

式中,Δn 为沿水平气压梯度方向上两点间的距离;Δp 为这两点间的气压差。

在 G_n 方向上选一面积为 s 的横截面,则由式(2-1)可得:

$$G_n = -\frac{\Delta p}{\Delta n} = -\frac{\Delta p \cdot s}{\Delta n \cdot s} = -\frac{\Delta F}{\Delta V} \quad (2-2)$$

式中,ΔF 为压力差,即静压力;ΔV 为气块的体积。

可见,水平气压梯度也可以表示单位体积空气受到的水平静压力。将单位体积气块换算成单位质量气块,则得到水平气压梯度力的表达式:

$$F_g = -\frac{1}{\rho}\frac{\Delta p}{\Delta n} \tag{2-3}$$

其中,F_g 表示水平气压梯度力;ρ 表示空气密度;$\frac{\Delta p}{\Delta n}$ 表示水平气压梯度。由式(2-3)可见,水平气压梯度力的方向与水平气压梯度方向一致,垂直于等压线由高压指向低压;水平气压梯度力的大小与水平气压梯度的大小成正比,与空气密度成反比。但同一水平面上空气密度通常变化不大,因此,一般水平气压梯度越大的地方,水平气压梯度力也越大。

(2) 地转偏向力(F_c)

如果风的产生仅是由水平气压梯度力引起的,则风应是横穿等压线从高压吹向低压的,但实际观测表明,自由大气中风是平行于等压线吹的,摩擦层中风是斜穿等压线吹的。这说明形成风的力不止水平气压梯度力一种。

另一个形成风的很重要的力是地球自转偏向力,简称地转偏向力,也称科氏力。地转偏向力是由地球自转引起的使相对于地球运动的物体偏离原来运动方向的力。可用旋转的圆盘来演示地转偏向力的作用,将逆时针旋转的圆盘(从上向下看)中心看作极地,将圆盘边缘想象成地球上的赤道。在圆盘旋转着的时候从中心向边缘画一条直线,停下圆盘会发现圆盘上留下的是一条向右偏转的弧线。产生这一现象的原因是圆盘中心旋转的线速度小于边缘旋转的线速度,使圆盘上形成了一条向右弯曲的弧线。

相对于地球运动的物体也会出现类似的情形。地表旋转的线速度在赤道地区最大,随着纬度增高而逐渐减小,在极地为零。因此,当空气由极地流向赤道时,其所经地表旋转的线速度会越来越快,在北半球使空气相对地表的移动路径向右偏转,在南半球偏转方向则相反。当空气由赤道流向极地时,其所经地表旋转速度会越来越慢,同样,在北半球使空气相对地表的移动路径向右偏转,在南半球则向左偏转,如图 2-7 所示。

如图2-8所示,在地表任选一点A,地球自转角速度ω在该点可分解为垂直于地表的角速度ω_1和平行于地表的角速度ω_2,且$\omega_1 = \omega\sin\varphi$,$\varphi$为A点所在纬度。可见,由于地球自转,

图 2-7 地球自转对空气运动的作用

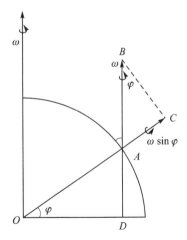

图 2-8 纬度φ处地平面绕其垂直轴的旋转角速度

地平面也绕其垂直轴做旋转运动。这种旋转运动的角速度在赤道为零（$\varphi=0°, \omega_1=0$），而在极地等于地球自转角速度（$\omega_1=\omega$）。

由以上讨论可知，地转偏向力是一种惯性力，它不改变运动物体速度的大小，而只改变其方向。地转偏向力是由地球自转引起的一种效应，它是虚力而不是实力，但具有实力的作用。如北半球河流的右岸往往比左岸被冲刷得厉害一些，就是地转偏向力的作用。

由地球自转引起的偏转效应随纬度的增高而增强。理论分析可证明，地转偏向力的大小为：

$$F_c = 2v\omega \sin\varphi \quad (2-4)$$

即地转偏向力 F_c 的大小与风速及纬度的正弦成正比；地转偏向力的方向垂直于物体运动的方向，在北半球指向右，在南半球指向左。

(3) 摩擦力（f）

当空气在近地面运动时，地表对空气运动要产生阻碍作用，即产生摩擦力。摩擦力可表示为：

$$f = -Kv \quad (2-5)$$

式中，K 为摩擦系数，它取决于地表的粗糙程度，一般山区最大，海洋最小；v 为空气运动速度。f 的方向与 v 相反，其大小决定于风速和摩擦系数。

摩擦力的作用可通过空气分子、微团的运动向上传递，一直到摩擦层顶部。在自由大气中不再考虑摩擦力。

(4) 惯性离心力（F_i）

空气在水平方向上相对于地表做圆周运动时，还要受到惯性离心力的作用。惯性离心力的方向与速度 v 垂直，由曲率中心指向外缘，其大小为：

$$F_i = m\frac{v^2}{r} \quad (2-6)$$

式中，v 为空气运动的线速度；r 为曲率半径；m 为气块质量。对单位质量气块而言，$F_i = v^2/r$。

2. 风的形成及风压定理

在实际大气中，当某地水平方向上气压出现差异时，就会形成水平气压梯度力，促使空气从高压向低压方向运动。空气一旦开始运动，就会受到其他水平力的作用，如在赤道以外的地方会受到地转偏向力的作用，在摩擦层中会受到摩擦力的作用，做曲线运动时还会受到惯性离心力的作用。当作用在空气上的各水平力达到平衡时，就形成了相对稳定的风。

(1) 自由大气中风的形成及风压定理

先讨论自由大气中平直等压线气压场的简单情况。如图 2-9 所示，气块在水平气压梯度力的作用下产生了沿水平气压梯度力方向的运动。一旦空气开始运动，就要受到地转偏向力的作用。在北半球，地转偏向力使空气向右偏转，随着气块运动速度的加大，作用于其上的地转偏向力也随之增大，且方向始终与气块运动方向垂直。最后，当水平气压梯度力与地转偏向力大小相等、方向相反时，二力达到平衡，气块就沿着等压线做稳定的水平运动。水平气压梯度力越大的地方，需要与之平衡的地转偏向力也越大，因而风速越大。这种由水平气压梯度力与地转偏向力相平衡而形成的风称为地转风。

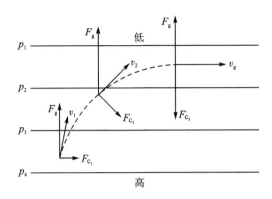

图 2-9 地转风的形成

当自由大气中的空气做曲线运动时,则需考虑惯性离心力的作用。现以等压线为圆形的高压和低压为例来进行讨论。如图 2-10 所示,当空气做曲线运动时,要受到水平气压梯度力、地转偏向力和惯性离心力的作用。当这三力达到平衡时,在北半球,低压区空气是沿逆时针方向旋转的,高压区空气是沿顺时针方向旋转的,在南半球则相反。

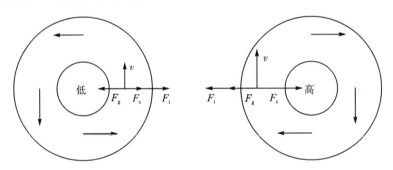

图 2-10 自由大气中低压区和高压区的风

综上所述,可得到自由大气中空气水平运动与气压分布的关系的规律,即自由大气中的风压定理:风沿着等压线吹,在北半球背风而立,高压在右,低压在左,等压线越密,风速越大,如图 2-11 所示。南半球风的运动方向与北半球相反。

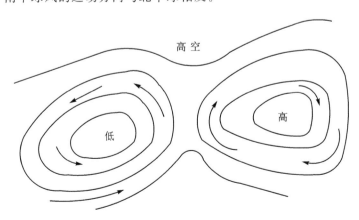

图 2-11 自由大气中风与气压场的关系

（2）摩擦层中风的形成及风压定理

在摩擦层中，空气的水平运动还要受到摩擦力的作用。与自由大气中的情况相比，摩擦力使风速减小，地转偏向力也相应减小，同时在北半球使风向向左偏转一定的角度。仍以平直等压线气压场为例，当水平气压梯度力、地转偏向力和摩擦力三力达到平衡时的风即为摩擦层中的风，如图2-12所示。可以看出，在摩擦层，风是斜穿等压线的。

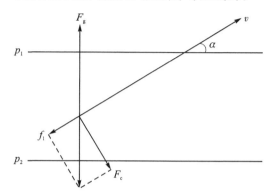

图 2-12　摩擦层中风的形成

这样，摩擦层中的风压定理可表述为：风斜穿等压线吹，在北半球背风而立，高压在右后方，低压在左前方，等压线越密，风速越大，如图2-13所示。南半球风的运动方向与北半球相反。

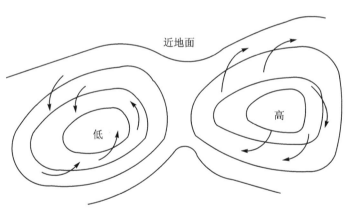

图 2-13　摩擦层中风与气压场的关系

风斜穿等压线的角度取决于摩擦力的大小：在风速相等的情况下，地表越粗糙，风与等压线的交角越大。风与等压线的交角在陆地上为 30°～45°，在水面上为 15°～20°。

2.2.3　风的变化

1. 摩擦层中风的变化

（1）摩擦层中风随高度的变化

在摩擦层中，由于运动着的空气所受到的摩擦力随高度而减小，因此，在水平气压梯度力不随高度变化的情况下，离开地面越远，风速越大，风与等压线的交角越小。如果把北半球摩擦层中不同高度上风的向量投影到同一水平面上,就可以得到如图2-14所示的情况。它表示了北半球摩擦层中风随高度变化的一般规律:当水平气压梯度力不随高度变化时,随着高度的升高,风速逐渐增大,风向向右偏转;到摩擦层顶时,由于摩擦力小到可以忽略不计,因此风速接近于与气压场相应的地转风风速值,风向也基本上平行于等压线。

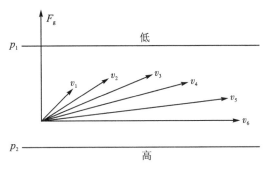

图2-14 摩擦层中风随高度的变化

(2) 摩擦层中风的日变化

在摩擦层中,上层风通常大于下层风,且风向比下层风偏右(在北半球)。日出以后,地表受热不均匀渐趋明显,湍流随之发展,上下层的动量交换频繁。这样,下层风的风速就会因得到来自上层风的动量而增大,并且风向向右偏转;与此同时,下层速度小的空气跑到上层去以后,就会使得上层风的风速减小,且风向向左偏转。到14~15时湍流最强,下层风的风速达最大值,上层风的风速则达最小值。入夜以后,湍流显著减弱,因而下层风的风速迅速减小,风向向左转回去;上层风则与此相反。由湍流引起的上层空气的动量向下传递的现象称为动量下传。当上层风的风速很大时,动量下传可使地表产生大风。以上是在地表热力性质差别不大的平坦地区常见的风的日变化情况。因为这种日变化主要由湍流交换强度的日变化所决定,故晴天比阴天明显,春季比冬季明显,陆地上比海洋上明显。

(3) 摩擦层中风的阵性

当风吹来时,风向不断改变,风速一阵大一阵小的现象称为风的阵性,简称阵风。阵风的产生是受扰动气流的影响的结果。扰动气流形成的主要原因有两种:一种是当空气流过粗糙不平的表面,或者越过、绕过山坡以及障碍物时,受到摩擦和阻碍,而受阻大的空气流速变慢,受阻小的空气流速相对较快,这一快一慢使得空气发生波动和涡旋,形成扰动气流,这称为动力扰动气流。风越大、地表越粗糙、障碍物越高,扰动气流越强。另一种是由于不同性质的地表在吸收太阳供给的热量以后,其增温程度不同而形成的。例如,地面比水面增温快,水泥跑道比草地增温快,因而形成气温分布的不均匀。较暖的空气上升,较冷的空气向较暖的空气方向运动,产生了扰动气流,这称为热力扰动气流。在其他条件相同的情况下,相邻地段上的地表性质差别越大,扰动气流越强。

风的阵性在摩擦层中(尤其是山区)表现得最频繁,也最显著。随着高度的增加,风的阵性逐渐减弱,一般在2~3 km以上就不明显了。一日之中,午后湍流最强,风的阵性最明显;一年之中,以夏季较为明显。在自由大气中,风向、风速空间变化特别大的地方,有利于湍流的发展,也会出现风的阵性。

2. 自由大气中风的变化

(1) 自由大气中风随高度变化的原因

在自由大气中风随高度有明显的变化是由于自由大气中空气运动不再受摩擦力的影响,因此风的变化主要取决于气压场的变化。而自由大气中气压随高度的变化主要是由气温水平差异引起的。如图2-15所示,若低层(H_1高度上)A、B两地之间的气压相等,则由于没有水平气压梯度力而没有风。但由于存在气温差异,使气压随高度降低的速度不同,A 地气压随高度降低得慢,B 地气压随高度降低得快,随着高度升高,将逐渐形成由 A 指向 B 的水平气压梯度,且高度上升得越多,水平气压梯度越大。在 H_2 高度上,空气将由 A 向 B 运动,在地转偏向力的作用下形成由外向里吹的风。这样,由于水平方向上气温分布不均,因此在自由大气中的不同的高度上风就发生了变化。

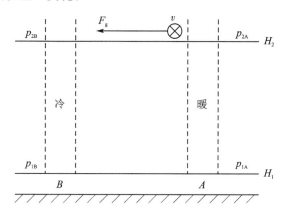

图 2-15 气温水平差异形成的风

（2）热成风

由气温的水平差异而形成的风称为热成风。由热成风的形成过程可以得出热成风与温度场之间的关系：风沿着等温线吹，在北半球背热成风而立，高温在右手，低温在左手，等温线越密，风速越大。在实际大气中，无论地表附近压场分布情况如何，气温的一般分布情况是低纬度地区气温高、高纬度地区气温低。根据热成风原理，在北半球上空应吹偏西风，高度越高，风速越大。上升到一定高度后，就可能形成西风急流。

2.2.4 地方性风

一些特殊的地理条件会对局地空气运动产生影响，形成与地方性特点有关的局部地区的风，这种风称为地方性风。

1. 海陆风

当天气晴朗时，涌向岸边的海浪会越来越强烈，这就是海风造成的现象。白天，由于陆地增热比海洋快，陆地气温高于海洋，因此陆地上空气产生上升运动，海洋上空气产生下沉运动。由于空气运动的连续性，低层空气将从海洋吹向陆地，形成海风，而上层空气将从陆地流向海洋，形成一个完整的热力环流。晚上的情形与此相反，形成陆风。海陆风的形成如图 2-16 所示。

2. 山谷风

山谷风是由山区的特殊地理条件造成的，形成原因与海陆风相似。白天，由于山坡处气温高，而同高度山谷处气温低，因此空气从山坡上空上升而在山谷处下降形成了局地热力环流，在低层，风从山谷吹向山坡，形成谷风。晚上的情形与此相反，形成山风。山谷风的形成如图 2-17 所示。

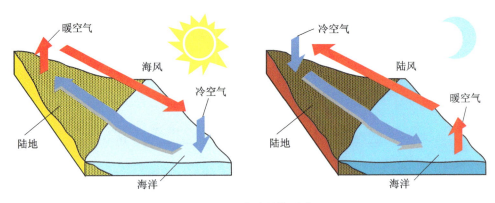

图 2-16 海陆风的形成

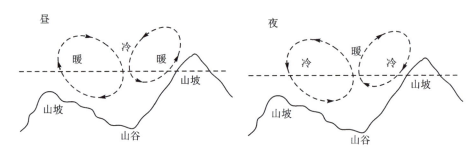

图 2-17 山谷风的形成

3. 峡谷风

在山口、河谷地区常产生风速较大的风,称为峡谷风,如图 2-18 所示。由于空气的流动具有连续性,因此当其进入狭窄的地方时,流速要加大,从而形成峡谷风。在山区和丘陵地区常出现这种风,风速变化增大,对山地飞行带来影响。

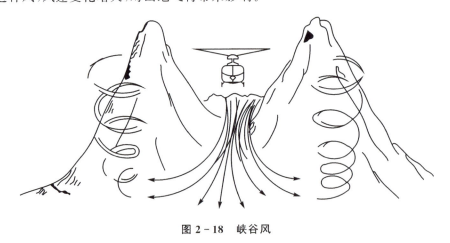

图 2-18 峡谷风

4. 焚 风

气流过山后沿着背风坡向下吹的热而干的风称为焚风。当焚风吹来时,气温迅速升高,湿度急剧减小。当气流越过山脉时,在迎风坡上,空气上升冷却,水汽凝结放出潜热,使气温按湿绝热直减率降低,并有大量水分降落。空气过山后沿背风坡下降,通常按干绝热直减率增高,到达背风坡山脚时,气温比在山前时高,湿度比在山前时小,如图 2-19 所示。当强的焚风出现时,几小时内气温可升高 10 ℃ 以上。

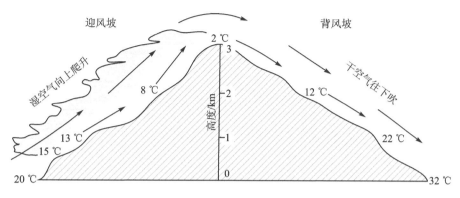

图 2-19 焚风示意图

在我国天山南北、秦岭脚下、川南丘陵、金沙江河谷等地可见到焚风的踪迹。在海拔仅 1 000 m 的大兴安岭和太行山,由于冬季来自西伯利亚的冷空气南下时,沿着斜坡倾斜下来,形成焚风,从而使东坡的气候发生重大变化。例如:太行山麓燕山脚下的北京的 1 月份平均气温为 -4.7 ℃,比同纬度的秦皇岛高出 1.2 ℃,比辽宁瓦房店市、丹东市等地分别高出 3.7 ℃ 和 4.1 ℃ 之多,因而北京成为我国同纬度上冬季最暖和的地方。

地方性风的影响与摩擦层风的变化一样,只有在没有强烈系统影响的情况下才明显,一旦有其他强烈系统影响时,其作用就被掩盖而显示不出来。

2.2.5 风对飞行的影响

(1) 风对直升机起降的影响

直升机起降时所能承受的最大风速,取决于机型(见表 2-2)和风与跑道的夹角。逆风起降时所能承受的风速最大,正侧风起降时所能承受的风速最小。这是因为近地面风由于受地表的影响,变化复杂,具有明显的阵性,风速越大,阵性越强,使直升机受到无规律的影响,难以操纵,特别是在侧风条件下起降的直升机,要保持正常的下滑线非常困难。为克服侧风的影响而采取大坡度接地可能使直升机发生事故,加上阵风影响,就会使直升机更加难以操纵。

表 2-2 不同机型所能承受的最大风速

单位:m/s

风 向	开、关车允许风速		悬停允许风速
	直-9	直-11	直-11
顺 风	—	20.6	8.6
逆 风	28	25.8	—
左侧风	18	20.6	8.6
右侧风	8	20.6	8.6

（2）风对飞行航线的影响

直升机在航线飞行时，不可避免地要受到风的影响。顺风飞行会增大地速、缩短飞行时间、减少燃油消耗、增加航程；逆风飞行会减少地速、增加飞行时间、缩短航程；侧风飞行会产生偏流，须进行适当修正以保持正确航线。

2.3 空气的垂直运动

空气在垂直方向上具有升降运动，这种运动对天气的形成及飞行都有很大的影响。

2.3.1 空气垂直运动的形成原因

空气的垂直运动及其变化是由作用在空气上的垂直方向的力造成的。这种力有两个（见图2-20），即向下的重力和向上的垂直气压梯度力。重力是由地球对空气的吸引而产生的；垂直气压梯度力是由作用在气块上的垂直方向的气压差而产生的，也即是气块受到的浮力，大小应等于与气块体积相同的周围大气的质量。

对于原来静止的气块，当作用在其上的垂直方向的力不平衡时，就会产生垂直运动。当垂直气压梯度力大于重力时，空气块向上运动；当重力大于垂直气压梯度力时，空气块向下运动。

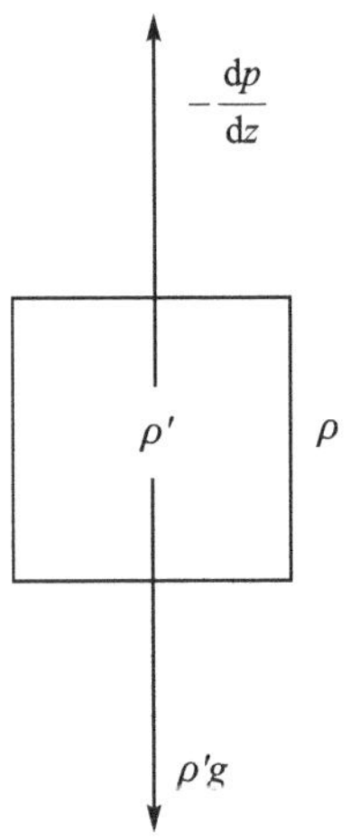

图2-20 单位体积气块所受的重力和垂直气压梯度力

2.3.2 空气垂直运动的种类及特点

引起作用在空气上的垂直方向的力不平衡的原因不同，形成的空气垂直运动的特点就不同。下面分别讨论大气中各种垂直运动的特点。

1. 对 流

（1）对流的概念和特征

对流是指由于气块与周围大气有气温差异而产生的强烈而比较有规则的升降运动。局地空气的热升冷降运动，就是空气的对流运动。对流的垂直运动速度是空气各种垂直运动中最大的，一般为 1~10 m/s，有时可达几十米/秒；对流的水平范围不大，一般是几千米到几十千米；对流的持续时间较短，一般只有几十分钟到几小时。

（2）对流冲击力

使原来静止的空气产生垂直运动的作用力称为对流冲击力。在实际大气中，对流冲击力的形成有热力和动力两种原因，它们产生的对流分别称为热力对流和动力对流。

热力对流冲击力是由地表热力性质差异引起的。白天，在太阳辐射作用下，山岩地、沙地、城市地区比水面、草地、林区、乡村升温快，其上空气受热后气温高于周围空气，因而体积膨胀，空气密度减小，使浮力大于重力而产生上升运动。天气愈晴朗，太阳辐射愈强，这种作用愈明显。夜晚情形正好相反，山岩地、沙地等受地面辐射降温快，其上空气冷却收缩，产生下沉运动。天气愈晴朗,这种作用愈明显。

动力对流冲击力是由空气运动时受到机械抬升作用而引起的,如山的迎风坡对空气的抬升作用力、气流辐合辐散时造成的空气升降运动的作用力等,都属于动力对流冲击力。

(3) 大气稳定度

由于对流冲击力的作用,空气产生了垂直运动,但这种垂直运动能否继续发展和加强,并最终形成强烈的对流运动,则取决于大气本身的性质,即大气稳定度。

大气稳定度是指大气对垂直运动的阻碍程度。设想一气块由于受到对流冲击力而产生上升运动。如果该气块在上升过程中,气温变得比周围气温高,则它将始终获得一个向上的加速度,上升运动会变得越来越强烈。反之,如果该气块在上升过程中,气温变得比周围气温低,则它将获得一个向下的加速度,使上升运动逐渐减弱,最后消失。可见,气块的升、降运动能否维持和加强,取决于它和周围大气的气温差异如何变化。

下面具体分析大气稳定度的判断方法。如图 2-21 所示,在甲、乙、丙三地上空 200 m 处分别有 A、B、C 三个气块,大气气温和气块气温相同,但三地大气气温直减率不同,甲地为 0.8 ℃/100 m,乙地为 1 ℃/100 m,丙地为 1.2 ℃/100 m。假设三处气块都处于未饱和状态,则在垂直运动中,气块气温按 $\gamma_d = 1$ ℃/100 m 变化。下面分析各气块在受到冲击力后,其运动情况的区别。

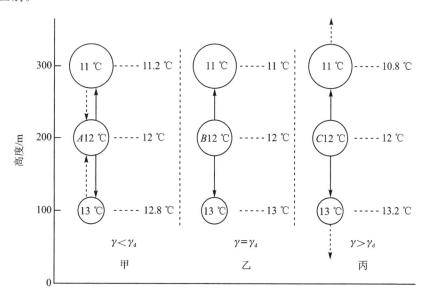

图 2-21 大气对未饱和气块的稳定度

A 气块:如果上升到 300 m 高度,则其本身气温(11 ℃)低于周围大气气温(11.2 ℃),气块受到向下的加速度,上升运动减速,并有返回原处的趋势。如果下降到 100 m 处,则其本身气温(13 ℃)高于周围大气气温(12.8 ℃),气块获得向上的加速度,下降运动减速,并有返回原处的趋势。因此,对气块 A 而言,甲地大气是稳定的。

B 气块:不论上升或下降,气块气温都始终与大气气温相等,不会获得向上或向下的加速度,乙地大气对 B 气块而言是中性的。

C 气块:不论上升或下降,都会使气块运动加速进行,对 C 气块而言,丙地大气是不稳定的。

由上面的分析可见,某地大气是否稳定,取决于该地做垂直运动的气块的气温直减率与周围大气气温直减率的差异。对未饱和气块而言,甲地 $\gamma<\gamma_d$,大气稳定;乙地 $\gamma=\gamma_d$,大气为中性;丙地 $\gamma>\gamma_d$,大气不稳定。对饱和气块而言,道理相同。当 $\gamma<\gamma_m$ 时,大气稳定;当 $\gamma=\gamma_m$ 时,大气为中性;当 $\gamma>\gamma_m$ 时,大气不稳定。可见,某一具体气块受到冲击力后的垂直运动状况,完全取决于气块外部的大气特性。大气具有的这种影响对流运动的特性,就是用大气稳定度来表示的。

综上所述,可将大气稳定度分成3种情形:
- 绝对稳定:$\gamma<\gamma_m(<\gamma_d)$。
- 绝对不稳定:$\gamma>\gamma_d(>\gamma_m)$。
- 条件性不稳定:$\gamma_m<\gamma<\gamma_d$。

从上面的结论可知,γ 值越小,大气越稳定。当 $\gamma<\gamma_m$ 时,不论对饱和气块还是未饱和气块,大气都处于稳定状态,称之为绝对稳定。γ 值越大,大气越不稳定。当 $\gamma>\gamma_d$ 时,不论对未饱和气块还是饱和气块,大气都处于不稳定状态,这时称之为绝对不稳定。当 $\gamma_m<\gamma<\gamma_d$ 时,大气对未饱和气块是稳定的,对饱和气块是不稳定的,这种情况称为条件性不稳定。上述结论也可用大气气温随高度变化的曲线(层结曲线)与气块气温随高度变化的曲线(状态曲线)的关系来表示,如图 2-22 所示。

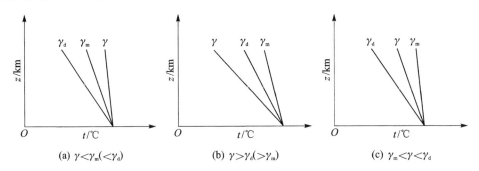

图 2-22 用层结曲线和状态曲线表示的大气稳定度

在逆温层($\gamma<0$)和等温层($\gamma=0$)中,大气是非常稳定的,因此又将它们称为稳定层或阻挡层。它们能阻碍空气垂直运动的发展,在稳定层下面常聚集大量杂质和水汽,使稳定层上、下飞行气象条件出现明显差异。

大气稳定度具有明显的日变化和年变化规律。一日之中,白天太阳辐射使近地层空气增温,γ 值增大,到了午后 γ 值达到最大,大气变得不稳定。夜晚地面辐射使近地层空气降温,γ 值减小,到后半夜和清晨,γ 值达到最小,大气变得很稳定,甚至可在近地表附近形成等温层或逆温层。天气越晴朗,大气稳定度的这种日变化越明显。同理,一年之中夏季大气最不稳定,冬季大气最稳定。因此,一些与对流相关的天气现象(如雷暴)往往出现在夏季午后,而与稳定层有关的天气现象(如某些云雾等)常常出现在冬季的早晨。

2. 系统性垂直运动

大范围空气有规则地升降运动称为系统性垂直运动。系统性垂直运动范围广阔(一般为几百千米到几千千米),升降速度小(一般只有 1～10 cm/s),但持续时间长(可达几天),空气一昼夜也可上升几百米到几千米。

系统性垂直运动一般产生于大范围空气的水平气流辐合、辐散区，以及冷暖空气交锋区。辐合指水平气流向某一区域的汇聚，辐散指水平气流背离某一区域散开。在辐合区，空气质量增加，垂直气压梯度力增大，其上空气产生上升运动，如图 2-23 所示；在辐散区则相反，空气产生下沉运动。在冷暖空气交锋区，暖空气被抬升也可产生系统性上升运动。

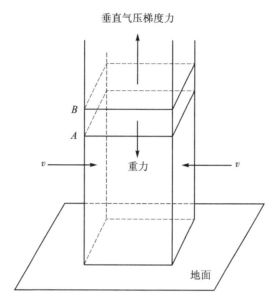

图 2-23　低层气流辐合引起其上空气产生上升运动

在实际大气中，摩擦层内低压区中的风是斜穿等压线吹向低压中心的，水平气流是辐合的，越靠近地表，气流与等压线交角越大，辐合作用越强，因此在低压区盛行上升运动。在高压区则相反，盛行下沉运动。摩擦层中低压区和高压区的水平气流和垂直运动如图 2-24 所示。

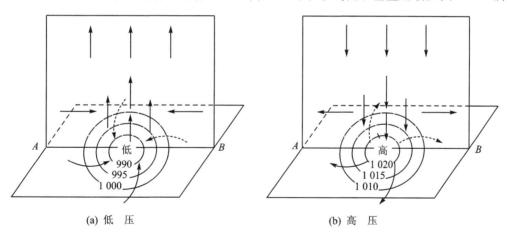

图 2-24　摩擦层中低压区和高压区的水平气流和垂直运动

当风吹向山的迎风坡时，其水平速度越接近山坡越小，形成空气辐合，在山的迎风坡出现系统性上升运动，如图 2-25 所示。

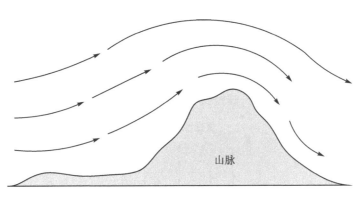

图 2-25 地形引起的系统性上升运动

3. 大气波动

大气和其他流体一样,可产生各种波动。其中和某些天气现象有直接关系的是一种在重力作用下产生的波动,叫重力波。天空中有时出现的呈波浪状起伏的云层,就是由大气中的重力波引起的。空气在波峰处做上升运动,在波谷处做下沉运动。

重力波的形成有两种原因:一种是当两层密度不同的空气发生相对运动时,在其交界面上会出现波动,与风吹过水面时引起波动的道理相同。在大气等温层或逆温层中,上下空气密度和风向、风速存在较大差异,常会引起波动,如图 2-26 所示。另一种情况是在有较强的风吹过山脉时,由于山脉对气流的扰动作用,在一定条件下,可在山的背风坡形成重力波,这种波被称为山地背风波或山岳波,如图 2-27 所示。

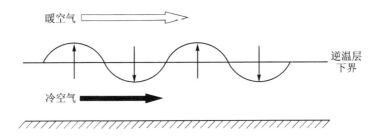

图 2-26 逆温层下形成的重力波

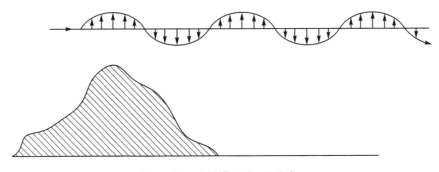

图 2-27 山地背风波(山岳波)

第 3 章 云和降水

云是水汽凝结物在空中聚集而成的现象,降水是水汽凝结物从云中降落到地表的现象。云和降水不仅能反映当时的大气运动状态、大气稳定度和水汽条件,还能在一定程度上预示未来天气变化的趋势。

云和降水对飞行活动影响很大。如低云可严重妨碍直升机飞行,直升机在云中飞行可能产生积冰,在云中或云外都可能会遇到颠簸;降水可影响能见度、影响直升机气动性能等。

3.1 云的形成与分类

大气必须满足 3 个条件才能形成云,即充足的水汽、充分的冷却和足够的凝结核。在实际大气中,满足这 3 个条件的方式主要是含有一定水汽的空气做上升运动,当上升到足够高度时,由于冷却使其中的水汽凝结在凝结核上而形成云。因此,充足的水汽和上升运动是形成云的基本条件。云有各种各样的外貌,千姿百态,变幻无穷,既有不同的成因,又有不同的特征,对飞行的影响也不尽相同。要了解云的变化规律,首先要对云进行分类。

云的分类方法有很多种,一般是将云按云底高度分成 3 族:

① 低云族:云底高度在 2 500 m 以下(中纬度地区)。
② 中云族:云底高度在 2 500～6 000 m。
③ 高云族:云底高度在 6 000 m 以上。

根据云的外貌特征,每一族云都可分为好几种。按照中国气象局关于云的分类标准,结合航空中气象保障的需要,可将主要影响航空飞行的云分为 14 种,如表 3-1 所列。

表 3-1 云的分类 1

云 族	云 种	简写符号	填图符号
高云 6 000 m 以上	卷云	Ci	
	卷层云	Cs	
	卷积云	Cc	
中云 2 500～6 000 m	高积云	Ac	
	高层云	As	
低云 低于 2 500 m	淡积云	Cu	
	浓积云	TCu	
	积雨云	Cb	
	层积云	Sc	

续表 3-1

云 族	云 种	简写符号	填图符号
低云 低于 2 500 m	层云	St	—
	雨层云	Ns	∠∠
	碎层云	Fs	- - -
	碎积云	Fc	- - -
	碎雨云	Fn	- - -

我国按照云底高度和云的形状等,具体将云分为 3 族 10 属 29 类,如表 3-2 所列。

表 3-2 云的分类 2

云族	云属		云类		
	中文学名	简写	中文学名	简写	拉丁文学名
低云	积云	Cu	淡积云	Cu hum	Cumulus humilis
			碎积云	Fc	Fractocumulus
			浓积云	Cu cong	Cumulus congestus
	积雨云	Cb	秃积雨云	Cb calv	Cumulonimbus calvus
			鬃积雨云	Cb cap	Cumulonimbus capillatus
	层积云	Sc	透光层积云	Sc tra	Stratocumulus translucidus
			蔽光层积云	Sc op	Stratocumulus opacus
			积云性层积云	Sc cug	Stratocumulus cumulogenitus
			堡状层积云	Sc cast	Stratocumulus castellanus
			荚状层积云	Sc lent	Stratocumulus lenticularis
	层云	St	层云	St	Stratus
			碎层云	Fs	Fractostratus
			雨层云	Ns	Nimbostratus
			碎雨云	Fn	Fractonimbus
中云	高层云	As	透光高层云	As tra	Altostratus translucidus
			蔽光高层云	As op	Altostratus opacus
	高积云	Ac	透光高积云	Ac tra	Altocumulus translucidus
			蔽光高积云	Ac op	Altocumulus opacus
			荚状高积云	Ac lent	Altocumulus lenticularis
			积云性高积云	Ac cug	Altocumulus cumulogenitus
			絮状高积云	Ac flo	Altocumulus floccus
			堡状高积云	Ac cast	Altocumulus castellanus

续表 3-2

云族	云属		云类		
	中文学名	简写	中文学名	简写	拉丁文学名
高云	卷云	Ci	毛卷云	Ci fil	Cirrus filosus
			密卷云	Ci dens	Cirrus densus
			伪卷云	Ci not	Cirrus nothus
			钩卷云	Ci unc	Cirrus uncinus
	卷层云	Cs	毛卷层云	Cs fil	Cirrostratus filosus
			匀卷层云	Cs nebu	Cirrostratus nebulosus
	卷积云	Cc	卷积云	Cc	Cirrocumulus

根据空气上升运动的种类，可将云分为积状云、层状云和波状云3种基本类型和一些特殊形状的云。

3.1.1 积状云

在对流的上升运动中形成的云称为积状云。它包括淡积云、浓积云、积雨云和碎积云。

1. 积状云的形成和发展

(1) 积状云的形成

在对流中能否形成积状云，决定于对流运动所能达到的高度（对流高度）和上升气块开始发生水汽凝结的高度（凝结高度），如图3-1所示。当对流高度低于凝结高度时，上升气块不能达到饱和，就不会形成云；如果对流高度高于凝结高度，积状云就会形成于两高度之间。

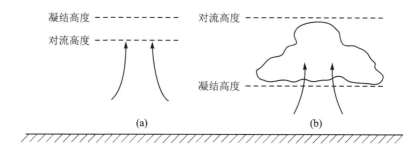

图3-1 对流高度和凝结高度与积状云的形成

(2) 积状云发展的3个阶段

由于对流发展的不同阶段，生成的积状云也可分为3个阶段，如图3-2所示。

淡积云是在对流发展的初始阶段形成的。这时对流比较微弱，对流高度仅稍高于凝结高度，只能形成一个厚度不大的云泡，如图3-2(a)所示。如果这时空中有强风或较强湍流，那么就可能形成碎积云。

如果对流继续加强，则一朵积状云可由数个云泡聚集而成，云块也变得高大臃肿，圆弧形轮廓相互重叠，就形成了浓积云，如图3-2(b)所示。

当对流发展得非常旺盛时，气流猛烈上升，使云顶发展到很高的高度，温度也降低到−15 ℃

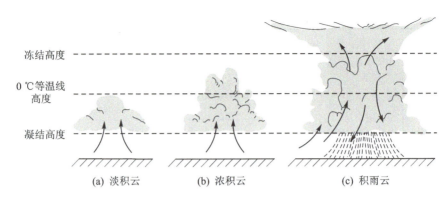

(a) 淡积云　　　(b) 浓积云　　　(c) 积雨云

图 3-2　积状云发展的 3 个阶段

以下,云滴完全成为冰晶。云顶的圆弧形轮廓开始模糊发毛,浓积云也就形成了积雨云,如图 3-2(c)所示。积雨云中强烈发展的对流可使云顶向上伸展到很高的高空,有时由于高空强风的作用,会使云顶向下风方向倒,有如随风飘扬的马鬃,这种积雨云称为鬃积雨云。有时积雨云顶向上急剧伸展至对流层顶附近,受到阻挡而向周围平展开,形成砧状云顶,称为砧状积雨云。

2. 积状云的特征和天气

积状云大多具有孤立分散、底部平坦和顶部凸起的外貌特征(见图 3-3)以及明显的日变化。由热力对流产生的积状云表现出的这些特征尤为明显,这是由热力对流本身的特征而决定的。一日之中,随着对流强度的日变化,积状云的演变规律通常是:上午为淡积云,中午发展为浓积云,下午则成为积雨云,到傍晚逐渐消散,或演变成其他云。在暖季,可利用这一规律了解天气短期演变趋势。例如,如果上午相继出现淡积云和浓积云,则表示大气不稳定,下午有可能发展成积雨云;如果午后天空还是淡积云,则表示大气稳定,对流不易发展,天气仍会很好;如果傍晚由积云平衍而形成积云性层积云或积云性高积云(常伴有晚霞),则往往预示明天天气仍然晴好,故有"晚霞行千里"之说。

图 3-3　积状云

3.1.2　层状云

在系统性垂直运动中形成的云称为层状云。

1. 层状云的形成和特征

系统性垂直运动主要产生于低压(或槽)中的水平气流辐合区和大范围冷暖空气的交锋区。在这些区域中大气比较稳定的情况下,可以形成大范围有规则的上升运动,在水汽充沛的条件下,能形成范围广阔的层状云。

层状云的共同特征:
- 云体向水平方向发展。
- 云层均匀、范围广阔。
- 层状云常连绵几百千米,形成大面积的降水。

如图3-4所示为大范围层状云系的形成。由于暖空气在冷空气的上面缓慢爬升,形成了由高到低的卷云、卷层云、高层云和雨层云。这一系列云按一定的顺序出现,称为层状云系。

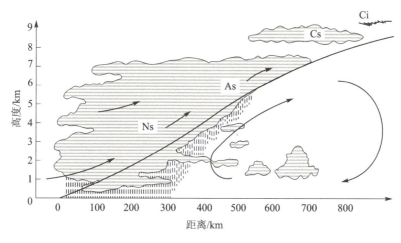

图3-4 层状云系的形成

2. 层状云的演变和天气

由于层状云(见图3-5)常和阴雨天气相联系,因此可从层状云的演变规律判断未来的天气变化趋势。

图3-5 层状云

对一个地区来说,如果出现的层状云由高向低转变,即由卷云(多为钩卷云)转为卷层云,再转为高层云,则以后就很有可能转变成雨层云而产生降水。谚语"天上钩钩云,地下雨淋淋""日晕三更雨,月晕午时风",说的就是这种天气。如果层状云是由低向高转变,则天气将会转好。但要注意,如果云孤立分散,云量逐渐减少或少变,则说明系统性垂直运动在减弱,天气常常会继续晴好。

3.1.3 波状云

波状云是指由大气波动或大气湍流形成的云。大气波动和大气湍流中都包含有上升运动,再加上足够的水汽,就能形成云。

1. 波状云的形成

(1) 在大气波动中形成的波状云

在大气波动中形成的波状云有层积云、高积云和卷积云。大气波动可出现在不同的高度上,由于波动的特点,在波峰处空气上升形成云,在波谷处空气下沉,云很少或没有云,这样云层看起来就像起伏的波浪,如图3-6所示。波状云由云块、云片或云条组成,当波动出现在低空时,形成的波状云由于距地面较近,在地面上的观测者看来,构成波状云的云条、云块显得大而松散,这就是层积云。当中空出现波动时形成的云叫高积云,由于高度较高,空气中水汽含量一般较少,云体相对要薄一些。从地面上看,构成高积云的云块、云条或云片呈灰白色,显得光滑,体积较小。当大气波动出现在高空时,形成的波状云从地面看是由白色鳞片状的小云块组成的,这就是卷积云。

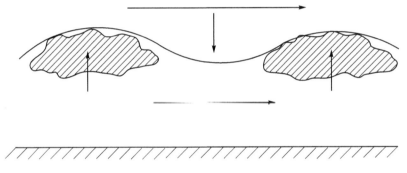

图3-6 波状云的形成

(2) 在湍流中形成的波状云

由大气湍流形成的云也属于波状云,因为这些云的顶部呈波浪起伏状。这些云是层云、碎层云和碎雨云。

在摩擦层中,当逆温层下有较强的湍流发展时,由于湍流混合作用,湍流混合层上部水汽增多,同时湍流上升运动引起气温下降,从而在逆温层下形成层云。层云高度很低,也可由湍流将雾抬升而形成,从云下看仍然像雾,外形呈幕状像层状云,但从其形成原因来看,属于波状云。当层云消散时,分裂形成碎层云。碎层云云体薄而破碎,形状极不规则,从地面看移动较快。当有降水云层存在时,降水使云下空气湿度增加,若有湍流发展形成上升运动,则可在降水云层下形成破碎的云块、云片,这种云形状极不规则,随风飘移,云高很低,称为碎雨云。

2. 波状云和天气

大多数波状云(见图3-7)出现时,大气比较稳定,天气少变。"天上鲤鱼斑,晒谷不用翻"就是指透光高积云或透光层积云,它们常预示晴天。但有时波状云与坏天气也有联系,"鱼鳞天,不雨也风颠"是指当出现卷积云时,天气将转坏,因为它往往是系统性层状云系的先导。波状云也出现在系统性上升运动中,如果波状云不断加厚,高度降低,向蔽光层积云演变,则表示阴雨天气将要来临。

图 3-7　波状云

3.1.4　特殊状云

除上述 3 类比较规范的云状外,大气中还可见到一些特殊形状的云。特殊的云状指示着特殊的大气运动形式和大气状态,往往可以预示未来的天气。下面讨论 3 种常见的特殊状云。

1. 堡状云

当波状云在逆温层下形成后,如果逆温层厚度不大,其下又有对流和湍流发展,则较强的上升气流就可能穿过逆温层的某些薄弱部分,形成具有积云特征的云顶。这样,整个云层看起来就像远方的城堡,底部水平,顶部有些突起的小云塔,这就是堡状云。一般将堡状云归入波状云一类,出现于低空的堡状云称为堡状层积云,出现于中空的堡状云称为堡状高积云,如图 3-8 所示。

图 3-8　堡状高积云

可见,堡状云是由大气波动和对流、湍流共同形成的,它的出现说明当时空中有逆温层,但不能完全阻止对流的发展,如对流进一步加强,就有可能形成强烈对流而产生恶劣天气。因此,如果飞行时发现某地早上有堡状云出现,就应想到到了中午或下午,大气一般会变得更加不稳定,对流进一步发展,可能出现雷阵雨天气,给飞行活动带来很大影响。

2. 絮状云

絮状云也属波状云,常表现为絮状高积云。当中空有强烈湍流形成时,会使高积云个体变得破碎,状如棉絮团,如图 3-9 所示。因此,在絮状云区飞行的直升机颠簸较强烈。如果暖季早晨出现了絮状云,则表示中空大气不稳定,到中午或下午,中低空不稳定空气结合起来,就有可能形成雷阵雨天气。

图 3-9　絮状高积云

3. 荚状云

在局部升降气流汇合处上升气流区形成云,上部下沉气流使云的边缘变薄而形成豆荚状的云,称为荚状云。低空形成的荚状云为荚状层积云,中空形成的荚状云为荚状高积云,如图 3-10 所示。荚状云多出现在晨昏,此时最易出现升降气流对峙的情形。此外,在山区由于地形影响也能产生荚状云。荚状云通常是晴天的预兆,但若在它之后出现高层云,则也可能向阴雨天气转变。

图 3-10　荚状高积云

3.2　云的观测

要了解云中和云附近的飞行条件,并通过它来判断天气,就要善于正确地观测云。云的观测,通常是指云状、云量和云高的观测。

3.2.1 云状的观测

1. 地面观测

在地面判断云状的主要依据是云的外貌特征、出现高度、云的色彩、亮度以及与云相伴的天气现象。3.1 节介绍的各种云的特征就是判断云状的主要依据。如层状云的共同特征是范围广阔、结构均匀、呈幕状。但雨层云由于高度低、厚度大，水汽含量充沛而颜色阴暗，常伴有降水；而高层云则高度较高，云层较薄而颜色较明亮。这样就可以将这两种云区别开。再如浓积云与积雨云都属积状云，有相似的外貌特征，但积雨云常伴有狂风暴雨、电闪雷鸣，且云顶、云底特征与浓积云有很大差异。

2. 空中观测

在空中观测云时，会有云下、云中、云上等不同情况。云下观测大致与地面相同，但因观测者距云较近，云块看起来比地面观测的大，结构显得松散模糊，能看到的云底范围小。如果贴近云底飞行，则只能见到云的细微结构，不易辨别云的外貌。云中观测主要根据能见度、颠簸、积冰等情况进行间接判断。云上观测时，可根据《航空气象云图》上各种云的云顶特征来判断。此外，薄云反射阳光少，云顶常呈灰白色；厚云反射阳光强，云顶呈耀眼的白色，也可以此来推断云状。

3.2.2 云量的观测

云量多少，可凭目测云块占据天空的面积来估计，如图 3-11 所示。当然因为是目测，所以并不十分准确，但全世界的气象站至今还是用这种目测方法估计云量的。天气预报广播中的晴、少云、多云和阴，就是根据云量的多少划分的。

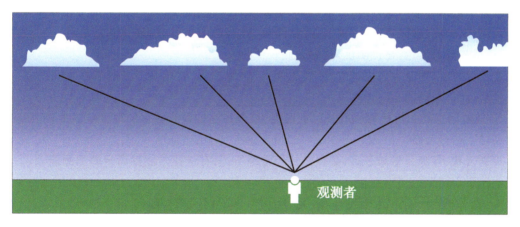

图 3-11 云量的观测

气象上，通常将整个天空划分为 10 等份。碧空无云或天空被云遮蔽不到 0.5 份时，云量为"0"；云遮盖天空一半时，云量为"5"。当云量多时，先估计露出的天空的份数，再推算出云量。当云量少时，则直接估计云所遮蔽天空的份数。如当云块占全部天空的 1/10 时，云量为"1"；当云块占天空的 2/10 时，云量为"2"，其他类推。值得注意的是，民航部门规定把天空划分为8等份。

气象上,天空无云或者虽有零星云层,但云量不到2时称为晴;低云量在8以上称为阴;当中、低云的云量为1~3,高云的云量为4~5时,称为少云;当中、低云的云量为4~7,高云的云量为6~10时,称为多云。

空中观测云量与地面观测云量是不同的。在云上飞行时,向下观测云量,是以云遮蔽地面的成数来表示的。在云下飞行时,虽然仍是以云遮蔽天空的成数来表示云量,但是,由于观测者与云的距离不同,对同样面积的云,观测的云量也不同。离云近,观测云量较多;离云较远,观测的云量就少些。所以在空中观测的云量,必须把它和观测时直升机的位置、云层的高度结合起来加以分析判断。

3.2.3　云高的观测

云底离地面(海面)的垂直距离称为云高。云高对飞行活动的影响较大,尤其是云高小于300 m的低云最能威胁飞行的安全。所以,对云高的观测是十分重要的。

观测云高的方法有器测法和目测法。

器测云高是指用气球、云幕灯、测云仪、雷达和航空器测定的云高。如用直升机实测云高,是指当直升机抵达云底,飞行员刚好看不清天线时,高度表所指示的高度就是云高。

器测云高比较准确,目测云高比器测云高误差大。但是,目测法简便迅速,在实际工作中经常用到。只要平时认真练习,并以实测云高来检验,就可以不断提高目测云高的准确性。下面介绍在地面目测云高的一般方法。

① 首先判明云状,再参考该种云常见的云高范围,并结合本地区各季节云高变化的规律来判断云高。

② 结合云的结构、颜色、移速和云块大小等情况来判断云高。例如,对同一种云,如果云体结构的细微部分很清楚,云体松散、边缘毛糙,则云底往往较低。当云层的透光程度较小,颜色较黑时,则云底较低。当天空被云掩蔽,颜色发白,地上东西显得明亮时,这种云底较高;相反,云色呈灰或灰黑色,显得阴沉,这种云底较低。

若云成块状,则通常云块越大,云底越低;云块越小,云底越高。看起来移动快的云,一般云底较低,而移动慢的云则较高。

③ 熟悉附近高大目标物(如山峰)的高度,可以按它们被云蔽盖的程度或云底离开它们的相对高度来估计云高。

识别云状、观测云量和云高,必须坚持经常练习,只有这样才能提高云的观测能力。

3.3　低云的外貌特征及其对飞行的影响

总的来说,在云区飞行一般常见的是低能见度和颠簸,云状不同,对飞行影响的程度也不同。在低于0 ℃的云中飞行可遇到积冰,在积雨云区飞行可遇到闪电干扰或雷击。此外,在云中或接近云层飞行时,缺乏经验的飞行员还可能产生错觉。例如,当接近云层时,好像飞得快一些,当离开云层时,又好像飞得慢一些;在云中,由于看不见天地线,如果明暗不均,则就会以为直升机有俯仰角或带坡度;在靠近阴暗的云底飞行时,下明上暗,会误认为在倒飞,等等。在这些情况下,切忌精神紧张和凭主观感觉操纵直升机,应少向外看,坚信仪表的指示。对飞行影响最大的是积雨云和浓积云,无论在航线上或起落过程中,都应避开。

主要云种的特征及其对飞行的影响如表3-3所列。

表3-3 主要云种的特征及其对飞行的影响

云族	云属	云高/m	云厚	云滴物态	外貌特征	天气现象	湍流	积冰	其他
高云	卷云(Ci)	7 000~10 000	500~2 500 m	冰晶	白色,纤维状结构,常呈丝缕状或片状,有光泽	—	有弱湍流,当出现在急流中时有强湍流	—	冰晶耀眼
	卷层云(Cs)	6 000~9 000	1 000~2 000 m	冰晶	乳白色,层状,透过云层看日月,轮廓分明,有晕	—	有时有弱湍流	偶有弱积冰	冰晶耀眼,云中能见度常为几百米
	卷积云(Cc)	6 000~8 000	几百米	冰晶	白色,鳞片状的小云块,排列成群,单体视角小于1°	—	有弱湍流	偶有弱积冰	—
中云	高积云(Ac)	2 500~6 000	200~1 000 m	水滴或冰晶	白色或灰白色的云片或云块,它们有时零散分布,有时整体排列,单体视角1°~5°		常有弱至中湍流	有弱积冰,偶有中积冰	
	高层云(As)	2 500~5 000	1 000~3 500 m	水滴、冰晶或雪花	浅灰色,层状,从云层较薄处可模糊地看到日月,当云层厚时则看不到日月	小雨或小雪	多弱湍流,在锋区时为中至强湍流	有弱至中积冰	云中能见度通常为几十米
低云	雨层云(Ns)	500~2 000	3 000~6 000 m	水滴、冰晶或雪花	低而阴暗的云幕,云底模糊不清,云下常有碎雨云	连续性雨或雪	有时有湍流,当在锋区或山地上时有中至强湍流	有中至强积冰	云中能见度通常为15~20 m,云中有时隐藏着积状云
	层积云(Sc)	500~2 500	几百至两千米	水滴或冰晶	灰色或灰白色云片、云块或云条,单体视角大于5°	有时有小雨或小雪	有弱至中湍流	冬季有弱至中积冰	云中能见度通常为几十米
	层云(St)	50~500	几百米	水滴	浅灰色底面均匀的云幕,像雾,但不及地	有时有毛毛雨,能见度低	有弱湍流	冬季有强积冰	云中能见度通常小于50 m,下部约为100 m

续表 3-3

云族	云属	云高/m	云厚	云滴物态	外貌特征	天气现象	湍流	积冰	其他
低云	积云(Cu)	500~2 000	几百至五千米	水滴	底部平坦,顶部呈圆弧形。浓积云垂直伸展很高	浓积云有阵雨	有弱、中或强湍流	9 ℃线高度以上有明冰	浓积云云中能见度很低,飞行有危险,禁止进入
低云	积雨云(Cb)	300~2 000	5 000~12 000 m	水滴、冰晶或雪花	垂直发展极高,云顶模糊或呈砧状,云底阴暗	雷暴、闪电、阵雨、大风,有时有冰雹	有强湍流,有时有下击暴流	云的中上部有强积冰	云中飞行非常危险,禁止进入

直升机主要在低空、超低空飞行,因此本节着重介绍低云的外貌特征及其对飞行的影响。

3.3.1 淡积云(Cu hum)

1. 外貌特征

淡积云(见图 3-12)通常由水滴构成,含水量为 0.11~0.38 g/m³,冬季在高原或北方地区,它常由过冷水滴和雪花(冰晶)混合构成,故偶有降雪。淡积云云高为 600~1 200 m,云厚为几百米,云块底部较平,顶部呈圆弧形凸起,像小山包,云体垂直厚度小于水平宽度。在暖季早晨,若天空出现底平、顶凸、孤立的云块(淡积云),或移动较快的白色碎云(碎积云),则表明中低空大气比较稳定,天气晴好。

图 3-12 淡积云

2. 对飞行的影响

淡积云对飞行的影响较小。在云上飞行比较平稳;若云量较多时,在云下或云中飞行有时有轻微颠簸;在云中飞行时,由于连续穿过许多云块,光线忽明忽暗,因此容易引起疲劳。

3.3.2 浓积云(Cu cong)

1. 外貌特征

浓积云(见图3-13)通常由水滴和过冷水滴构成,含水量可达1.65 g/m³,冬季在高原或北方地区,它常由过冷水滴和雪花(或冰晶)混合构成,故偶有降雪。浓积云云高为600~1 200 m,云块底部较平,呈暗灰色;顶部凸起而明亮,圆弧形轮廓互相重叠,像花椰菜。浓积云云块垂直向上发展旺盛,云厚为几千米,云体高大像小山或高塔,其垂直尺度小于水平尺度。

图3-13 浓积云

2. 对飞行的影响

浓积云对飞行的影响比淡积云大得多,在云下或云中飞行常有中度到强烈颠簸,云中飞行还常有积冰。此外,由于云内水滴浓密,能见度十分恶劣,通常不超过20 m。因此,禁止在浓积云中飞行。

3.3.3 积雨云(Cb)

1. 外貌特征

积雨云(见图3-14)是由水滴、过冷却水滴和冰晶组成的混合云,云中含水量可达10 g/m³以上,在我国高原地区气温很低的情况下,积雨云的全部云体可由冰晶构成,颜色灰白。积雨云云高为400~1 000 m,云体很厚,为4 000~10 000 m,垂直发展极盛,远看像耸立的山或高塔,顶部具有纤维结构,有时平衍呈马鬃状或铁砧状,云底混乱,常呈悬球状、滚轴状或弧状。云底多呈铅黑色,云下常有低而破碎的云(碎雨云),当积雨云布满天空时,天空显得非常阴暗。常伴有雷暴、降水(或呈幡状),有时有冰雹,偶有龙卷。"清早宝塔云,下午雨倾盆"是指在暖季的早晨,若天边出现了堡状云,则表示这个高度上的潮湿大气已经很不稳定,到了午间,低层对流一旦发展,上下不稳定的大气结合起来,就会产生强烈的对流运动,形成积雨云而发生雷雨。

积雨云按其外形可分为秃积雨云(Cb calv)和鬃积雨云(Cb cap)。

图 3-14 积雨云

2. 对飞行的影响

积雨云对飞行的影响最为严重。云中能见度极为恶劣,直升机积冰强烈;在云中或云区飞行都会遇到强烈的颠簸、雷电的袭击和干扰;暴雨、冰雹、狂风都可能危及飞行安全。因此,禁止在积雨云中或积雨云区飞行。

3.3.4 碎积云(Fc)

1. 外貌特征

碎积云(见图3-15)通常由水滴构成,在冬季可由过冷水滴构成。碎积云云块支离破碎,中部稍厚,边缘较薄,随风飘移,形状多变。

图 3-15 碎积云

在降水的过程中,雨滴蒸发使低空湿度增大,加上空气的扰动,经常在降水性的云层(如雨层云、积雨云)下面生成一种支离破碎、形状多变、高度很低(一般在50～300 m)、移动较快、呈灰色或暗灰色的云,这就是碎雨云。"江猪过河,大雨滂沱"中的江猪即指雨层云下的碎雨云,出现这种云,表明雨层云中水汽很充足,大雨即将来临。有时碎雨云被大风吹到晴天无云的地方,夜间便看到有像江猪的云飘过"银河"这也是有雨的先兆。

2. 对飞行的影响

碎积云对飞行的影响不大,但当云量多时,会妨碍观测地标,影响着陆。

3.3.5 层积云(Sc)

1. 外貌特征

层积云(见图3-16)由水滴组成,云中含水量为0.1～0.4 g/m³,云高为500～1 500 m,云体多呈灰色或灰白色,有时呈暗灰色。云体呈块状、团状、片状或条状。云块较大,其视角多数大于5°。云块有时孤立分散,有时聚集成群、排列成行,形似大海中的波涛。云厚为几百至一千米,云层各部分的透光程度差别很大,薄的部分能看出日月的轮廓,厚的部分分辨不出日月的位置。有时出现华和虹彩现象或降间歇性雨雪。

图3-16 层积云

"炮台云,雨淋淋"中的炮台云是指堡状层积云或堡状高积云,多出现在低压槽前,表示空气不稳定,一般隔8～10 h有雷雨降临。

2. 对飞行的影响

云中飞行一般平稳,有时有轻颠,可产生轻度到中度积冰。

3.3.6 层云(St)

1. 外貌特征

层云(见图3-17)由水滴组成,云中含水量为 0.2~0.6 g/m³,云高为 100~700 m。层云昼间呈灰色或灰白色;夜间当地面有灯光照映或有积雪反光时,多呈白色或淡红色,无灯光照映则呈黑色。层云云厚为几百米,云底呈均匀的幕状。云底很低,常笼罩山顶和较高的建筑物。

图 3-17 层 云

另外,由层云或雾抬升可形成碎层云(Fs),碎层云通常由水滴组成,冬季在高原和北方地区,可由过冷水滴组成。碎层云云体呈片状,支离破碎,形状极不规则;云片很薄;移动明显;云底很低,常常遮盖高的建筑物。

2. 对飞行的影响

云中飞行平稳,冬季可有积冰。由于云底高度低,因此云下能见度也很恶劣,严重影响起飞、着陆。

3.3.7 碎层云(Fs)

1. 外貌特征

碎层云(见图3-18)云体呈破碎片状,很薄;形状极不规则,变化明显;云高通常为 50~500 m。

2. 对飞行的影响

碎层云对飞行的影响与层云相似。

图 3-18 碎层云

3.3.8 雨层云(Ns)

1. 外貌特征

雨层云(见图 3-19)由冰水混合组成,云中含水量在 0.6~1.3 g/m³,云高为 100~1 000 m。雨层云云层很厚,为 2 000~10 000 m,云体呈暗灰色,看不出日月的位置。水平分布范围很广,遮蔽全部天空。云体呈均匀幕状,模糊不清,雨层云在降水前、后或降水时,云底下边常有碎雨云出现,云块残碎,跑得很快,俗称跑云。雨层云常降连续性雨雪,有时有雨雪幡。由于云层水平分布范围很广,云内水汽充足,降水多为连续性的,降水量也较大,因此有"空中水库"之称。"天上灰布悬,雨丝定连绵"中的灰布即指雨层云,其大多由高层云降低加厚蜕变而成,范围很大、很厚,云中水汽充足,常产生连续性降水。

图 3-19 雨层云

2. 对飞行的影响

云中飞行平稳,但能见度恶劣,长时间云中飞行可产生中度到强度的积冰。暖季云中可能隐藏着积雨云,会给飞行安全带来严重隐患。

3.3.9 碎雨云(Fn)

1. 外貌特征

碎雨云(见图3-20)随风飘移,形状极不规则,云量极不稳定,移动速度快,云高很低,通常为几十米到300 m,伴随在积雨云或雨层云底部。

图 3-20 碎雨云

2. 对飞行的影响

碎雨云主要影响起飞、着陆,特别是有时它会迅速掩盖机场,对安全威胁很大。

3.4 降 水

3.4.1 降水的基本概念及分类

1. 降水的基本概念

水汽凝结物从云中降落到地表的现象称为降水。若有水汽凝结物从云中落下,但没有降落到地表,而是在空中就蒸发掉了,则这种现象叫作雨幡。由于有雨幡,有时直升机在空中碰到降水,但在地面并没有观测到降水。

2. 降水的分类

① 降水从形态上可分为固态降水(如雪、雪丸、冰丸、冰雹等)和液态降水(雨和毛毛雨)。
② 降水按性质可分为连续性降水、间歇性降水和阵性降水。

- 连续性降水持续时间长,降水强度变化不大,通常由层状云产生,水平范围较大。卷层云一般不降水,在纬度较高地区有时可降小雪。雨层云、高层云可产生连续性降水。
- 间歇性降水强度变化也不大,但时降时停,多由波状云产生。其中层云可降毛毛雨或米雪,层积云、高积云可降不大的雨或雪。
- 阵性降水强度变化很大,持续时间短,影响范围小,多由积状云产生。其中淡积云一般不产生降水;浓积云有时产生降水,在低纬度地区可降大雨;积雨云可降暴雨,有时会产生冰雹和阵雪。

降水还可按强度进行划分。降水强度常用单位时间内的降水量(降水在水平面上的积水深度)来表示,由雨量计(见图 3-21)测得。但应注意到,由于水汽凝结物在降落过程中因为增温等作用要发生蒸发,因此地面的降水强度往往比空中小。降水的雨量等级标准如表 3-4 所列。

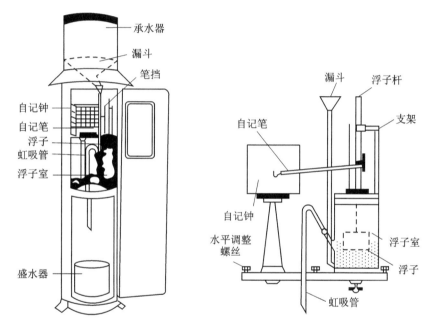

图 3-21 虹吸式雨量计

表 3-4 雨量等级标准

等 级	降水强度/(mm·d^{-1})
小雨	0.1~9.9
中雨	10~24.9
大雨	25.0~49.9
暴雨	50.0~99.9
大暴雨	100.0~249.9
特大暴雨	≥250

3.4.2 降水的形成

降水是在云中形成的,但能产生降水的云并不多。因为云滴通常很小,不能克服空气阻力和上升气流的作用而飘浮在空中,所以只有当云滴增长到足够大时,才能从云中降落至地表而形成降水。如果云中水汽充分,上升运动能持续进行,则水汽的凝结或凝华也就不断进行,云滴的密度就会越来越大,并不断增大为雨滴、雪花或其他降水物。因此,降水的形成过程,也就是云滴不断增大而变为降水物的过程。

1. 云滴的增长过程

云滴的增长主要有两种方式:一是云滴的凝结或凝华增长;二是云滴的碰并增长。

(1) 云滴的凝结或凝华增长

在可能形成降水的云中,往往是大、小云滴,冷、暖云滴,冰、水云滴并存,暖云滴、水云滴、小云滴表面上的空气饱和程度分别比冷云滴、冰云滴、大云滴表面上的空气饱和程度要小,使得暖云滴、水云滴、小云滴上的水分容易蒸发转移到冷云滴、冰云滴、大云滴上凝结或凝华,使其增长,如图3-22所示。云滴增长初期,主要是通过这种方式实现的,它能形成直径为几十微米的大云滴。

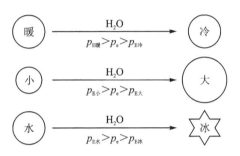

图3-22 水汽的扩散转移

(2) 云滴的碰并增长

当云中出现了体积差异较大的云滴后,气流的作用使云滴之间发生碰撞,大云滴"吞并"小云滴,体积进一步增大而形成降水云滴。

如果以上凝结(或凝华)增长和碰并增长进行得比较充分,则就有可能形成半径为几百微米到几毫米的降水云滴,但能否形成降水,不仅与降水云滴的大小有关,还与空中气流情况、云下大气的温湿情况,以及云底高低等因素有关。只有当这些条件使降水云滴在下降到地表以前不被完全蒸发时,才能形成降水。

2. 不同形态降水的形成

降水有固态降水和液态降水之分,究竟形成什么样的降水,主要取决于云中和云下的气温。

① 若云中和云下气温都高于0 ℃,则形成液态降水。
② 若云中和云下气温都低于0 ℃,则形成固态降水或冻雨、冻毛毛雨。
③ 若云内气温低于0 ℃,而云下气温高于0 ℃,则降水可以是液态、固态或二者的混合物(如雨夹雪)。有时,地面在降雨,而直升机在空中遇到的是降雪,就是因为地面与空中气温不同。

冰雹是积雨云强烈发展形成的一种球状、圆锥状或其他不规则形状的降水,大的直径可达十几厘米以上,可造成严重灾害,对飞行也有很大危害。强烈发展的积雨云中有很强的升降气流和湍流,云体可伸展到上万米的高空,云内成分复杂,可同时存在过冷水滴、雪花和冰晶。当雪花、冰晶与过冷水滴碰撞时,会冻结在一起,形成不透明的小雪球——霰,即雹核。雹核在积雨云中随升降气流在0℃等温线附近上下运动,反复冻结、融化、再冻结,并继续与水滴、冰晶、过冷水滴合并,逐渐增大形成冰雹,如图3-23所示。冰雹在云中升降次数越多,体积越大,表示积雨云中气流越强烈,积雨云发展也越旺盛。

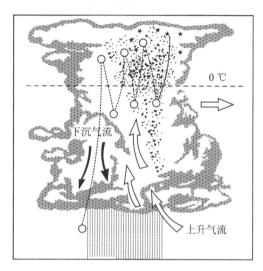

图3-23 冰雹的形成

3.4.3 降水对飞行的影响

降水对飞行有多方面的影响,其影响程度主要与降水强度和降水种类有关。

1. 降水使能见度减小

降水对能见度的影响程度,主要与降水强度、种类及直升机的飞行速度有关。降水强度越大,能见度越差;降雪比降雨对能见度的影响更大。降水中的地面能见度如表3-5所列。由于毛毛雨雨滴小、密度大,其中能见度也很差,一般与降雪时相当。有的小雨密度很大,也可能使能见度变得很差。飞行员在降水中从空中观测的能见度还受飞行速度的影响,飞行速度越大,能见度减小越多。原因是降水使座舱玻璃沾附水滴或雪花,折射光线使能见度变坏,以及机场目标与背景的亮度对比减小。当降小雨或中雨时,地面能见度一般大于4 km。直升机在雨中飞行时,若速度不大,则空中能见度将减小到2~4 km;当速度很大时,空中能见度会降到1~2 km。直升机在大雨中飞行时,空中能见度只有几十米。

表3-5 降水中的地面能见度

单位:km

降水强度和种类	地面能见度	降水强度和种类	地面能见度
大雨	<4	大雪	<0.5
中雨	4~10	中雪	0.5~1
小雨	>10	小雪	>1

2. 含有过冷水滴的降水会导致直升机积冰

直升机在有过冷水滴的降水（如冻雨、雨夹雪）中飞行时，雨滴打在直升机上会立即冻结。因为雨滴比云滴大得多，所以积冰强度也比较大，冬季在长江以南地区飞行最容易出现这种情况。

3. 在积雨云区及其附近飞行的直升机可能遭雷击

直升机在积雨云附近几十千米范围内飞行时，有被雷击的危险。曾有过直升机远离云体在晴空中遭雷击的事例。

4. 大雨和暴雨能使发动机熄火

直升机在雨中飞行时，如果雨量过大，则发动机吸入雨水过多，点火不及时也有可能导致发动机熄火，特别是在直升机处于着陆阶段时，更要提高警惕。

5. 大雨恶化直升机气动性能

大雨对直升机气动性能的影响主要来自以下两方面：

(1) 空气动力损失

雨滴打在直升机上使机体表面形成一层水膜。当气流流过时，在水膜上引起波纹，同时雨滴打在水膜上，形成小水坑。这两种作用都使机体表面粗糙度增大，改变了旋翼桨叶和机身周围气流的流型，使直升机阻力增大、升力减小。计算表明，机身和旋翼桨叶两者的阻力增加约 $5\% \sim 20\%$。

(2) 直升机动量损耗

当雨滴撞击直升机时，将动量传给直升机引起直升机速度变化。雨滴的垂直分速度施予直升机向下的动量，使直升机下沉；雨滴对直升机的迎面撞击则使之减速。

第 4 章 能见度

能见度与直升机飞行活动的关系极为密切,它是判定能否飞行、飞行气象条件简单或复杂的重要依据。在低空飞行时,能目视看清地标对飞行安全尤为重要。因此,掌握能见度的状况及其变化规律,对保障飞行安全有重要意义。

4.1 能见度的基础知识

4.1.1 能见度的概念

一般所说的能见度有两种含义:一是指视力正常的人能分辨出目标物的最大距离;二是指在一定距离内观察目标物的清晰程度。

在航空活动中,飞行员需要观察地标、障碍物、其他飞行物和灯光等目标物,并分辨出它们的种类、判断出它们的位置。要分辨出目标物,最基本的条件是要看清目标物的轮廓。因此,航空上使用的能见度定义为:视力正常的人在昼间能看清目标物轮廓的最大距离,在夜间则是能看清灯光发光点的最大距离。凡是看不清目标物轮廓,分不清是什么目标物,或者目标灯发光点模糊、灯光散乱等,都不能称作"能见"。

4.1.2 影响能见度的主要因子

在白天,观察者主要是观察不发光的目标物,而在夜间则主要是观察灯光目标物(如跑道灯等)。因此,能见度又有昼间能见度与夜间能见度之分,它们的影响因子也有差异。

1. 影响昼间能见度的因子

在白天观察不发光的目标物时,能否分辨出目标物就是指能否把目标物与其背景区分开,这主要取决于以下 3 个因子:

(1) 目标物与其背景间的亮度对比

目标物有一定的亮度,其背景也有一定的亮度。目标物与其背景间亮度对比越大,颜色差异越大,观察者就越容易把目标物从其背景中识别出来。因此,有一定的亮度对比,是观察者能看见东西的条件之一。要注意的是,由于大气分子对光线的散射作用,在一定距离以外观察目标物时,目标物与背景的颜色差异会被冲淡,主要是亮度对比被减弱。

(2) 大气透明度

目标物与其背景间的亮度对比会被大气分子及大气中的杂质削弱。这是因为大气分子及杂质有吸收和散射来自目标物及其背景的光线的作用,同时它们本身在阳光照射下亦具有一定的亮度,这一亮度叠加在目标物及其背景的亮度上,也会使观察者观察到的亮度对比减弱。大气中杂质越多,大气透明度越差,对亮度对比的削弱作用越强。

(3) 亮度对比视觉感阈

从以上的讨论可知,在原有亮度对比一定的情况下,随着观察距离的增加和大气透明度的减小,观察者观察到的亮度对比(视亮度对比)会越来越小,直至最后趋近于零。事实上,在视亮度对比减小至零以前的某个值时,观察者的视觉就已经不能把目标物从其背景中辨别出来了。我们把从"能见"到"不能见"这一临界视亮度对比值称为亮度对比视觉感阈。

对于视力正常的人,亮度对比视觉感阈的大小与目标物视角、视野亮度、观察者的精神状态等因素有关。例如,在昼间观察视角等于或大于 20′(约相当于在 15 km 的高度看"T"字布的视角)的目标物时,亮度对比视觉感阈约为 0.05,这时只有当视亮度对比在 0.05 以上时才能看见目标,且亮度对比视觉感阈的大小基本不随目标物视角的变化而变化。但对于观察视角小于 20′的目标物,亮度对比视觉感阈将随目标物视角的减小而急剧增大。如果视野亮度相比于正常情况过大或过小,例如白天向阳飞行(视野亮度过大),或黄昏、拂晓和夜间飞行(视野亮度过小),则亮度对比视觉感阈都会显著增大。飞行员的精神因素对亮度对比视觉感阈也有重要影响,比如当大气条件不好时,飞行员心情过于紧张,亮度对比视觉感阈增大,本来能看清的目标物也看不清了。

2. 影响夜间能见度的因子

在夜间飞行时主要观察灯光目标物,影响夜间能见度的因子主要有以下 3 个:

(1) 灯光发光强度

在其他条件一定时,灯光越强,能见距离越大。

(2) 大气透明度

在一定的灯光发光强度下,大气透明度越差,灯光发光强度被减弱得越多,能见距离就越小。

(3) 灯光视觉感阈

灯光视觉感阈是指观察者能观察到的最小照度。对于视力正常的人来说,灯光视觉感阈主要随着灯光背景的亮度和观察者对黑暗的适应程度变化。灯光的背景越亮,观察灯光的视觉感阈越大,发现灯光就越困难。因此,对于夜间能见度来说,暗夜要比明夜(如有月光)好,夜间要比黄昏、拂晓好。当观察者刚从亮处进入黑暗环境时,由于眼睛不能立即适应,灯光视觉感阈还很大,一般要经过 10~15 min 才能减小。

4.1.3 能见度的种类及特点

航空上使用的能见度,分为地面能见度和空中能见度。由于影响能见度的因子很多,这些因子又在不断变化,所以即使在同一时间、同一地点观测的不同种类的能见度,也会有较大差别。因此,应充分了解不同种类能见度的特点及其相互关系,正确判断各种能见度的好坏情况。

1. 地面能见度

地面能见度又称为气象能见度,是指昼间以靠近水平线的天空为背景的视角大于 20′的地面灰暗目标物的能见度。

由于观测地面能见度所选用的目标物是视角大于 20′的地面灰暗目标物,目标物与天空背景间原有的亮度对比值接近于 1。在白天观测这些大目标时,亮度对比视觉感阈基本稳定。

因此，地面能见度是在假定目标物与背景原有的亮度对比和视觉感阈都比较标准的条件下观测的能见度，基本上只受近地面水平方向大气透明度的影响。如大气混浊，有视程障碍现象出现时，大气透明度变差，地面能见度就变坏。为了便于比较和应用，航空气象报告中统一使用地面能见度。

如图4-1所示，在观测地面能见度时，一般是在测站周围各个方向选定不同距离的符合要求的目标物，测出它们的距离，然后在观测时找出能够看清轮廓的最远目标物，这个目标物的距离就是能见度距离。

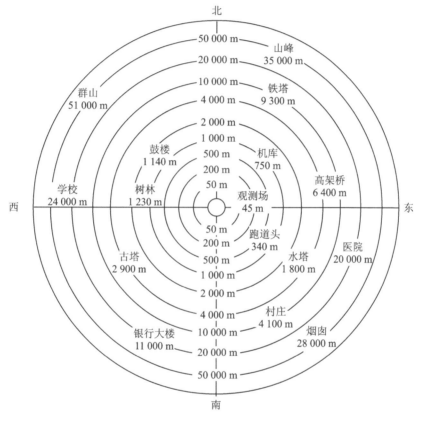

图 4-1 能见度目标物

观测点四周各方向上的大气透明度有时差异甚大，使各方向的地面能见度很不一致。为了反映这种差异，又可将地面能见度分为下面3种。

(1) 有效能见度

有效能见度是指测站视野180°以上范围都能达到的最大能见距离。判断方法是：将各方向地面能见度不同的区域划分成相应扇区，然后将各扇区按地面能见度由大到小逐一相加，直到范围刚好超过一半的那个扇区的地面能见度即为有效能见度。如图4-2所示，有效能见度为3 km。

(2) 最小能见度

最小能见度是指在测站各方向的地面能见度中最小的那个地面能见度。如图4-2所示，最小能见度为2.4 km。

(3) 跑道能见度

跑道能见度是指沿跑道方向观测的地面能见度。当地面能见度接近机场最低天气标准时,应观测跑道能见度。

2. 空中能见度

空中能见度又称为飞行能见度,是指在航空活动中从空中观测目标物时的能见度。按观测方向的不同,空中能见度可分为空中水平能见度、空中垂直能见度和空中倾斜能见度。

由于在飞行过程中所观察的目标物及其背景是在不断变化的,所经大气的透明度也在随时变化,影响空中能见度的因素多变,观测相对困难。因此对空中能见

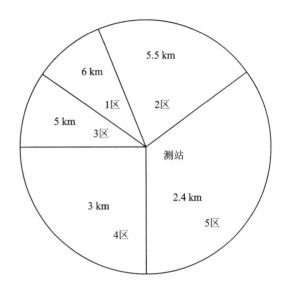

图 4－2 有效能见度和最小能见度

度一般不做观测,只大致估计其好坏。当空气混浊、大气透明度差时,可进行空中垂直能见度的观测,其数值等于直升机爬升到开始看不清地面较大目标物或直升机下降到刚好能看见地面较大目标物时的高度。

(1) 空中能见度的特点

与地面能见度相比,空中能见度有以下特点:

1) 空中能见度小于实际能见距离

直升机与被观测目标物处于相对运动中,目标物的轮廓在不断变化,加之座舱玻璃对光线的影响,增加了观测目标物的困难,使能见距离减小。此外,背景复杂多变,目标物与背景的亮度对比通常比地面能见度规定的要小,也使能见距离减小。

2) 随观测位置不同而变化

由于直升机位置的不断变化,其所经大气的透明度会有很大差异,观测的空中能见度会出现时好时坏的现象。如图 4－3(a)所示,直升机在 A、B、C 3 处观测的空中能见度就不同。如图 4－3(b)所示,机场被雾笼罩,当直升机在雾层上垂直向下观察跑道时,由于视线通过雾层的距离短,跑道可能被看得比较清楚。但当直升机开始下滑时,由于视线通过雾层的距离变长,就可能看不清跑道了。

(2) 在地面估计空中能见度的方法

在飞行前,可根据某些与大气透明度有关的现象,大致判断空中能见度的好坏:

① 看天空颜色。天空蓝色越深,空中能见度越好。天空呈黄色、白色或天空混浊不清,说明空中固体杂质多,有浮尘、烟层、霾层等,空中能见度不好。如果天空发红,则表示水成物粒子多,空中能见度差。

② 看日、月、星辰的颜色。早晨或傍晚太阳呈红色,说明空中水汽凝结物或尘埃多,能见度不好。白天太阳呈白色,不刺眼,说明空中尘埃多,能见度差。月亮皎洁,星光明亮,说明空中能见度好。月亮呈红色或淡黄色,或星光暗淡,表示空中有浮尘或霾,空中能见度差。

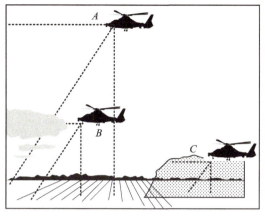 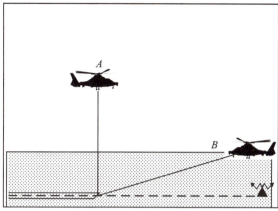

(a) 在A、B、C 3处观测空中能见度　　　　　(b) 通过雾层观测空中能见度

图 4-3　空中能见度随观测位置不同而变化

③ 观察云块结构的清晰程度。云块结构越清晰，空中能见度越好。
④ 雨后天空如洗，空中能见度好；久晴不雨则空中能见度差。

4.2　视程障碍天气观象

大气透明度是引起能见度变化的最主要因素。大气中存在着固体和液体杂质，它们在一定条件下常聚积起来形成各种天气现象影响大气透明度，使能见度减小，这类天气现象统称视程障碍天气现象。了解视程障碍天气现象的形成、演变规律和特点，对掌握能见度的变化极为重要。

造成视程障碍的天气现象有云、雾、降水和风沙等。云和降水除影响能见度外，还会对飞行活动造成其他重要影响，本书第3章已做过介绍。下面主要介绍雾和固体杂质形成的视程障碍天气现象。

4.2.1　雾

1. 雾的基本概念

雾是悬浮在贴近地面的大气中的大量微细水滴（或冰晶）的可见集合体。气象学上将雾的等级划分为5个标准，即水平能见度距离在1～10 km之间的称为轻雾；水平能见度距离低于1 km的称为雾；水平能见度距离在200～500 m的称为大雾；水平能见度距离50～200 m的称为浓雾；而水平能见度不足50 m的雾，就是强浓雾了。雾和云的不同在于云生成于大气的高层，而雾接近地表。

影响雾中能见度的因子主要是雾滴的浓度和大小。雾滴越小，雾的浓度越大，雾中能见度越差。在雾中看灯光时，光源波长越长，能见度越好。

雾的形成机制：近地表空气由于降温或水汽含量增加而达到饱和，水汽凝结或凝华而形成雾。我们可根据近地表露点差$(t-t_d)$来判断是否能形成雾。当$t-t_d \leqslant 2$ ℃时，就可能形成雾。

雾的厚度变化范围较大,一般为几十米到几百米,厚的可达 1 km 以上。厚度不到 2 m 的雾称为浅雾。根据雾的具体形成方式,又可将其分成辐射雾、平流雾、上坡雾、蒸发雾等几种类型,其中对飞行影响较大的是辐射雾和平流雾。

2. 辐射雾

由地表辐射冷却而形成的雾称为辐射雾。在我国,辐射雾是引起低能见度的一种重要天气现象,常常严重影响直升机起降。

(1) 辐射雾的形成条件

辐射雾的形成条件如下:

① 晴朗的夜空(无云或少云)。
② 微风(风速一般为 1～3 m/s)。
③ 近地表空气湿度大。

在这些条件下,地表辐射冷却快,近地层空气降温多,容易形成低空逆温层,使水汽聚集而不易扩散,因而容易达到饱和而形成雾。

(2) 辐射雾的特点

1) 季节性和日变化明显

在我国辐射雾多出现于秋冬季,因为秋冬季夜间长、晴天多、辐射冷却量大。辐射雾一般多形成于下半夜到清晨,在日出前后最浓。此后随着气温的升高或风速的增大,雾逐渐消散,地面能见度也随之好转。但有时如果雾比较浓,逆温层又被迅速破坏,则也可能被抬升成低云。

2) 地方性特点显著

辐射雾多形成于大陆上潮湿的谷地、洼地和盆地。如我国的四川盆地就是有名的辐射雾区,特别是重庆,年平均雾日达 150 多天。

3) 范围小、厚度不大、分布不均

因为辐射雾一般形成于陆地上的潮湿的低洼地区,所以范围较小。其厚度可从数十米到数百米,且越接近地表越浓。在辐射雾上空飞行,往往可见地面高大目标,甚至可见跑道,但在下滑着陆时,就可能什么也看不见了。

3. 平流雾

暖湿空气流到冷的下垫面经冷却而形成的雾称为平流雾。我国沿海地区的平流雾多为海面上的暖湿空气流到冷地表而形成的。南方暖海面上的暖湿空气流到北方冷海面上,也能形成平流雾(海雾)。

(1) 平流雾的形成条件

要形成平流雾,需要具备以下条件:

① 适宜的风向、风速。风向应是由暖湿空气区吹向冷下垫面区,风速一般为 2～7 m/s。
② 暖湿空气与冷下垫面温差显著。
③ 暖湿空气的相对湿度较大。

当暖湿空气流经冷的下垫面时,在温差较大的情况下,其下部空气便逐渐降温,并形成平流逆温,在逆温层下部,水汽首先凝结成雾,随着逆温层的发展,雾也向上发展,最后形成较厚的平流雾。

(2) 平流雾的特点

① 季节变化与辐射雾不同,呈现出春夏多、秋冬少的特点。日变化不明显,只要条件适合,一天中任何时候都能出现,条件变化后,也会迅速消散。但总体而言,以下半夜至日出前出现得最多。

② 来去突然。在沿海地区,如果风向为由暖海面吹向冷陆地,则平流雾即可很快形成,短时间内迅速覆盖整个机场;一旦风向转变,雾就会迅速消散。因此,春、夏季节在沿海地区飞行时,要注意海上天气的变化,特别是风向的变化。

③ 范围广、厚度大。水平范围可达数百千米以上,厚度最大可达 2 000 m。

总体而言,平流雾对飞行的影响比辐射雾大。平流雾来去突然,不好预测,在平流雾上空飞行,很难看见地标,当平流雾遮盖机场时,着陆极为困难。

4. 雾中飞行注意事项

① 在有雾的情况下,不要存在侥幸心理,冒险着陆。

② 在飞行过程中,尤其是夜航,要注意观察和判断雾的形成和移动。

③ 如果直升机尚未落地,雾已覆盖机场,则这时应判明雾的性质、厚度、浓度。若是厚度较薄的辐射雾,则不久将消散。直升机有足够油量的话,可在飞行指挥员的指挥下在空中盘旋等待;否则,应飞向天气较好的备降场着陆。

4.2.2 固体杂质形成的视程障碍天气现象

1. 烟 幕

大量烟粒聚集在空中,使水平能见度等于或小于 10 km 的现象称为烟幕。它呈灰色或黑色,透过烟幕看太阳,太阳呈红色或淡红色。

形成烟幕(见图 4-4)一般要有 3 个条件:

① 要有大量的烟粒来源。

② 低层有逆温层存在。

③ 地面风速小(一般小于 3 m/s)。

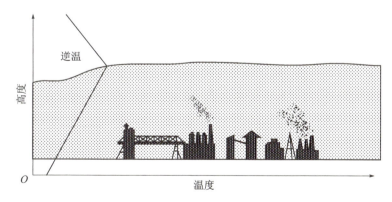

图 4-4 烟幕的形成

当3个条件都存在时,就有利于烟粒聚集形成烟幕,而风向则可以决定烟幕的传播方向。

烟幕在一日中以早晨为多,常和辐射雾混合而成为烟雾,一年中则以冬季最常见。

对飞行的影响:靠近烟幕的机场,风向的突变会造成能见度突然转坏,影响直升机的起飞和着陆,有时会危及飞行安全。因此,注意风向的变化,是判断机场是否受烟幕影响的关键。

2. 霾

大量微小的固体杂质(包括尘埃、烟粒、盐粒等)浮游在空中,使水平能见度等于或小于 10 km 的现象称为霾。当霾出现时,远山、森林等深色景物呈浅蓝色,太阳呈淡黄色。

有霾时,地面能见度往往不一定很差(单独的霾一般很难使地面能见度小于 1 km),但空中能见度却很差。

对飞行的影响:

① 在霾层中飞行,由于空气混浊,同时霾粒反射蓝光的能力较强(高度越高,太阳辐射的蓝光成分越多),远处灰暗目标物好像蒙上了一层淡蓝色的纱幕,难以识别。

② 在霾层上飞行,看不清地面,而在地面可以看到上面飞行的直升机,导致目标暴露。

③ 飞行员容易把远处的霾层顶误认为天地线,产生错觉,导致飞行事故。

3. 风 沙

被强风卷起的沙尘使水平能见度小于 10 km 的现象称为风沙。其中水平能见度小于 1 km 的称为沙(尘)暴;水平能见度大于 1 km 小于 10 km 的称为扬沙。

形成风沙必须具备两个条件:强风(一般要风速在 10 m/s 以上的风)和地面土质干松。春季,在我国西北、华北地区,土地解冻,草木不盛,大风日数又多,最有利于风沙的形成。

对飞行的影响:

① 在风沙区,常常是天空发黄、不见日光,能见度可以变得很差。

② 在风沙区飞行,不仅能见度差,而且沙粒进入发动机会造成机件磨损、油路堵塞等严重后果。

③ 沙粒对电磁波的衰减,以及沙粒与机体表面摩擦而产生的静电效应,还会严重影响通信。

4. 浮 尘

细小的尘粒浮游在空中使水平能见度等于或小于 10 km 的现象称为浮尘。浮尘是风沙的伴生现象。大风停息后,浮尘可以随空中风飘移到较远的地区。我国黄土高原一带的浮尘,有时可以飘到江淮平原和四川盆地。

浮尘对飞行的影响与霾相似,主要是影响空中能见度。浮尘质点比霾大,主要散射长波光线,远处景物、日月常呈淡黄色。

5. 吹 雪

地面积雪被强风卷入空中,使水平能见度等于或小于 10 km 的现象称为吹雪。吹雪所及高度低于 2 m 的,称为低吹雪;吹雪所及高度在 2 m 以上的,称为高吹雪。有时在降雪的同时也有吹雪,二者混为一体,雪花漫天飞舞,这种现象称为雪暴。

形成吹雪的条件,除地面有大风外,地面积雪还必须是干松的。如果雪面积冰或者是湿的,则就难以形成吹雪。因此,吹雪多在冬季形成于我国北方,特别是在东北地区最常见。

对飞行的影响:

① 吹雪中能见度很差,雪暴可使能见度减小到几十米,对飞行危害很大。

② 吹雪一般只影响直升机起落,雪暴则对所有目视航空活动都有很大影响。

表 4-1 列出了造成视程障碍的天气现象的符号。

表 4-1 造成视程障碍的天气现象的符号

天气现象	表示符号	天气现象	表示符号
雾	≡	沙尘暴	⇄S
轻雾	=	浮尘	S
烟幕	∽	低吹雪	+
霾	∞	高吹雪	+
扬沙	$		

第 5 章　天气系统

天气系统指的是具有一定气温、气压、风等气象要素结构特征,并能产生一定天气的大气运动系统。天气图分析和气象卫星观测都表明,地球大气中存在各种大大小小的天气系统,它们在不断地运动和演变着,并产生出各种各样的天气。它们的范围(尺度)相差很大。天气图上常见的水平范围在 500～5 000 km、生命周期在一天以上的天气系统称为大尺度系统,如锋面、高压等;水平范围在 50～500 km、生命周期约为几小时到十几小时的天气系统称为中尺度系统,如下击暴流、海陆风等;水平范围在 50 km 以下、生命周期只有几十分钟至二三小时的天气系统称为小尺度系统,如积云、小雷暴等;水平范围在 5 000 km 以上的天气系统称为行星尺度系统。一般说来,尺度越大,系统生存时间越长;尺度越小,系统生存时间越短。大气的运动是复杂的,不同尺度的天气系统之间既相互联系又相互影响,使天气系统的演变呈现复杂的状态。掌握各种天气系统的特征就能大致掌握受各种天气系统所影响而形成的不同天气现象及它们对飞行活动的影响。

5.1　气团和锋

在飞行中经常遇到这样的情况,有时飞行了很长时间气象条件变化不大,而有时在很短时间内气象条件却有明显的改变,这就是气团和锋的现象。气团和锋是以温度场为主要特征而提出的两个概念。

5.1.1　气　团

1. 气团的概念

气团是指在一定范围内,气温、湿度、稳定度等物理属性水平分布均匀、垂直方向的变化也大体相近的大块空气。气团所占的空间很大,水平范围在几百到数千千米,垂直厚度可达几至几十千米。气团内的水平气温差异小,1 000 km 范围内的气温差异一般小于 10～15 ℃。

2. 气团的形成

气团的形成必须具备两个条件:
① 大范围性质比较均匀的下垫面。
② 适合的环流条件(空气能够在气团源地长期停留或缓慢移动)。
由于空气的物理性质受到下垫面性质的影响很大,因而要形成气团,首先要有大范围性质比较一致的下垫面,比如辽阔的海洋、浩瀚的大沙漠、冰雪覆盖的大陆等。此外,还必须有适合的环境条件,使大范围的空气能够较长时间停留在这样的下垫面上,以便逐渐获得与下垫面相适应的比较均匀的物理属性。

具备上述条件后,再经过一系列的物理过程,大范围空气就可以获得比较均匀的物理属性而成为气团了,这些物理过程主要有:

(1) 辐 射

辐射是空气与下垫面、空气与空气之间交换热量的一种方式。它是使大范围空气获得比较均匀的气温和决定气团气温高低的因子之一。高纬度被冰雪覆盖的地区,由于雪放射长波辐射的能力很强,近地面气温低,大气稳定,湍流、对流不易发展,故辐射对于这一地区气团的形成具有重要的意义。

(2) 湍流和对流

湍流和对流可以把低层空气获得的热量和水汽带到上空,从而使较厚气层的属性都受到下垫面的影响。在低纬度地区,由于近地面气温高,大气不稳定,湍流和对流易于发展,因而它们在热带气团形成过程中所起的作用比较突出。

(3) 蒸发和凝结

蒸发和凝结是空气与下垫面、空气与空气交换水分和热量的方式之一,它们能使大范围空气普遍地获得或失去水分,从而影响着气团的湿度;同时,通过蒸发吸热与凝结放热,又间接地影响了气团的气温和稳定性。

(4) 大范围的垂直运动

当出现大范围下沉运动时,空气往往增暖变干,气温直减率减小,空气比较稳定;当出现大范围上升运动时则相反,空气往往降温变湿,气温直减率加大,空气稳定性减小。

3. 气团的分类

气团的分类有地理分类和热力分类两种方法。

在地理分类中,按照源地的气温性质,可以把气团划分为冰洋气团(北极气团和南极气团)、中纬度气团(又称极地气团)、热带气团和赤道气团 4 大类;按照源地的湿度性质,又可将气团分为海洋性气团和大陆性气团两种。综合气温和湿度特性,全球气团大致可以分为 6 种气团。各气团的主要特征如表 5-1 所列。

表 5-1 各气团的主要特征

气 团	产生源地	主要特征
北(南)极气团	北极(南极)	寒冷、干燥、大气稳定、天气晴朗
极地大陆气团	西伯利亚、蒙古、加拿大	低温、干燥、天气晴朗 冬季大气稳定,夏季大气不稳定
极地海洋气团	中纬度海洋(如北太平洋、北大西洋)	冬季气温高、湿度大、可出现云和降水 夏季与大陆气团相近
热带大陆气团	副热带沙漠地区(如中亚、西南亚、北非撒哈拉沙漠)	炎热、干燥、大气不稳定、天气晴朗
热带海洋气团	副热带高压控制的海洋上	温暖潮湿,低层不稳定,出现积云 中层存在下沉逆温,天气以晴为主
赤道气团	赤道附近的洋面上	高温高湿、天气闷热、多雷暴和阵性降水

热力分类法是根据气团移动时与其所经下垫面的气温对比或两个气团之间的气温对比来划分的,可分为冷气团和暖气团两大类。在移动过程中,能使所经之地变冷,而本身却逐渐变

暖的气团,称为冷气团;而在移动过程中,能使所经之地变暖,而本身却逐渐变冷的气团,称为暖气团。另外,若依据相邻两气团之间的气温对比来划分,则气温相对较高的气团称为暖气团,气温相对较低的气团称为冷气团。通常,在北半球,自北向南移动的气团,不仅相对于地表,而且相对于南方的气团来说,都是冷气团;同样,自南向北移动的气团,不仅相对于地面,而且相对于北方的气团来说,都是暖气团。

4. 气团的变性和天气

(1) 气团的变性

当气团在源地形成后,气团中的部分空气会离开源地移到与源地性质不同的地表,气团中的空气与新下垫面产生了热量与水分的交换,同时在移动中还会发生一些物理过程,气团原有的物理属性就会逐渐发生变化,这种变化称为气团的变性。

(2) 形成的天气

当暖气团向冷的下垫面移动时,具有稳定的天气特征:大气稳定,湍流弱,能形成很低的层云、层积云,有时有毛毛雨或小雨雪,会形成平流雾,地面能见度一般较差。

当冷气团向暖的下垫面移动时,具有不稳定的天气特征:大气不稳定,对流和湍流容易发展,多积状云、阵性降水,天气有明显的日变化,冬季可能形成烟幕或辐射雾,地面能见度一般较好。

5.1.2 锋

1. 锋的概念

锋为大气中冷、暖气团之间的狭窄过渡区域,又称锋面;锋面与地面的交线称为锋线;锋和空中某一平面或垂直剖面相交的区域,称为锋区。

实际大气中的锋面,并不是一个几何面,而是一个过渡区。锋在空间呈倾斜状态,并向冷空气一侧倾斜;它的下面是冷气团,上面是暖气团,如图 5-1 所示。锋的倾斜程度称为锋的坡度,实际大气中锋的坡度通常为 1/300~1/50。锋面水平范围与气团尺度相当,长度为几百至几千千米,宽度在近地层一般为几十千米,窄的只有几千米,宽的也不过几百千米,在高层增宽,可达 200~400 km,甚至更宽一些。有些锋的高度可以伸展到对流层顶,有些锋只出现于对流层低层(1.5 km 以下)。在锋的两侧,气温、湿度以及风等气象要素都有显著的差异。

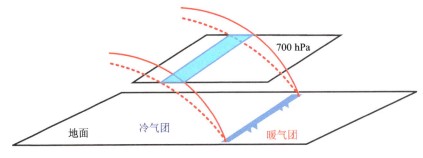

图 5-1 锋

2. 锋的分类

按锋的移动情况,可把锋分为冷锋、暖锋、准静止锋和锢囚锋。冷锋是指冷气团占主导地位、向暖气团一侧移动的锋,如图5-2(a)所示。暖锋是指暖气团占主导地位、向冷气团一侧移动的锋,如图5-2(b)所示。准静止锋则为冷暖气团势力相当或者有时冷气团占主导地位,有时暖气团占主导地位,锋面很少移动或者处于来回摆动状态的锋,如图5-2(c)所示。锢囚锋是指冷锋追上暖锋,或者两条冷锋迎面相遇合并,两个锋面间的暖空气被迫向上抬升而形成的锋,也有由同一条冷锋的两段迎面相遇而形成的锢囚锋,如图5-2(d)所示。原来两条锋面的交接点为锢囚点。

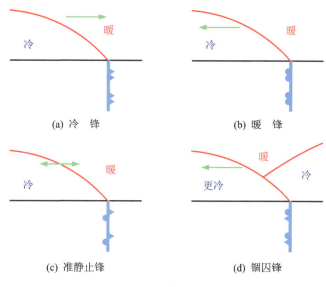

图5-2 锋的分类

5.2 锋面天气及其对飞行的影响

锋面天气主要是指锋附近的云、降水、风、能见度等的分布情况,它主要决定于锋附近空气的垂直运动、气团的属性、锋面坡度等因素。另外,地理条件对锋面天气也有很大影响。近年来发现,锋面这个大尺度系统中还嵌有中小尺度系统的活动。锋面天气多种多样,下面介绍它的典型模式及其对飞行的影响。

5.2.1 暖 锋

暖锋的坡度较小,约为1/100～1/300。暖锋前部云系可达数百千米,锋线附近云层低而厚,其垂直厚度在中纬度地区常达8～10 km,有时可达10～12 km;离锋线越远,云层越高也越薄。如果暖气团是稳定的,水汽又较充沛,则在暖锋移来时会依次出现卷云(Ci)、卷层云(Cs)、高层云(As)和雨层云(Ns),如图5-3所示。暖锋降水常出现在锋前雨层云中,多为连续性降水,降水宽度平均为300～400 km。如果暖气团不稳定,则可能会有阵型降水和雷雨出现。由于锋面上降落的雨滴蒸发使空气饱和,再加上低层辐合和湍流作用,在锋下的冷气团中常有层积云、层云和碎层云出现;空气中的饱和层若接近地表,则在锋前150～200 km范围内会出现雾(锋面雾)。

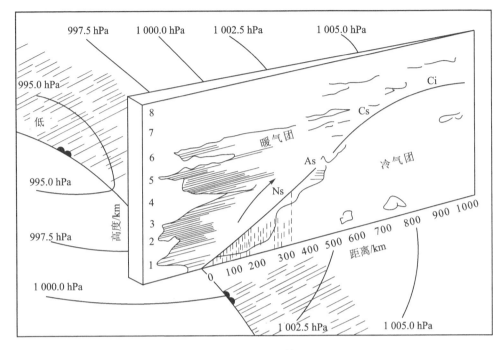

图5-3 暖 锋

暖锋过境前,沿着锋面边界会形成波状云或层状云,同时伴随着雾,夏季还可能会形成积雨云或者雷暴。此时盛行南风或东南风,气压持续下降。

暖锋过境时,伴有层状云,可能会有轻度至中等强度的降水,通常以雨、雨夹雪、雪或者毛毛雨的形式出现,能见度变差,但是会随风的变化而改善。随着相对温暖的空气持续流入,大部分地区气压降低,气温稳定上升,露点保持稳定。

暖锋过境后,层积云占主导地位,可能发生阵雨;能见度最终会变好,但是烟雾朦胧的状况可能会在暖锋通过后维持一段较短的时间;盛行南风或西南风,使气温和露点上升,气压下降,直到暖锋完全过境,也就是俗话说的"一场春雨一场暖"。

在中国,单独的暖锋出现得较少,大多伴随着气旋出现。春、秋季一般出现在江淮流域和东北地区,夏季多出现在黄河流域。

1. 稳定的暖锋天气

稳定的暖锋天气如图5-4所示:
- 暖锋移动速度较慢,锋面坡度小,强度小,历时长。
- 依次出现卷云(Ci)、卷层云(Cs)、高层云(As)和雨层云(Ns)。
- 连续性降水常出现在地面锋线前雨层云中,降水范围比较广。
- 锋下冷气团中常有层积云、层云和碎层云出现。
- 有时在锋前后形成锋面雾。

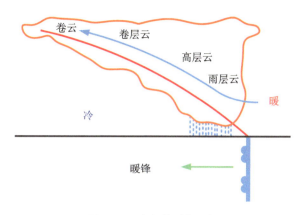

图 5－4　稳定的暖锋天气

2. 暖锋对飞行的影响

当暖气团稳定时,暖锋云中气流比较平稳,多数不会影响飞行,但也应注意以下情况:

① 暖锋锋线附近和降水区内能见度很差,碎云高度很低,属于复杂气象条件。

② 暖锋中容易产生严重积冰。由于锋两侧温差可达 5～10 ℃,故两侧积冰区的高度不同,应选择在积冰区以下或－20 ℃层以上的高度飞行,避开严重积冰区。

③ 如果暖空气潮湿而不稳定,则暖锋云层中常有隐藏的积雨云,尤其要特别小心少数可能隐藏在高层云中的雷暴。

5.2.2　冷　锋

冷锋的移速一般比暖锋快,坡度也更大。冷锋天气取决于冷锋两侧的暖、冷气团的稳定度状况、干湿程度和移动速度等综合因素。

典型的冷锋过境前,会出现卷云或高耸的积云,也可能出现积雨云。由于云的快速发展,阵雨和阴霾也是可能出现的。来自南方或者西南方向的风促进了相对较冷的空气取代温暖的空气。高露点和气压的降低表明了冷锋即将要通过这里。

冷锋过境时,高耸的积云或积雨云依然占据主导地位。根据冷锋的强度,形成大阵雨,可能还伴随闪电、雷鸣和冰雹。更严重的冷锋也会产生龙卷风。在冷锋通过时,能见度将很差,风向多变且多阵风,同时气温和露点快速下降。当冷锋通过时,快速下降的气压会降至最低点,然后开始逐渐增加。

冷锋过境后,高耸的积云和积雨云开始消散成积云,相应地降水量也减少。最终能见度变得很好,西风或西北风盛行。气温继续下降,但是气压持续升高。

1. 冷锋天气

冷锋产生的天气,通常取决于它的移动速度。根据移动速度,可将冷锋分为缓行冷锋和急行冷锋。

(1) 缓行冷锋天气

缓行冷锋如图 5-5 所示,缓行冷锋天气如图 5-6 所示。

● 缓行冷锋天气移动速度较慢,坡度较小(约为1/100)。

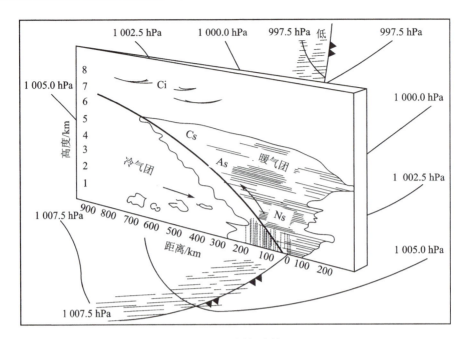

图 5-5 缓行冷锋

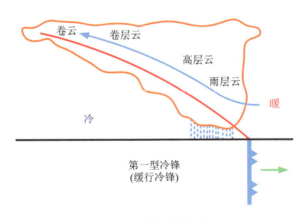

图 5-6 缓行冷锋天气

- 云和降水主要出现在地面锋线后且较窄。
- 冷锋层状云系出现次序是雨层云(Ns)、高层云(As)、卷层云(Cs)、卷云(Ci)。
- 当锋前暖气团不稳定时,在锋线上和锋后会形成积雨云。

夏季在我国西北、华北等地,以及冬季在我国南方地区出现的冷锋多属这一类型。

(2) 急行冷锋天气

快速移动的冷锋受实际锋面后远处的强烈压力系统推动,地面和冷锋之间的摩擦力阻碍冷锋的运动,因此产生了一个陡峭的锋面。这时就产生了一个非常狭窄的天气带,集中在锋面的前沿。如果被冷锋压倒的暖空气是相对稳定的,那么在锋面前方的一段距离内可能出现乌云密布的天空和降雨。如果暖空气不稳定,那么可能形成分散的雷暴和阵雨,沿锋面或锋面之前可能形成连续的雷暴雨带或者一条飑线。由于狂暴的雷暴是强烈且快速移动的,因此飑线对飞行员来说是严重的危险。在快速移动的冷锋之后，天空通常很快放晴，冷锋留下了狂暴的阵风和更冷的气温。急行冷锋如图 5-7 所示，急行冷锋天气如图 5-8 所示。

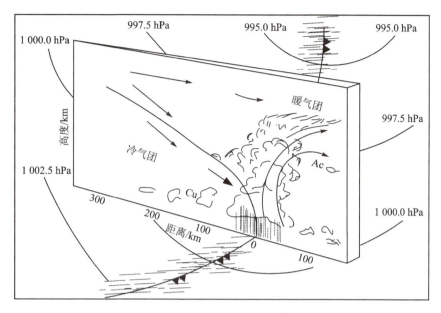

图 5-7 急行冷锋

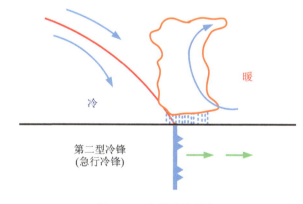

图 5-8 急行冷锋天气

- 云系和降水分布在锋线前和附近的狭窄范围内。
- 当暖气团稳定时，依次出现卷云(Ci)、卷层云(Cs)、高层云(As)、雨层云(Ns)。
- 当暖气团不稳定时，沿锋线形成一条狭窄的积状云带，并能形成旺盛的积雨云。
- 锋线一过云消雨散，风速增加，出现大风。
- 在我国北方的冬、春季节多出现这类冷锋天气。

2. 冷锋对飞行的影响

① 在具有稳定性天气的冷锋区域飞行，在锋面附近可能有轻到中度的颠簸，在云中飞行可能有积冰。

② 降水区中能见度较差，道面积水，对降落有影响。

③ 在具有不稳定天气的冷锋区域,因有强烈颠簸和严重积冰、雷电甚至冰雹等现象,故不宜飞行。

3. 冷锋和暖锋对比

暖锋和冷锋在特性上具有明显的不同,它们在速度、结构、天气现象和预报方面都差异很大。冷锋以 12～21 km/h 的速度移动,相对暖锋移动快,暖锋只以 6～15 km/h 的速度移动。冷锋促使形成陡峭的锋面坡度,激烈的天气活动和冷锋有关,天气通常沿锋面边界出现,而不是在前方。然而,飑线可以在夏季形成,在严重冷锋的前面远到 125 km。暖锋常产生低云幕高度、低能见度和降雨;冷锋则产生突发的暴风雨、阵风、紊流,有时还有冰雹或者龙卷风。

冷锋是快速来临而很少有征兆的,甚至是没有征兆的,它们可以在几个小时内引起天气完全变化。冷锋在通过后,天气很快放晴,能见度好的干燥空气取代了原先的暖空气。暖锋来临前则有征兆,它们可能要好几天才能经过一个地区。

5.2.3 准静止锋

当两个气团的势力相当时,分开它们的边界或者锋面保持静止,在几天内持续影响局部天气,这个锋面就称为准静止锋。准静止锋伴有的天气通常是混合的,在冷锋和暖锋中都可以出现。

准静止锋天气(见图 5-9)与暖锋天气类似。由于锋面坡度最小,云层和降水区更为宽广;降水强度虽小,但持续时间却很长,若暖空气潮湿且不稳定,则常可出现积雨云和雷阵雨。

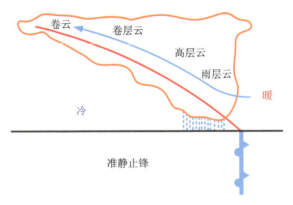

图 5-9 准静止锋天气

5.2.4 锢囚锋

当快速移动的冷锋追上一个慢速移动的暖锋时会出现锢囚锋。如图 5-10 所示,当锢囚锋接近时,暖锋天气占主导,但是接着很快就是冷锋天气。互相碰撞的锋面系统气温在很大程度上决定了锋面的类型和发生的天气。当快速移动的冷锋比慢速移动的暖锋之前的空气更冷时,就会出现冷性锢囚锋。当发生这个现象时,冷空气取代了较冷的空气,迫使暖锋上升到大气中。典型的冷性锢囚锋产生了可以在暖锋和冷锋都可以看到的混合天气,使得空气保持相对稳定。当暖锋前的空气比冷锋的空气还冷时就会出现暖性锢囚锋。当发生这种情况时,冷锋向上升到暖锋之上。如果被暖锋迫使上升的空气不稳定,则天气会比冷性锢囚锋中更加严重,很可能出现雷暴、雨和雾。

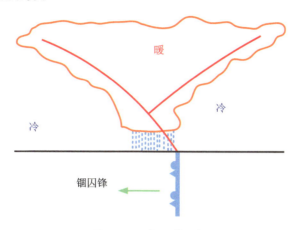

图 5-10　锢囚锋天气

除原来两条锋面云系外,在形成初期锢囚点处上升气流加强,天气变得更坏,云层增厚,降水增强,降水范围扩大并分布在锋的两侧。

5.3　气旋和反气旋

5.3.1　气　旋

气旋是占有三度空间的、在同一高度上中心气压低于四周大范围空气的水平涡旋。在北半球,气旋范围内的空气做逆时针旋转,在南半球做顺时针旋转。

1. 气旋的水平尺度

气旋的水平尺度(范围)以最外围一条闭合等压线的直径长度来表示。气旋的平均直径为 1 000 km,大的可达 2 000~3 000 km,小的只有 200~300 km 或更小些。就平均情况而言,一般东亚气旋较欧洲和北美的气旋水平尺度要小。

2. 气旋的强度

气旋的强度一般用其中心气压值来表示。气旋中心气压值愈低,气旋愈强;反之,气旋愈弱。地面气旋的中心气压值一般在 970~1 010 hPa。发展得十分强大的气旋,中心气压值可低于 935 hPa。就平均情况而言,冬季温带气旋的强度比夏季的要强,海上的温带气旋要比陆地上的强。

气旋的强度是不断变化的,为了表示这种变化,常用以下术语:当气旋中心气压随时间降低时,称气旋"加深";当气旋中心气压随时间升高时,称气旋"填塞"。

3. 气旋的分类

气旋是常见的天气系统,是大气环流的重要角色,它的活动对中、高纬度之间的热量交换和广大地区的天气变化有很大影响。根据气旋形成和活动的主要地理区域,可将其分为温带气旋和热带气旋两大类;按其形成原因及热力结构,则可分为冷性气旋和热低压两大类。温带气旋多为锋面气旋,锋面气旋即是锋面与气旋相结合的气旋。锋面气旋中有锋面,一般移动性较大,常会带来恶劣的阴雨天气。

4. 气旋的流场特征和一般天气

气旋是有一定厚度的天气系统。在北半球,气旋区由于中心气压低,气旋低层的水平气流逆时针由外朝内旋转;由于气流辐合,在中心附近的垂直方向上形成系统性上升运动。在南半球,气旋低层的水平气流则顺时针由外朝内旋转,在中心附近的垂直方向上也会形成系统性上升运动,如图 5-11 所示。因此,在一般情况下,气旋区内都会因为上升气流而将地面附近的水汽带到空中而形成云,所以气旋一般多为阴雨天气,特别是在锋面气旋中,由于气旋中的上升运动和锋面的抬升叠加在一起,就更容易成云致雨。

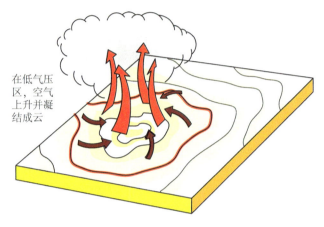

图 5-11 气旋示意图

5. 影响我国的气旋

(1) 锋面气旋

锋面气旋就是带有锋面的气旋,它是温带地区最常见的一类气旋,其气温分布很不对称,强度自地表向上逐渐减弱,一般到三四千米高度上大多变成了低压槽。锋面气旋天气可以看成是以气旋的运动特征为背景的气团天气与锋面天气的综合,大多数锋面气旋的天气是较复杂的,因为在气旋中空气辐合较强,有利于上升运动,只要水汽充沛,就可以产生大范围的云雨天气。下面介绍对我国影响较大的东北气旋和江淮气旋的一般情况。

东北气旋主要活动于我国东北地区,是我国锋面气旋中发展最强大的一种,如图 5-12 所示,它一年四季均可出现,以春秋两季,特别是四、五月份活动最频繁,强度最大。东北气旋常产生大范围的大风、风沙、雷暴和强烈降水等灾害性天气。

江淮气旋是指我国长江中下游、淮河流域一带经常出现的锋面气旋,如图 5-13 所示。由于这一区域一般水汽充沛,发展完整的江淮气旋常出现大片云系和降水。春季,在长江下游地区的江淮气旋东部,东南风把海上暖湿空气输送到大陆,常形成平流雾或平流低云,甚至出现毛毛雨,能见度十分恶劣。发展强盛的江淮气旋,不但可以产生雷阵雨(可达暴雨程度),也可以产生较强的大风。

总之,锋面气旋中的飞行气象条件通常是比较复杂的,特别是当穿越气旋中的锋面飞行时,不仅可遇到雾、低云、降水等恶劣天气,也可遇到雷暴、直升机积冰和严重的颠簸。

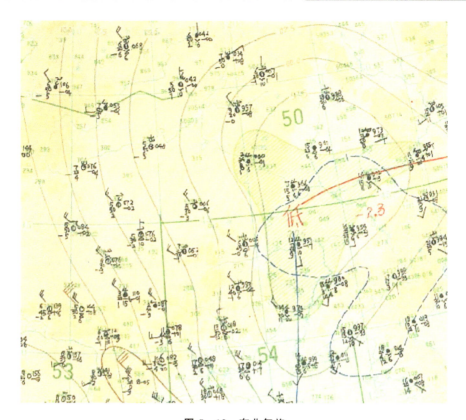

图 5-12 东北气旋

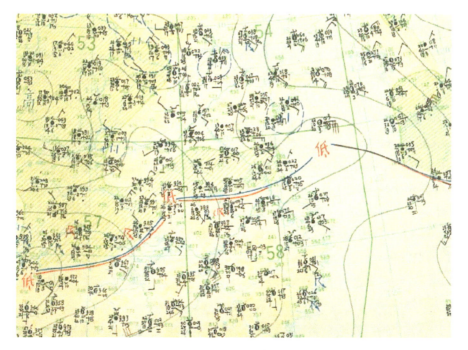

图 5-13 江淮气旋

(2) 热低压

热低压是出现在近地层的暖性气旋，它是浅薄的不大移动的天气系统，一般到三四千米高度上就不明显了。热低压多数是由于近地层空气受热不均而形成的，如图5-14所示。这种热低压常出现在暖季大陆上比较干燥的地区，由于地面没有水汽蒸发，地表温度会升到很高，因而在局部地区形成暖性的低压，称为地方性热低压。在某些情况下，也有由于空中出现强烈暖平流或空气下沉绝热增温而形成的热低压。

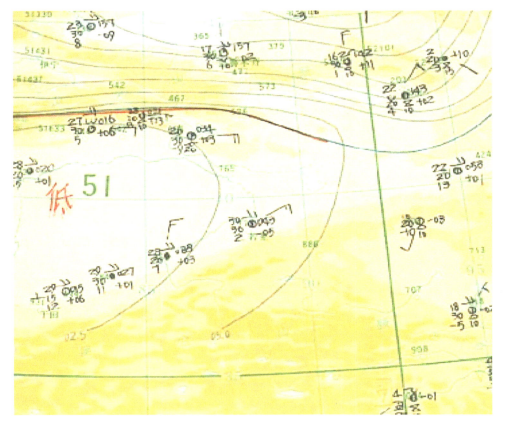

图5-14 热低压

热低压中的天气，因条件不同而有差别：当空气很干燥时，一般是晴热少云天气，例如出现在我国西北，特别是塔里木盆地的热低压就是这样的；当水汽较充沛，并有冷锋或空中低槽移近时，由于上升运动增强，也可产生云雨天气。在干燥地区，当热低压发展强烈时，可出现大风和风沙天气，如云贵高原地区的偏南大风和河西走廊地区的偏东大风就是由热低压造成的。

(3) 高空低涡

高空低涡一般是冷性气旋，冷性气旋的中心气温比四周低，常占据较厚的空间（厚达5 km以上）。我国的高空低涡主要有东北低（冷）涡和西南涡。

东北低涡一年四季均可出现，以五、六月份活动最为频繁。冬季，在冷涡形势下，东北地区从地表到空中气温都很低，会出现冰晶结构的低云，但看起来像卷云或卷层云，这是我国东北地区特有的现象。东北低涡天气具有不稳定的特点，冬季可降很大的阵雪，能见度随阵雪大小忽好忽坏；夏季常造成雷阵雨天气。

西南涡指出现在我国西南地区西藏高原东部的小低压,常表现在 700 hPa 或 850 hPa 等压面图上,其直径一般在 300~500 km。西南涡的形成与我国西南的特殊地形有密切关系,当西风气流遇到青藏高原后,在高原高度以下分为南北两支绕过,由于高原东侧背风坡风速较小,因此常在背风坡南侧造成逆时针旋转的气流切变,而形成西南涡,如图 5-15 所示。

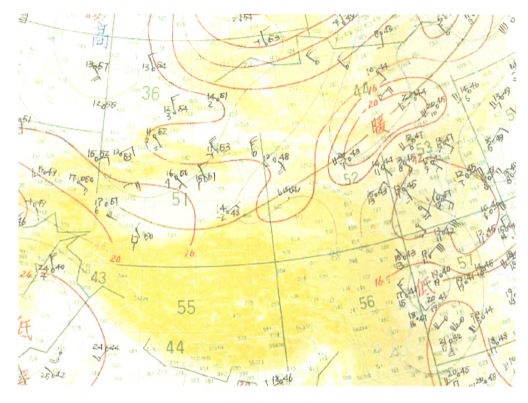

图 5-15 西南涡

当西南涡在源地时,可产生阴雨天气,一般晚上天气更差一些,在夏半年常引起强烈的阵雨和雷暴。如果有适当的高空低槽或冷平流相配合,则有可能使西南涡发展和东移,导致我国东部许多地区出现大雨或暴雨。

5.3.2 反气旋

反气旋是占有三度空间的、在同一高度上中心气压高于四周的大范围空气的水平涡旋。在北半球,反气旋范围内的空气做顺时针旋转,在南半球的旋转方向相反。在气压场上,反气旋表现为高压。

1. 反气旋的水平尺度

反气旋的水平尺度比气旋大得多,大的反气旋可以和最大的大陆和海洋相比。如冬季亚洲大陆的冷性反气旋,往往占据整个亚洲大陆面积的 3/4,小的反气旋其直径也有数百千米。

2. 反气旋的强度

反气旋的强度一般用其中心气压值来表示。中心气压值愈高,反气旋越强;反之,反气旋愈弱。地面反气旋的中心气压值一般在 1 020～1 030 hPa,冬季东亚大陆上反气旋的中心气压可达到 1 040 hPa,最高的曾达到 1 083.8 hPa。就平均情况而言,冬季温带反气旋的强度比夏季的要强,海上的温带反气旋则比陆地上的要弱。

反气旋的强度是不断变化的。当反气旋中心气压随时间升高时,称反气旋"加强";当反气旋中心气压随时间降低时,称反气旋"减弱"。

3. 反气旋的分类

根据反气旋形成和活动的主要地理区域,可将反气旋分为极地反气旋、温带反气旋和副热带反气旋。按热力结构则可将反气旋分为冷性反气旋和暖性反气旋,例如蒙古冷高压和太平洋暖高压等。

4. 反气旋的流场特征和天气

在北半球,反气旋区由于中心气压高,低层的水平气流顺时针由内朝外旋转;由于气流辐散,在中心附近的垂直方向上形成系统性下沉运动,如图 5-16 所示。在南半球,反气旋低层的水平气流逆时针由内朝外旋转,在中心附近的垂直方向上也会形成系统性下沉运动。因此,在一般情况下,反气旋区内都会因为下沉气流而难以形成云,所以反气旋一般多为晴好天气。但由于反气旋特别大,又有冷暖之分,因此不同反气旋的天气差异还是较大的。

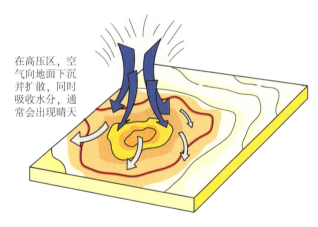

图 5-16 反气旋示意图

5. 影响我国的反气旋

(1) 蒙古冷高压

位于蒙古地区的冷性反气旋(又称蒙古冷高压)是影响我国的重要天气系统。它在冬半年从西伯利亚和蒙古侵入我国,使所经之地气温骤降。如图 5-17 所示,在蒙古冷高压东部前缘,一般就是相应的冷锋天气。高压前的冷锋到达我国北方,气温骤降,风向北转,风速猛增,一般可达 10～20 m/s,有时甚至可达 25 m/s 以上,常出现风沙和降雪。冷锋经江淮流域再向南移,风速仍然很大,由于气团湿度增加,常形成阴雨天气,"三天北风两天雨"就是指这种天气。冷高压前缘移过之后,在冷高压中心控制下,天气也逐渐转晴。在中心区,早上常出现辐射雾或烟幕等现象,能见度极为恶劣,但随着冷气团的回暖变性,湿度增加,稳定度减小,也可出现局地的积状云和阵性降水。

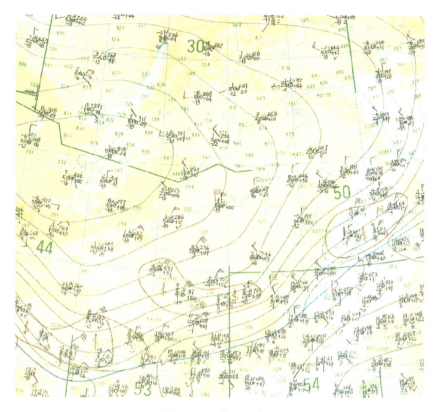

图 5-17　蒙古冷高压

（2）太平洋副热带高压

对我国影响最大的暖性反气旋，产生于北太平洋西部，称为副热带高压，简称副高。副高主体在太平洋上，我国常受其西伸高压脊的影响，西伸高压脊的位置和强度，与我国的天气有很大的关系。

在天气分析预报中，副热带高压范围多以等压面图上的特定等高线来表示。在 500 hPa 等压面图上用 588 位势什米线的范围来确定，如图 5-18 所示。在 700 hPa 等压面图上一般以 312 位势什米线的范围来确定，在 850 hPa 等压面图上以 152 位势什米线的范围来确定，在地面天气图上以 1 010.0 hPa 等压线所围范围来确定。

在副高脊附近，下沉气流强，风力微弱，天气炎热。长江中下游地区 8 月份常出现的伏旱高温天气就是由副高较长时间的控制造成的，脊的西北侧与西风带相邻，常有气旋、锋面、低槽等天气系统活动，多阴雨天气。据统计，我国主要的雨带位于副高脊线以北 5~8 个纬距。随着副高位置和强度的变化，阴雨天气的分布也随之发生变化。当脊线位于 20°N 以南时，雨带在华南；6 月份当脊线位于 20°~25°N 时，雨带位于江淮流域，即梅雨季节；7 月份脊线越过 25°N 后，雨带移到黄淮流域；7 月底、8 月初当脊线越过 30°N 时，华北、东北进入雨季。副高脊南侧为东风气流，当其中无气旋性环流时，一般天气晴好；但当东风气流发生波动，形成所谓东风波，或有热带气旋形成时，则会出现云雨、雷暴等恶劣天气。副高脊短期的东西进退，对其西部地区的天气也有很大的影响。当高压脊刚开始西伸时，常有热雷雨产生。当高压脊在东侧时，其西部常有低槽东移，空气对流加强，造成大范围的雷阵雨天气。太平洋副热带高压的天气如图 5-19 所示。

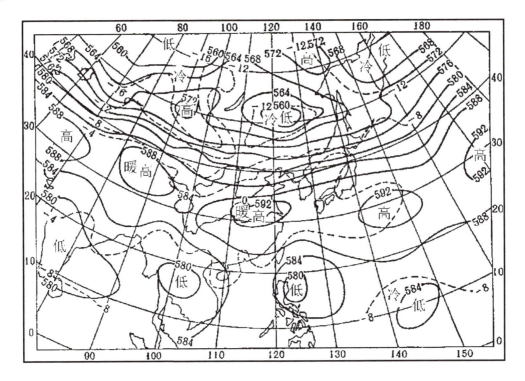

图 5-18 太平洋副热带高压

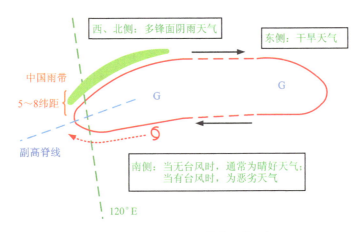

图 5-19 太平洋副热带高压的天气

5.4 槽线和切变线

槽线和切变线是在空中等压面图上经常看到的天气系统，也是天气分析中的重要部分。

5.4.1 槽线

在对流层中纬度地区,随着高度的增加,大气运动越来越近于西风,并常以波状流型出现。在北半球表现为向北的波峰(高压脊)和向南的波谷(低压槽)。在低压槽中,等高线弯曲最大点的连线就是槽线,如图 5-20 所示。

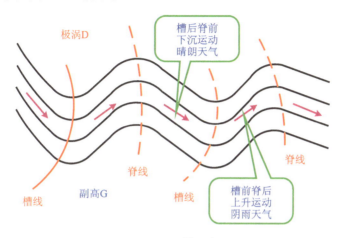

图 5-20 槽 线

在北半球中纬度地区,高空低压槽位于地面低压之后、高压之前;槽线前有辐合上升运动,盛行偏南暖湿气流,多阴雨天气;而槽线后盛行冷西北气流,有辐散下沉运动,多晴好天气。

我国一年四季均有低槽活动,它们大多自西向东影响我国。槽在单独出现时(地面没有锋面、气旋等与之对应)往往并不强,一般只产生一些中高云天气。比较强的低槽常常与气旋和锋面相联系,带来较严重的天气。

槽线对飞行的影响:

① 横穿槽线飞行,会遇到槽线附近和槽线前的阴雨天气(夏季大气不稳定时也能形成雷暴)。

② 横穿槽线飞行会遇到明显的风向、风速的变化。在北半球,先遇到左侧风,过槽线后转为右侧风。

③ 槽区由于气流切变常有湍流,使直升机发生颠簸。

5.4.2 切变线

切变线是具有气旋式切变的风场不连续线。在它的两侧,风向、风速有明显差别,但气温没有多大差异。根据流场型式,切变线大致可分 3 种类型,如图 5-21 所示。第一种由偏北风与西南风构成,性质与冷锋相似,一般自北向南移动(见图 5-21(a));第二种由东南风与西南风构成,性质与暖锋相似,一般由南向北移动(见图 5-21(b));第三种由偏东风与偏西风构成,性质与准静止锋相似,很少移动(见图 5-21(c))。

切变线常见于 700 hPa 或 850 hPa 等压面上,即在中低空,可以有也可以没有锋区与之配合,但在切变线的南或东南侧常伴有准静止锋或冷锋。切变线近于东西向,两侧的空气相向流动,气流水平辐合较强,有利于上升运动,且南侧西南气流水汽充沛,故常形成阴雨天气;切变

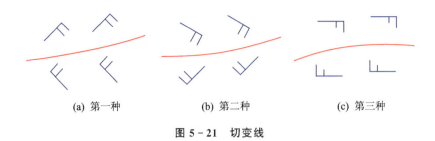

(a) 第一种　　　　　(b) 第二种　　　　　(c) 第三种

图 5-21　切变线

线也常与冷锋、暖锋、准静止锋相配合,带来比较恶劣的天气。切变线一般可维持 3～5 天,长则可达 10 天以上。切变线在冬季多伴有连续性降水,雨量小,但雨区较宽;在夏季常出现雷阵雨,雨区较窄,但雨量常达到暴雨程度。

切变线对飞行的影响:
① 切变线带来的云雨和不稳定天气,对飞行有很大影响。
② 横穿切变线飞行遇到的天气与槽线相似,除阴雨天气外,也会遇到风向、风速的变化和颠簸。

切变线反映的是水平流场的特征,槽线反映的则是水平气压场的特征,二者是分别从流场和气压场来定义的不同天气系统。但因为风场与气压场相互适应,二者也有一定联系,所以槽线两侧风向必定也有明显的气旋性切变,切变线也常产生在两高之间的低压带,但不表现为低压槽的形式。

5.5　热带天气系统

热带天气系统,除影响我国的反气旋——副热带高压外,还包括热带辐合带、东风波、热带云团、热带气旋。

5.5.1　热带辐合带

热带辐合带(见图 5-22)是南北半球信风气流汇合形成的狭窄气流辐合带,又称赤道辐合带(ITCZ)。由于辐合带区的气压值比附近区域低,曾被称为赤道槽。热带辐合带环绕地球呈不连续带状分布,是热带地区重要的大型天气系统之一,其生消、强弱、移动和变化,对热带地区长、中、短期天气变化影响极大。

热带辐合带按其气流辐合的特性可分为两种类型:一种是在北半球夏季,由东北信风与赤道西风相遇形成的气流辐合带,因为这种辐合带活动于季风区,所以称为季风辐合带;另一种是南、北半球信风直接交汇形成的辐合带,称信风辐合带。

热带辐合带的位置随季节而有南北移动,但在各地区移动的幅度并不相等。主要活动于东太平洋、大西洋和西非的信风辐合带,移动幅度较小,而且一年中大部分时间位于北半球;而活动在东非、亚洲、澳大利亚的季风辐合带,季节位移较大,冬季位于南半球,夏季又移至北半球,而且有些年份 10 月份南、北半球各出现一个季风辐合带(双重热带辐合带),这种季节变化是同其活动区域的海陆分布和地形特征密切相关的。

热带辐合带一般只存在于对流层的中、下层。季风辐合带的轴线随高度向南或向西南倾斜,这是因为赤道西风带在大多数情况下出现在 500 hPa 层以下的缘故。而位于海洋上的信风辐合带,由于相交汇的两支气流之间几乎没有气温和湿度的差异,以及临近赤道地转作用的消失,导致辐合带在不同高度上几乎是重合的。

热带辐合带,特别是季风辐合带是低纬度地区水汽、热量最集中的区域,其月平均降水量达 300～400 cm,水汽凝结释放的大量潜热成为最重要的热源。而热带辐合带被加热之后又激发对流云、热带气旋等热带天气系统的产生。在卫星云图上,季风辐合带常表现为一条东西走向的绵延数千千米的、由离散云团组成的巨大云带。

在飞行中,当穿越较弱的热带辐合带时,会遇到孤立的积云阵雨和强度较弱的

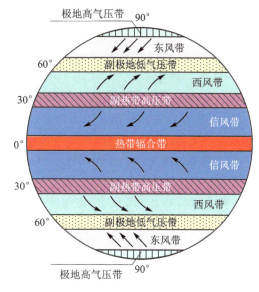

图 5-22 热带辐合带示意图

风。较强的热带辐合带中常存在对流旺盛的积状云和积雨云,穿越时会遇到大阵雨、大范围雷暴和冰雹等恶劣天气。

5.5.2 东风波

东风波是副高南侧(北半球)深厚东风气流受扰动而产生的波动,其波动的波长一般为 1 000～1 500 km,长者达 4 000～5 000 km,伸展的高度一般为 6～7 km,有的能达到对流层的顶部,最大强度出现在 500～700 hPa,周期为 3～7 天,移速约 20～25 km/h。

东风波一般表现为东北风与东南风间的切变,其结构因地区而有所不同。在西大西洋加勒比海地区,东风波呈倒风波形模式,波轴随高度向东倾斜,槽前盛行东北风,槽后盛行东南风。槽前为辐散下沉气流区,湿层较薄,只生成一些小块积云或晴朗无云;槽后为辐合上升气流区,有大量水汽向上输送,湿层较厚,形成云雨。这种模式的形成是因为这个区域对流层中低层的偏东风风速是随高度减小的。

西太平洋东风波大多产生于西太平洋东部地区,平均波长约 2 000 km,移速约 25～30 km/h。由于西太平洋东部地区的低空为东风、高空常为西风,以致东风波波轴向东倾斜,云雨天气发生在槽后气流辐合上升区。当东风波移到西太平洋西部和南海地区时,由于低层经常有赤道西风,5 km 高度以上才是东风,因而东风波向上可延伸到对流层中上层,在 200～400 hPa 最显著。而且东风波风速随高度增加而增大,其波轴逐渐变为向西倾斜,导致槽前气流辐合上升,湿层厚,多云雨天气;槽后气流辐散下沉,湿层浅,多晴好天气。西太平洋西部的东风波往往影响到我国华南、长江中下游地区和东亚地区,它会带来大雨和大风天气。发展较强的东风波还可能会出现闭合环流,使气压降低,中心风力增大,降水加强,在适当条件下还可能会发展成热带气旋。

5.5.3 热带云团

从卫星云图上可以发现,热带地区存在着大量深厚的由对流云组成的,直径在100~1 000 km范围内的白色密蔽云区,称为云团。在天气图上很难分析出与云团相对应的天气系统,但云团经过的地区常常出现大风和暴雨。因为东风波、热带气旋等热带天气系统大多是在云团基础上发展起来的,所以也将云团作为热带天气系统进行研究。

云团内部结构是由尺度为10~100 km、生命周期为数小时到一天的中对流云系和尺度为4~10 km、生命周期为三十分钟到数小时的小对流云系组成的。中、小对流云系在随盛行风移动的过程中,常常在上风侧形成,到下风侧消亡,不断新陈代谢,但在气温较高的海面上常保持不动,有时还会发生云系积聚,出现暴雨。

根据尺度、产生的地区可将热带云团分为3种类型:

① 季风云团,主要发生于热带印度洋和东南亚,因同西南季风活动相联系而得名。其南北宽度达10个纬距,东西长达20~40个经距,是地球上规模最大的云团。冬季,云团位于5°~10°N的区域,6月中旬开始随季风向北推进,8月份进到20°~30°N。该云团中常产生季风低压,有时可发展成孟加拉湾风暴,形成特大暴雨。

② 普通云团,常发生在海洋上的热带辐合带中,尺度在4个普通纬距以上,常常是热带气旋、东风波等天气系统最初始的胚胎。这种云团对我国华南、华东等沿海地区有较大影响,能形成暴雨天气。

③ 小尺度云团(爆玉米花状云团)是由一些水平尺度为50 km的积雨云群组成的,而每个积雨云群又由约10个积雨云单体组成,多发生在南美大陆的热带地区和我国西藏南部地区,有明显的日变化。

5.5.4 热带气旋

热带气旋是形成于热带海洋上、具有暖心结构、强烈的气旋性涡旋,常带来猛烈的狂风、高大的雷暴云和倾盆大雨,是一种极具破坏力的天气系统,是夏秋季影响我国沿海地区的主要灾害性天气,也是热带地区最重要的天气系统之一。热带气旋严重影响沿海甚至内陆机场航班的正常起降,甚至威胁着飞机的巡航安全,是一种航空危险天气。

1. 热带气旋的分类与编号

根据国际规定的热带气旋名称和等级标准,将热带气旋分为4类:热带低压、热带风暴、强热带风暴和台风。近年来,台风的威力逐渐增强,带来的灾害程度也越来越大,世界气象组织(WMO)因此将台风划分为台风、强台风和超强台风。这样,热带气旋可被划分为6类,如表5-2所列。

为了更好地识别和追踪风力强大的热带气旋,常对其进行命名或编号。从1989年1月1日起我国统一使用国际规定的热带气旋名称。规定在经度180°以西、赤道以北的西北太平洋和南中国海海面上出现的中心附近的最大平均风力达到8级或以上的热带气旋,按照其出现的先后次序进行编号。近海的热带气旋,当其云系结构和环流清楚时,只要获得中心附近的最大平均风力为7级的报告即应编号,编号用4个数码,前两个数码表示年份的末两位,后两个数码表示在该年出现的先后次序。例如2019年出现的第7个达到编号标准的热带气旋,应编为"1907"。

表 5-2 热带气旋的分类

名　称	近中心最大风速/(m·s^{-1})	风力等级
热带低压	10.8～17.1	6～7 级
热带风暴	17.2～24.4	8～9 级
强热带风暴	24.5～32.6	10～11 级
台风	32.7～41.4	12～13 级
强台风	41.5～50.9	14～15 级
超强台风	≥51.0	16 级以上

2. 热带气旋的形成

形成热带气旋的两个必要条件是气温和湿度。在温暖的洋面上，当水汽冷凝释放的热量转化为动能时，热带气旋得以形成。热带气旋通常起源于热带辐合带边缘，多发生于夏末秋初。这时，陆地对流活动达到顶峰，容易发生雷暴。这些雷暴移向海洋，当深对流发展时，辐合气流被吸入云的中心，热带区域高温洋面为这些对流活动提供水汽，水汽在凝结过程中释放潜热并保持不稳定性。

初始的偏转是由地转偏向力引起的，这使得辐合气流在北半球向右偏。赤道地区的地转偏向力太小，所以形成热带气旋的最佳条件是在水面温度高于 27 ℃和纬度大于 10°的区域，以便有足够的地转偏向力引起偏转。当辐合气流在云体边缘时，旋转速率较慢。但当它接近中心时，旋转加剧，湿热空气以螺旋状旋向低压中心的"眼"。随着热量和水汽的不断供应，使得这种涡旋可达几百千米，旋转进一步加深、发展，就会形成台风。在台风中心，极大的气压梯度力与离心力之间达到了新的平衡。在低压中心，对流层上部的空气开始下沉，由于绝热增温，台风"眼"中无云且气温较高。

全球每年产生的热带气旋中，达到热带风暴以上的约有 80 个，主要发生在 8 个海区（见图 5-23）：北半球有北太平洋西部和东部、北大西洋西部、孟加拉湾和阿拉伯海等 5 个海区；南半球有南太平洋西部、南印度洋东部和西部 3 个海区。其中以北太平洋西部最多，平均 30 个，约占 38%。西北太平洋台风的源地又分为 3 个相对集中区域：菲律宾以东洋面、关岛附

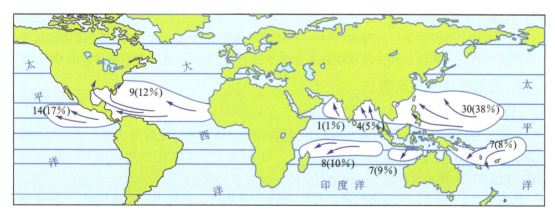

图 5-23 全球热带风暴发生区

近洋面和南海中部。在南海形成的台风,对我国华南一带影响重大。

3. 热带气旋的移动

无论是在南半球还是在北半球,热带气旋都随着季风以 15～30 km/h 的速度向西移动,然后离开赤道。经过热带的暖洋面,这种运动的力量会渐渐增强。

以北太平洋西部区域为例,热带气旋在发源地生成并达到台风级别后,其移动路径大致可分为 3 条(见图 5-24):

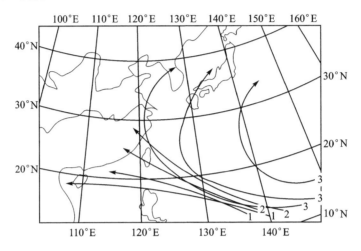

1:西移路径;2:西北路径;3:转向路径。

图 5-24 北大西洋西部台风移动路径示意图

① 西移路径。台风自菲律宾以东一直向偏西方向移动,经南海在华南沿海、海南岛和越南一带登陆,对我国华南沿海地区影响较大。

② 西北路径。台风自菲律宾以东向西北偏西方向移动,在我国台湾、福建一带登陆;或自菲律宾以东向西北方向移动,穿过琉球群岛,在江浙一带登陆,对我国华东地区影响最大。

③ 转向路径。台风自菲律宾以东向西北方向移动,到达我国东部海面或在我国沿海地区登陆,然后向东北方向移去,路径呈抛物线状,对我国东部沿海地区及日本影响很大。

台风移动平均速度为 15～30 km/h,转向后要比转向前移速快一些,转向时移速较慢,在停滞、打转时移速最慢。

如果离开了提供能量的暖海面,则台风强度将会减弱并逐渐消散,有的在中纬度地区变成一个普通的低压。所以台风一旦登陆其寿命就不长了,但是沿海地区会受到最大的冲击。

4. 台风的结构和天气

(1) 气流结构

热带气旋内的气流基本上是绕中心高速旋转的,在垂直方向上可分为低空流入层(高度约在 1 km 以下)、高空流出层(高度约在 10 km 以上)和上升气流层(高度约在 1～10 km)3 个层次,如图 5-25 所示。

低空气流一边旋转,一边向内辐合上升,吸入大量水汽。到接近中心的区域,形成强烈上升气流。上升气流到达高空后便向四周散开,于是在高空形成流出层,此时,高层空气又来填补,于是便在风暴中心形成下降气流。台风中心的下降气流区称为台风眼,眼区云层消散,仅在低空残留少量低云,其半径通常从几千米到几十千米。

(2) 台风云系

相应于上述气流,由于水汽充沛,就形成如图 5-26 所示的台风云系。在靠近"中心眼"的周围,由于强烈上升气流而生成高大云墙,组成云墙的积雨云顶高可达 19 km 左右。台风中最大风速出现在云墙的内侧,最大暴雨出现在云墙中,所以云墙区是台风内天气最恶劣、破坏性最大的区域。云墙外围则是螺旋状云带,由发展旺盛的积云构成,下面伴随阵性大雨和大风。在螺旋状云带之间的区域,是浓厚的层状云。螺旋状云带和层状云的外围下面是积状云或其他低云,上面有卷云和卷层云。

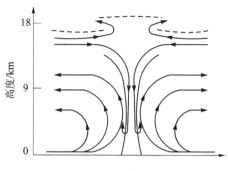

图 5-25 台风气流示意图

图 5-26 台风云系

(3) 台风的天气

台风区内水汽充沛,上升气流强,当它登陆时,常常给沿海地区带来特大暴雨,最大降水集中在台风眼周围的云墙、螺旋状云带附近。在一次台风登陆时,中国台湾省新寮曾测得日最大降水量为 1 672 mm。另外,台风中心附近风力极强,所经之处,常常造成风灾。在台风的大风区中,海浪都高达 5 m 以上,中心附近浪高十几米,常常造成风暴潮,带来巨大灾害。此外,由于台风中心气压极低,会形成很大的压力差,使破坏力增强。例如:1970 年 11 月,一个孟加拉湾风暴在天文大潮时登陆孟加拉,风暴潮高达 3~9 m,导致 25 万多人死亡。

在台风中心眼内区,通常是云淡风轻的好天气。

综上所述,台风区域天气恶劣,严重威胁着飞行安全。此外,台风带来的狂风暴雨还会损坏停放在地面的直升机和各种设备,甚至使整个机场被淹没。

在世界上有台风出没的地区,建立一套对它的活动进行跟踪和报告的特殊系统尤为重要;而在天气预报中,卫星云图提供的信息最可靠。对于台风导致的各类恶劣天气条件,机载气象雷达将不能提供完整的画面,必须依靠气象部门提供的最新消息,台风或飓风常常在重要气象情报中报告。

第6章 积　冰

积冰是指机体表面某些部位聚集冰层的现象。它是由云或降水中的过冷水滴碰到机体后冻结而形成的,也可由水汽直接在机体表面凝华而成。冬季,露天停放的直升机有时也会出现积冰。

积冰多发生在机身外突出的迎风部位。任何部位的积冰都会使直升机的空气动力性能变坏,使直升机升力减小、阻力增大,影响直升机的稳定性和操纵性。随着航空技术的发展,直升机上的防冰、除冰设备的日趋完善,积冰对飞行的危害在一定程度上减小了,但是直升机在低速的起飞、着陆阶段,或在穿越浓密云层飞行中同样可能产生严重积冰。所以,了解积冰形成的气象条件、积冰对飞行的影响以及在飞行中如何防止或减轻积冰,仍然是十分重要的。

6.1　积冰的形成

6.1.1　机上聚集冰层的机制

1. 直升机积冰的原理

大气中经常存在着气温在 0 ℃以下仍未冻结的过冷水滴(云滴、雨滴),这种过冷水滴多出现在−20～0 ℃的云和降水中。实践表明,当气温低于 0 ℃、相对湿度大于 100%时,过冷水滴就形成了。当气温低于−40 ℃时,过冷水滴就会立即冻结;但当气温高于−40 ℃时,水滴就会在较长的时间内保持液态存在,具体时间取决于水滴的大小和纯度。小的过冷水滴比大的过冷水滴存在的时间长,出现的气温也更低。过冷水滴的一个非常重要的特征就是不稳定,稍受震动,立即冻结成冰。当直升机在含有过冷水滴的环境中飞行时,如果机体表面温度低于 0 ℃,则过冷水滴就会在机体表面某些部位冻结并聚积成冰层。

2. 直升机积冰的过程

过冷水滴冻结成冰的过程因受潜热的影响,可以分为以下阶段。当过冷水滴碰到机体时开始冻结,形成冰针网,周围充满了水,释放出的潜热使过冷水滴没有被冻结的部分温度升高,沿着机体流动,流动的液态部分通过蒸发和传导而冻结。这个过程进行的速率在很大程度上取决于过冷水滴原来的温度,如果过冷水滴的温度较高(接近 0 ℃),则先冻结的部分放出的潜热可使未冻结部分升温到 0 ℃或以上,这样过冷水滴的冻结速度较慢,冻结得也比较牢固。如果过冷水滴较小,温度很低(接近−20 ℃),则冻结速度就很快,往往在直升机上直接冻结,此时潜热仍然会释放出来,但它使过冷水滴在凝结之前变暖的能力大大下降。

3. 直升机积冰的基本条件

从上面的讨论可知,机身产生积冰的基本条件是：
① 气温低于 0 ℃。

② 机体表面的温度低于 0 ℃。
③ 有温度低于 0 ℃ 的未冻结的水滴存在。

6.1.2 直升机积冰的种类

在直升机表面上所积的冰是多种多样的：有的光滑透明、有的粗糙不平、有的坚硬牢固、有的松脆易脱。它们的差异主要是由云中过冷水滴的大小以及温度的高低决定的。根据它们的结构、形状以及对飞行影响程度的不同，可以分为明冰、雾凇、毛冰和霜 4 种。

1. 明　冰

明冰（见图 6-1）是光滑透明、结构坚实的积冰。明冰通常是在气温为 -10～0 ℃ 的过冷雨中或由大水滴组成的云中形成的。在这样的云雨区，由于气温较高，水滴较大，冻结较慢，每个过冷水滴碰上机体后并不全在相碰处冻结，而是部分冻结，部分顺气流蔓延到较后的位置上冻结，在机体上形成了透明光滑的冰层——明冰。在有降水的云中飞行时，明冰的聚积速度往往很快，冻结得又比较牢固，即使用除冰设备也不易使它脱落，因而对飞行危害较大。而在没有降水的云中飞行时，这种冰的成长就慢得多，危害性也小一些。

图 6-1　明　冰

2. 雾　凇

雾凇（见图 6-2）是由许多粒状冰晶组成的，与地面上所见的雾凇一样，不透明，表面也比较粗糙，这种冰多形成在气温为 -20 ℃ 左右的云中。因为这样的云中过冷水滴通常很小，相应地过冷水滴的数量也较少，碰在直升机上冻结很快，几乎还能保持原来的形状，所以形成的冰层看起来就像砂纸一样粗糙。同时因为各小冰粒之间一般都存在着空隙，所以冰层是不透明的。雾凇的聚积速度较慢，多出现在直升机的迎风部位。

与明冰相比，雾凇是较松脆的，很容易被除掉，对飞行的危害要小很多。

图 6-2 雾 凇

3. 毛 冰

毛冰的特征是表面粗糙不平,但冻结得比较坚固,色泽像白瓷一样,所以也称为瓷冰。它多形成在温度为 $-15\sim-5$ ℃ 的云中,因为这样的云中往往是大小过冷水滴同时并存,所以形成的积冰也既具有大水滴冻结的特征,又具有小水滴冻结的特征。有时,在过冷水滴与冰晶混合组成的云中飞行,由于过冷水滴夹带着冰晶一起冻结,也能形成粗糙的不透明的毛冰。

由于毛冰表面粗糙不平,会破坏直升机的流线型,同时又冻结得比较牢固,因此它对飞行的影响不亚于明冰。

4. 霜

霜是在晴空中飞行时出现的一种积冰,它是从寒冷的高空迅速下降到温暖潮湿但无云的大气时形成的,或是从较冷的机场起飞,穿过明显的逆温层时形成的。它不是由过冷水滴冻结而成的,而是当未饱和空气与温度低于 0 ℃ 的直升机接触时,如果机身温度低于露点,则由水汽在寒冷的机体表面直接凝华而成,其形状与地面物体上形成的霜近似。霜的维持时间不长,机体增温后消失,但只要直升机表面温度保持在 0 ℃ 以下,霜就一直不会融化。虽然霜很薄,但它对飞行依然有影响,下降高度时在风挡前结霜,会影响目视飞行。冬季停放在地面上的直升机也可能结霜,一般要求清除机体上的霜层后才能起飞。

明冰、雾凇、毛冰的特点如表 6-1 所列。

表 6-1 明冰、雾凇、毛冰的特点

类 型	温度/℃	水 滴	形 状	强度/(mm·min^{-1})	危 害
明冰	$-10\sim0$	大水滴	光滑、透明、像地面薄冰	强烈(≥ 1.0)	聚集速度很快,冰层很厚、很牢固,危害较大
雾凇	-20	小水滴	粗糙不透明、像地面雾凇	轻度(≤ 0.6)	比较松脆、容易除掉、危害较小
毛冰	$-20\sim-5$	大、小水滴	粗糙不透明、色泽像白瓷	中度/强烈(>0.6)	表面粗糙不平,冻结得牢固时危害较大

6.2 积冰的强度

6.2.1 积冰强度的等级划分

积冰强度通常是指单位时间内机体表面所形成冰层的厚度,单位是 mm/min,分为弱、中、强、极强 4 个等级。这种划分积冰强度的方法只有用专门探测装置才能准确测定。在实际飞行中常以整个飞行过程所积冰层的厚度来衡量,以 cm 为单位。这两种方法的强度划分情况如表 6-2 所列,在预报工作中一般只分 3 个等级。

表 6-2 直升机积冰强度等级划分

积冰强度等级	单位时间积冰厚度/(mm·min^{-1})	飞行过程所积冰层厚度/cm
弱积冰	<0.6	≤5.0
中积冰	0.6~1.0	5.1~15.0
强积冰	1.1~2.0	15.1~30.0
极强	>2.0	>30.0

然而对这些分类必须说明的是:在某些情况下,一位飞行员觉得是"轻度积冰"的,而另一位飞行员却可能认为是"中度积冰"。在相同的积冰条件下,不同直升机的反应也不一样。

6.2.2 影响积冰强度的因子

直升机积冰强度与气象条件和直升机空气动力特性有关。在一般情况下,其主要与云中过冷水含量、过冷水滴的大小、飞行速度及积冰部位的曲率半径等因素有关。

1. 云中过冷水含量和过冷水滴的大小

云中过冷水含量越大,积冰强度也越大。当过冷水含量超过 1 g/m^3 时,积冰最为严重。云中过冷水含量主要是由气温决定的,气温越低,过冷水含量越少,所以强积冰多发生在 $-10 \sim -2$ ℃范围内。由于大的过冷水滴有较大的惯性,容易和直升机相碰,因此单位时间内形成的冰层厚,积冰强度大。在其他条件相同时,过冷水滴越大,积冰强度越强。

2. 飞行速度

在飞行条件下,直升机的飞行速度越大,单位时间内碰到机体上的过冷水滴越多,积冰强度就越大。

3. 机体积冰部位的曲率半径

机体曲率半径小的地方,与过冷水滴相碰的机会多,故积冰也强。例如,直升机积冰常最先在翼尖、空速管、天线、铆钉等部位出现,而且积冰速度也较快,翼根部位积冰速度较慢。

6.3 产生积冰的气象条件

6.3.1 积冰与云中温度、湿度的关系

通常,直升机积冰形成于温度低于0 ℃的云中。但云中温度越低,过冷水滴越少,故在温度低于-20 ℃的云中直升机积冰的次数是很少的。根据观测资料,气温在-20~0 ℃范围内的积冰占80%;在-10~-2 ℃范围内的积冰占68.3%;强积冰多发生在-10~-2 ℃范围内。据1960—1980年我国西南、西北、华中和华东等地区的直升机积冰报告资料,积冰次数随云中温度的分布如图6-3所示,与上面的结论十分吻合。因此,在飞行中了解0 ℃、-2 ℃、-10 ℃及-20 ℃各等温线的高度,对判断积冰的可能性和强度有重要作用。

从图6-3可知,云中温度在0~2 ℃范围内也有积冰。当云中温度略高于0 ℃时产生积冰的原因是:在云中相对湿度小于100%、飞行速度又不大的情况下,水滴碰到机体后,强大的气流使水滴强烈蒸发而降温,若降温作用超过了动力增温作用,则机体表面温度降至0 ℃以下,于是形成积冰;或者是原在低于0 ℃区域飞行的直升机,突然进入(如降低飞行高度)暖湿区域中,由于机体表面温度仍在0 ℃以下,于是水汽在机体表面凝华,形成一层薄霜。

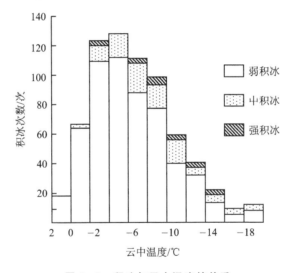

图6-3 积冰与云中温度的关系

此外,直升机积冰还与云中湿度有关,露点差可以反映云中相对湿度的大小,显然,云中露点差越小,相对湿度就越大,越有利于积冰的形成。据统计,直升机积冰一般发生在云中露点差<7 ℃范围内,以0~5 ℃发生积冰最多,强积冰多发生在露点差为0~4 ℃范围内。

6.3.2 积冰与云状的关系

对于不同的云,云中的含水量和水滴大小是不同的,因而云中积冰也有不同的特点。

1. 积云和积雨云

积云(主要指浓积云)、积雨云中上升气流强,云中含水量和水滴都很大,因而云中积冰强

度比较大。最强的积冰多见于将要发展成积雨云的高大浓积云的上半部和积雨云成熟阶段的上升气流区,而且常常积明冰。云的顶部或边缘部分,积冰相对较弱。在云内下部,因为温度在 0 ℃ 以上,所以没有积冰。

2. 层云和层积云

这两种云多出现在逆温层下,云中含水量中等,含水量分布由云底向上增大。因此,云中积冰强度比积状云小,通常为弱积冰或中积冰,而且云的上部比下部要强一些。当这种云层出现的范围很大时,若在云中长时间飞行,则也会积出很厚的冰层。层云和层积云的高度较低,夏季云中温度均在 0 ℃ 以上,在云中飞行不会积冰。

3. 雨层云和高层云

这两种云的水滴含量也比积状云少,积冰强度一般较弱。但在锋线附近的雨层云中飞行时,由于范围大,也能产生强积冰。另外,雨层云和高层云是由系统性上升运动生成的,垂直速度很小,含水量和水滴大小通常都随高度减小,所以积冰强度随高度减弱。

6.3.3 积冰与降水的关系

对于在云中或云下飞行时,如遇含有过冷水滴的降水,因为雨滴一般比云滴大得多,即使飞行时间很短,也能产生较厚的积冰。含有过冷水滴的降水主要有冻雨、冻毛毛雨和雨夹雪,在这些降水区飞行,直升机会迅速积冰,危及飞行安全。

6.4 积冰条件下的飞行

6.4.1 积冰对飞行的影响

飞行中比较容易出现积冰的部位主要有旋翼、尾桨、发动机及进气道、空速管及静压孔、天线、风挡等,无论什么部位积冰都会影响直升机性能。

1. 旋翼和尾桨积冰

旋翼和尾桨积冰,使升力系数下降、阻力系数增加,并可引起直升机抖动,使操纵发生困难。桨叶是直升机上速率较大的部件,因而可能会在每秒钟内遇到更多的过冷水滴,积冰效率高,冰层增厚很快。另外,气流在桨叶前缘的驻点处的压力使该点的温度提高 22 ℃,因此桨叶前缘处往往不积冰,而在桨叶弦向内积冰。

桨叶上冰层的聚积最终将由于离心力、空气载荷、桨叶变形或飞入温暖的气流而剥落。当冰层剥落时,往往是某一时刻从某一片桨叶上剥落。由此而导致的不平衡破坏了桨叶固有的平衡,将会造成严重的直升机振动,使旋翼和尾桨的支撑结构承受严重的摆振载荷,同时也可能使发动机的固定架产生危险的变形,从而导致操纵困难,稳定性变坏,积冰严重时还可能导致飞行事故。

2. 发动机及进气道积冰

因为直升机的涡轴发动机进气口也处于迎风部位,所以发动机进气口也是可能产生积冰的。积冰的冰块堵塞了进气口或改变了进气口形状,会使得进入压气机的气流受到干扰,由此造成的气体流速分布不均匀可能导致压气机工作失效,引起发动机喘振或者停车。另外,进气口边缘的积冰破裂后,脱落的冰块会随气流进入发动机,打坏发动机叶片。如果突然进入发动机的冰块很多,则有可能毁坏压气机。

3. 空速管及静压孔积冰

积冰把空速管和静压孔堵住后,可造成空速表、气压高度表以及升降速度表等重要仪器的读数不准,当积冰严重时,还会使读数完全失效。

4. 天线积冰

天线积冰能扭曲天线的形状,增加后拖力引起颤动,使无线电通信失效,中断联络,特别是飞行员为了脱离积冰危险区而需要和地面进行通信联络时,直升机往往已失去了通信能力。天线积冰还可能使无线电罗盘失效,这对于在复杂气象条件下直升机的飞行来说,也是很危险的。

5. 风挡积冰

风挡积冰会影响目视飞行,特别是在直升机起飞、着陆阶段,风挡积冰会严重妨碍飞行员目视,使起飞、着陆发生困难。直升机起飞前如风挡上已积有小冰粒或霜,它将起到凝华核的作用,起飞后水汽迅速在风挡上凝华,使飞行员的目视条件大为恶化。

直升机积冰的气象条件使直升机对积冰的反应更为敏感。由于直升机可用功率有限,操纵面较小,故积冰更易导致危险。直升机旋翼积冰对飞行的影响最大。积冰破坏了旋翼的平衡,引起剧烈振动,使直升机安全性能变差,操纵困难。当积冰严重时,可导致飞行事故。当直升机悬停时,桨叶积冰使载荷性能变差,只要积有 0.75 mm 厚的冰就足以使其掉高度。

6.4.2 积冰的预防和处置措施

积冰对直升机飞行有很大影响,它不仅妨碍飞行任务的完成,有时甚至可能危及飞行安全。因此,预防和正确处置积冰是极其重要的。

1. 飞行前的准备工作

① 飞行前认真研究航线天气及可能积冰的情况。做好防积冰准备是安全飞行的重要措施。积冰主要发生在有过冷水滴的云中,飞行前应仔细了解飞行区域的云、降水和气温的分布,以及 0 ℃及-20 ℃等温线的高度。较强的积冰多发生在云中温度为-10~-2 ℃的区域内,因此特别要注意-2 ℃和-10 ℃等温线的高度。

② 结合直升机性能、结构和计划的航线高度、飞行速度等因素,判断飞行区域积冰的可能性和积冰强度。同时,确定避开积冰区或安全通过积冰区的最佳方案。

③ 检查防冰装置,清除直升机表面已有积冰、霜或积雪。

2. 直升机在易积冰条件下的操纵要领

(1) 消除影响安全脱离积冰区的隐患

影响安全脱离的因素有发动机停车、旋翼振动、进入涡环、机头急剧下俯。为此,在易积冰的条件下飞行时:

① 尽快接通防冰系统,以免因积冰时间过长而导致发动机停车;出现积冰信号后,还应关闭自动驾驶仪,以免其不利影响。

② 将飞行速度调至略大于经济速度,以保证向下脱离时不会进入涡环状态,又便于向上脱离时获得最佳上升性能。

(2) 正确脱离积冰区的方法

脱离积冰区的方法主要有改变高度、改变方向及迫降。积冰区厚度一般不超过 1 000 m,直升机通过改变高度脱离较有利。但因直升机的上升性能比飞机相差较多,下降性能却优于飞机,所以进入积冰区后应在遵循"安全、迅速"原则的基础上,视直升机在云中的位置、飞行高度、云层的类型及厚度与宽度等情况选择脱离方法。

① 当靠近易积冰层的边界且轻度积冰时,取最短距离迅速脱离。

在积状云顶部或边缘、层云下部飞行时,往往形成轻度积冰。此时,迅速脱离、避免积冰加重是保证安全的关键。具体是:在云层顶部,一般向上脱离;在云层下部,一般向下脱离;在云层边缘,一般向外脱离。

② 当位于积冰层中部且中等、严重积冰时,视情选择脱离方法。

在防冰系统接通、发动机正常的情况下:当云层高度较低(我国冬季强积冰层多在 2 000～3 000 m 以下)时,一般应向上脱离,避免向下脱离出现特殊情况时因高度低而影响安全;当云层高度较高(我国夏季强积冰层多在 4 000～5 000 m 以上)时,一般应向下脱离,避免向上脱离时气温和发动机功率降低的不利影响。需注意的是,接通防冰系统,发动机功率会减小 7% 左右,脱离时应尽量避免急转弯和急剧上升。

第7章 颠 簸

人们从缭绕的炊烟、飞扬的尘土、飘扬的花絮中可以发现,空气在较大范围的运动中还有许多局部升降涡旋等不规则运动。这种不规则的空气运动,气象学上称为扰动气流,又称湍流。直升机在飞行中遇到扰动气流,就会产生振颤、上下抛掷、左右摇晃,造成操纵困难、仪表不准等现象,这就是颠簸。轻度颠簸会使飞行人员感到不适甚至受伤。当颠簸强烈时,一分钟内直升机上下抛掷十几次,高度变化数十米甚至几百米,空速变化 20 km/h 以上,飞行员虽全力操纵直升机,但它仍会暂时失去控制。因此,直升机颠簸对飞行安全有重大影响。

7.1 大气湍流

空气的运动可以分为两种:一种是有规则的运动,它表明空气的总的运动方向和速率;另一种就是不规则的涡旋运动,它表明空气的运动方向和速率存在不规则的变化。这种包含着不规则运动的气流就是湍流,它是大气中经常出现的现象。

7.1.1 大气湍流产生的原因

很多因素都能引起湍流,我们将这些因素主要分为3种:动力、热力和风切变。

在对流层中,特别是在摩擦层(距离地面 1~2 km)中,当气流经过粗糙不平的地表(丘陵、山地、建筑物、树木),或地表受热不均时,通常会形成湍流。但要注意,实际大气中的湍流是比较复杂的,任何时候都可能有多种因素同时作用在同一区域。

7.1.2 大气湍流的种类

根据湍流的成因,可把大气湍流分为热力湍流、动力湍流、晴空湍流和尾涡湍流。

1. 热力湍流

由空气热力原因形成的湍流称热力湍流,它是引起颠簸最常见的原因。

热力湍流主要由气温的水平分布不均匀引起,常常出现在对流层低层,当有较强的热力对流发展时,也可能扩展到高空。满足水汽条件时在热力上升区常有积状云出现,热力湍流越强,积状云发展越强烈,热力湍流越强,如图 7-1 所示。

2. 动力湍流

空气流过粗糙不平的地表或障碍物时出现的湍流,或由风切变引起的湍流,都称动力湍流,其影响范围多在 1~2 km 高度以下,如图 7-2 所示。

3. 晴空湍流

晴空湍流是指出现在 6 000 m 以上高空,与对流云无关的湍流。由于它不伴有可见的天气现象,飞行员难以事先发现,对飞行威胁很大。晴空湍流中有时也会出现一些卷云。

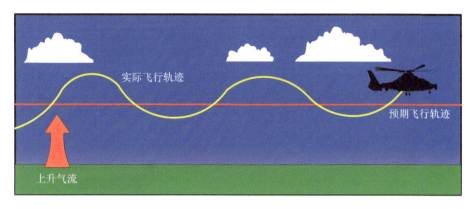

图 7-1 热力湍流

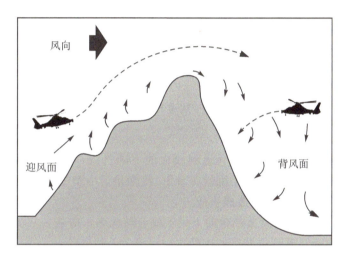

图 7-2 动力湍流

晴空湍流的成因与强风切变有密切关系,在高空急流附近常有强风切变,故常有晴空湍流出现。当然,强风切变也可以出现在其他特定区域(如锋区和低涡区)。根据计算和飞机报告,当水平风的垂直切变每 100 m 达到 1~2 m/s,水平切变达到每 100 m 为 5~6 m/s 时常有晴空湍流发生。

4. 尾涡湍流

尾涡是指飞机飞行时产生的一对绕翼尖旋转的方向相反的闭合涡旋,如图 7-3 所示。它的产生是因为上、下翼面之间有压力差。它们在飞机后面一个狭长的尾流区造成极强的湍流,这就是尾涡湍流。

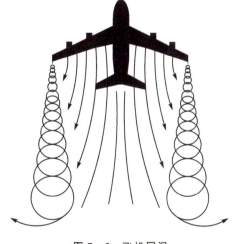

图 7-3 飞机尾涡

涡旋的强度视飞机的质量、速度和机翼的仰角而定。尾涡强度随飞机质量和载荷因素的增大而增大,随飞行速度的增大而减小。如果机翼上有附加的襟翼或其他的装置,则尾涡的性质也会变化。质量大、速度小的飞机加上一马平川的地面将产生很强的尾涡。

尾涡的特点:在两条尾涡之间是向下的气流,在两条尾涡的外侧是向上的气流;尾涡流场的宽度约为两个翼展、厚度约为一个翼展;尾涡在飞机起飞前轮抬起时产生,在着陆前轮接地时结束,在空中,尾涡大约以 120~150 m/min 的速率下降,在飞行高度以下 250 m 处趋于水平,不再下降,如图 7-4 所示。故后机应在不低于前机的飞行高度上飞行,方可免受尾流危害。

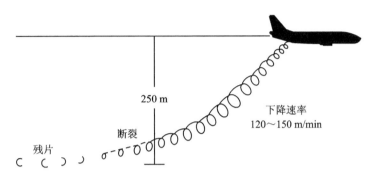

图 7-4 尾涡下降和变平

尾涡对飞行的影响及注意事项如下:

① 当后机进入前机的尾流区时,会遇到较大的下降气流,使后机出现下沉(或上升率减小)、颠簸、姿态改变、发动机停车甚至翻转等现象,特别是当小型飞机尾随大型飞机起降时,若进入前机尾流中,处置不当则极易造成事故。

② 直升机在向前飞行时,旋翼产生的下拽气流会转化为一对拖拽气流(见图 7-5)。直升机和小型飞机应设法避开重型直升机产生的这种涡流及下拽气流。

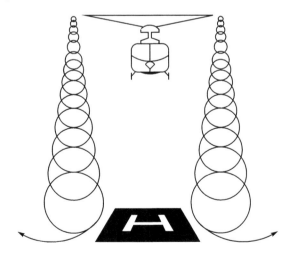

图 7-5 直升机涡流

根据以上可知,小型飞机应尽量避免在大型飞机后下方飞行,尽量在大型飞机起飞着陆前起飞着陆。如果在大型飞机起飞着陆后起飞着陆,则应拉大时间,才能保证安全。

7.2 颠簸强度的划分

在飞行中,根据直升机状态的变化程度,结合飞行人员的感受、空速表指示跳动强度来划分颠簸强度。一般把颠簸强度分为 4 个等级,如表 7-1 所列。

表 7-1 颠簸强度的划分

强 度	直升机状态的变化	机舱中的反应	空速表跳动强度
弱	直升机姿态短暂变动,轻微抛掷,航向稍有摆动;或者直升机在没有显著高度变化或偏航的情况下有轻微脉动	飞行员感到安全带或肩带稍稍拉紧,未固定的东西仍保持不动	有轻微跳动
中	与弱颠簸相似,但强度增强,直升机姿态、飞行高度及航向均有变化,但直升机保持无反向操纵;或者直升机在有显著高度变化、滚转及偏航的情况下出现急剧抛掷式冲击	飞行员感到安全带或肩带绷紧,未固定的东西发生移动	跳动达 10 km/h
强	直升机姿态、飞行高度及航向均有变化,引起的指示空速变化大,短时内直升机失去操纵	飞行员被迫系紧和一再抓住安全带或肩带,未固定的东西颤动不已	跳动达 15~20 km/h
极强	直升机被急剧地、频繁地上下抛掷,事实上已无法操纵,可能造成直升机结构的损坏		

7.3 影响颠簸强度的因子

由飞行经验可知:通过不同的扰动气流区,会有不同强度的颠簸;通过同一扰动气流区,由于飞行速度、直升机类型的不同,颠簸强度也不尽相同。也就是说,颠簸强度不仅取决于外界的气流条件,而且还与飞行速度、直升机旋翼载荷等条件有关。下面分别讨论影响颠簸强度的各项因子。

1. 湍流强度

湍流强度取决于垂直阵风区风速和空气密度,垂直阵风的速度越大,空气密度越大,它们所引起的直升机升力的变化越大,颠簸也越强;反之,它们所引起的直升机升力的变化越小,颠簸越弱。当直升机平飞时,空气密度变化不大,可以不计,这时湍流强度主要取决于垂直阵风的大小。

2. 飞行速度

直升机飞行速度越大,受到的垂直阵风的冲击越强,升力的变化就越大,载荷因数变化量也就越大,颠簸强度增强。

此外,飞行速度越大,机体在单位时间内所受垂直阵风冲击的次数就越多,颠簸也就越频繁,但颠簸的振幅会减小,这时飞行员感到的是"抖动"或"振动"。

3. 旋翼载荷

旋翼载荷大的直升机,受到垂直阵风冲击后产生的加速度小,所以颠簸较弱;反之,旋翼载荷小的直升机颠簸较强。

7.4 颠簸层的特征

7.4.1 颠簸层的水平分布

在低空，由于山地和丘陵地区的湍流易得到发展，因此在山区飞行时的颠簸比在平原地区多。我国西南、西北和华北等地区地形复杂，发生的颠簸比东部平原地区多。在我国西部多山地区，当很强的气流横越山脉时，经常会出现动力湍流和地形波，造成颠簸。

7.4.2 颠簸层随纬度和高度的分布

不同种类的颠簸层在不同的纬度和高度上出现的频率是不同的。

一般来说，动力湍流颠簸多见于中高纬度大陆，多数离地面不超过 1～2 km；热力湍流颠簸则是低纬地区多于高纬地区，并多出现在对流层的中层。如图 7-6 所示为在中纬度大陆上，几种湍流在各高度上的出现频率。由图 7-6 还可看出，颠簸出现的总频率，以离地 2 km 高度以下最大(可达 20%)，对流层中层较小(10% 左右)，对流层上层又增大(12%)；在平流层，颠簸频率随高度减小，通常在 8% 以下。

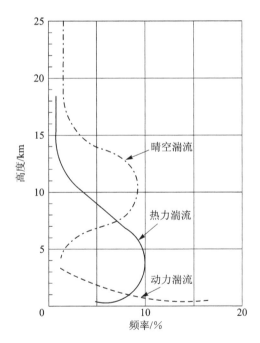

图 7-6 颠簸层随纬度和高度的分布

7.5 引起颠簸的天气系统和地区

7.5.1 天气系统

1. 锋面

大气锋面及其附近是非常有利于湍流发展的地方。冷暖空气的交汇(暖空气被抬升)以及锋面的移动,都会引起垂直气流和水平气流的差异而形成湍流。一般锋面移动速度越快,两侧气团越不稳定,产生的湍流颠簸就越强。较强的颠簸多出现在锋面附近,冷气团一侧出现的频率比暖气团一侧大。

冷锋锋面附近冷气团的冲击,锋后大风与地形的共同作用,空中强锋区,水平、垂直风切变,以及冷锋附近常有的不稳定云系的产生,对湍流的形成发展特别有利。其强度与锋面强度(冷暖气团温差对比)、坡度、移动速度、地形粗糙度有关。若锋面强度越大、坡度越陡、移动速度越快、地形越粗糙,则湍流越强;反之,则越弱。总的来说,冷锋附近的颠簸比其他锋面强,特别是第二型冷锋,对飞行特别危险。

在暖锋云系中飞行比较平稳,湍流颠簸不强,发生的概率也比冷锋小。但当暖锋云系中隐藏着积雨云时,也会产生很强的颠簸。

冷暖锋两侧颠簸出现的频率及颠簸层平均厚度如表7-2所列。

表7-2 冷暖锋两侧颠簸出现的频率及颠簸层平均厚度

锋 型	颠簸出现频率/%		颠簸层平均厚度/m	
	冷气团	暖气团	冷气团	暖气团
冷锋	17	11	590	500
暖锋	13	6	470	100

2. 高空槽线和切变线

高空槽是大型的天气不稳定区,槽前后的风切变大,风速辐合强,且有冷暖平流配置,整层都有反应。因为在槽前后有明显的风切变和气温差异,所以在其中飞行时有较强的颠簸。在切变线附近,由于气流呈气旋式变化,并常常有温度平流,使大气层结不稳定,再加上气流有辐合辐散,因此湍流也易于发展。在直升机穿越槽线和切变线时,常会出现明显的颠簸。

7.5.2 地区性颠簸

1. 地表热力性质不同的地区

当飞行区域存在热力性质不同的地表,有的地方(如沙地、石地、机场跑道等)气温比较高,另一些地方(如河流、湖泊、树林等)气温比较低,在晴天午后,就容易出现强度不等的热力湍流,影响直升机起落(见图7-7)和低空飞行。这种湍流有明显的日变化:早晚弱、午间强,在炎热季节午后弱风的情况下最易发展。

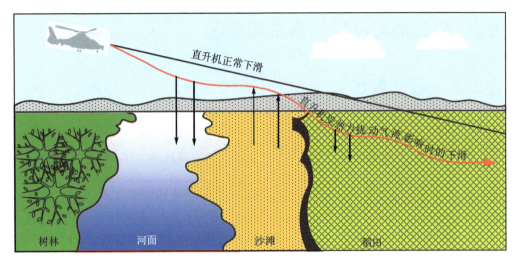

图 7-7　地表热力性质不同产生的颠簸

热力湍流的强度还与大气稳定度有关,大气越不稳定,它发展得就越强。当低层环境气温直减率达到 0.7 ℃/100 m 以上时,常会有中度以上的颠簸;当冷空气流经暖的地表时,大气稳定度变小,湍流增强。

2. 山区及地表粗糙区

这些地方的动力湍流比较强。这种动力湍流的强度和规模,决定于风向风速、下垫面粗糙度和近地层大气稳定度 3 个因素。例如,当强风从高大山脊正面吹过时,不但可形成较强的湍流,有时还会形成山地波。在山地上空飞行,由这种动力湍流造成的颠簸是比较常见的。

3. 积状云区

积状云是由对流形成的。当空气做对流运动时,一部分空气受热上升,就会引起周围空气下降补充。在空气上升和下降的过程中就会引起湍流的发生。因此,积状云常常是颠簸区的明显征兆。

在淡积云区云顶高度以下飞行时,受到云中上升气流和云外下降气流的交替影响,一般有轻度颠簸,在云上比较平稳。在发展旺盛的浓积云和积雨云中,一般都有较强的颠簸。在积雨云顶以上 100 m 左右、云底以下至近地面附近以及云体周围相当于云体 1~2 倍的范围内,常存在不同程度的颠簸,如图 7-8 所示。

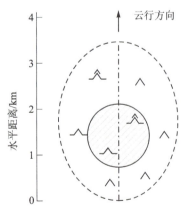

图 7-8　积状云区产生的颠簸

4. 低层风切变区

这里主要讲地形等因素影响而形成的局地风切变。如图 7-9 所示,机场位于盆地,夜间地表冷却,冷空气聚集在盆地形成逆温层,盆地内风速较小,在上空不受盆地影响的高度,若有较强的暖湿气流吹来,则在其界面上就会形成明显的风切变。如果风切变的高度很低,在起降时又遇到下降气流或突然增大的顺风，则就有坠地的危险。

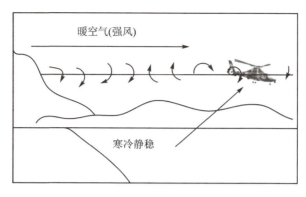

图 7-9　低层风切变区产生的颠簸

7.6　颠簸对飞行的影响及其处置方法

7.6.1　颠簸对飞行的影响

颠簸对飞行的影响可以分为 4 个方面。

1. 影响操纵

直升机颠簸时，高度、速度以及飞行姿态都会不断发生变化。当遇到强烈颠簸时，机体忽上忽下的高度变化可达数十米甚至数百米，给操纵带来很大的困难。颠簸使飞行状态和直升机动力性能发生不规则的变化，从而失去稳定性，使某些仪表误差加大，甚至失常，这些都可使操纵发生困难，难以保持正确的飞行状态。

2. 影响仪表指示

在飞行中遇到颠簸的时候，仪表受到不规则的震动，仪表指示经常会产生误差甚至失灵，特别是在颠簸幅度较大、飞机忽上忽下变动频繁的时候，由于仪表指示往往要落后一些，升降速度表、高度表、空速表等全、静压系统仪表的指示都会产生较大的误差，不能准确地反映出瞬间的飞行状态。此时，若依靠仪表飞行，就可能带来一些不良后果。

3. 影响机体结构

一般颠簸对机体结构影响不大。如果机体长时间受到强烈颠簸，机体各部件和构件都要经受忽大忽小的载荷变化的作用，机体某些部分可能产生变形甚至折断。而且，机舱内的物品到处飞舞，撞击到机舱内的机体上，也会对机体结构造成破坏。

4. 影响飞行人员

当严重颠簸时，直升机可在几秒钟内突然下降（或上升）数十米至数百米，造成飞行人员的紧张和疲劳。当在飞行中遇到颠簸的时候，飞行员要花费很大的精力来尽量保持飞行处于正常状态，体力消耗大，易于疲劳。严重的颠簸可能会使飞行员产生错觉、误判等，工作效能和反应能力都会迅速减退，甚至危及安全。

7.6.2 颠簸的处置方法

1. 柔和操纵,保持平飞

当颠簸不强时,一般可以不修正。当颠簸较强需要修正时,切忌操纵动作过猛,以免造成飞行状态更加不稳。当低空飞行时,应特别注意保持安全高度。

2. 采用适当的飞行速度

因为颠簸产生的负荷因素变量,除与湍流强度有关外,还与飞行速度有关,一般速度越大,颠簸越强。所以应采用飞行机型的驾驶手册规定的适当速度飞行。

3. 飞行速度和高度选定之后不必严格保持

仪表指示摆动往往是颠簸的结果,不一定表示飞行速度和高度的真实变化,过多地干涉这些变化,只会引起载荷发生更大变化,只有当速度变化很大时,才需做相应的修正。

4. 适当改变高度和航线,脱离颠簸区

颠簸层厚度一般不超过 1 000 m,强颠簸层厚度只有几百米。颠簸区水平尺度多在 100 km 以下,所以当飞行中出现颠簸时可改变上百米高度或暂时偏离航线,就可以脱离颠簸区。在低空发生强颠簸时,应向上脱离;在中空发生颠簸时,应根据直升机性能以及直升机与颠簸区相对位置确定脱离方向。当误入积雨云、浓积云中发生颠簸时,应迅速脱离云体,到云外飞行。

第 8 章 雷 暴

在大气不稳定和有冲击力的条件下,大气中就会出现对流运动,在水汽比较充分的地区,就会出现对流云;这些云垂直向上发展,顶部凸起,称之为积状云,积状云是大气中对流运动的标志。

当对流运动强烈发展的时候,就会出现积雨云。由对流旺盛的积雨云引起的伴有电闪雷鸣的局地风暴称为雷暴。它具有水平尺度小和生命周期短的特点,但它带来的天气却十分恶劣。雷暴中有强烈的湍流、积冰、阵雨和大风,有时还有冰雹、龙卷风、下击暴流等危险天气现象,是一种严重威胁飞行安全的天气。

8.1 雷暴的结构和天气

雷暴是对流旺盛的积雨云发展的表现,其形成需要大气具备以下 3 个条件:

(1) 大量的不稳定能量

对流运动是空气内能向动能转化的过程,大气中可转化为动能的这部分内能,称为不稳定能量。不稳定能量储存得越多,对流发展越强,雷暴云伸展的高度也越高。大气的内能以气温体现,低层大气气温越高,大气层结越不稳定,不稳定能量越多。

(2) 充沛的水汽

一方面,充沛的水汽是形成庞大的积雨云体、兴雨降雹的物质基础;另一方面,水汽凝结时释放出的潜热也是能量的重要补充。雷鸣、闪电及强风所需的能量都是从云中水汽凝结时释放的潜热中得到的,所以在某种意义上,雷暴是自我发展的;产生的降水越多,被释放到雷暴中的能量也越多。

(3) 足够的冲击力

大气中不稳定能量和水汽的存在,只具备了发生雷暴的可能性,要使其可能变为现实,还需要有促使空气上升到达自由对流高度以上的冲击力,这样,不稳定能量才能释放出来,上升气流才能猛烈地发展,形成雷暴云。大气所受冲击力的来源主要有地表热力作用、地形的抬升作用以及天气系统(锋面、气旋、槽线、低涡等)所引起的辐合上升运动等。

产生雷暴的 3 个条件,在不同情况下有不同侧重。在潮湿的不稳定气团中,能否形成雷暴主要看有没有足够的冲击力;在山区,抬升作用经常存在,是否有雷暴产生就主要看有没有暖湿不稳定大气;在夏季,发生雷暴之前常常使人感到十分闷热,这就说明大气低层气温高,层结不稳定,水汽含量大,这时,如果有冲击力的作用,就可以产生雷暴。

雷暴的结构和天气实际上是指雷暴云的结构和天气。根据雷暴云结构的不同可将雷暴分为一般雷暴和强雷暴。

8.1.1 一般雷暴的结构和天气

1. 一般雷暴单体的生命史

构成雷暴云的每一个积雨云称为雷暴单体。雷暴单体是一个对流单元,它是构成雷暴云的基本单位。由一个或数个雷暴单体构成的雷暴云,其强度仅达一般程度,这就是一般雷暴。

根据垂直气流状况,雷暴单体的生命史可分为 3 个阶段,即积云阶段、积雨云阶段和消散阶段,如图 8-1 所示。

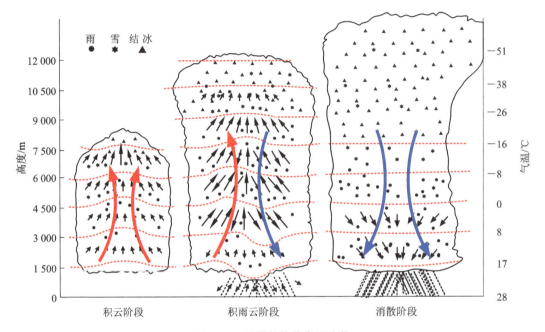

图 8-1 雷暴单体的发展阶段

(1) 积云阶段

积云阶段又称发展阶段,即从形成淡积云到发展成浓积云的阶段。这个阶段的特征:

- 云底平坦,云顶呈圆弧状并不断向上突起,云顶可达 6 000～7 500 m。
- 云内盛行上升气流,在云的中上部分上升气流最强,可达 15～20 m/s。
- 随着水汽凝结释放潜热,云中温度明显高于同高度上四周空气的温度。
- 大部分云体温度高于 0 ℃,由水滴组成,但云顶温度可低于 0 ℃,由过冷水滴和少量冰晶组成。
- 云内开始有电荷产生和聚集,但电场不强,没有闪电和雷声发生。

(2) 积雨云阶段

积雨云阶段即雷暴的成熟阶段,雷暴进入成熟阶段是以强烈的阵风以及它后面紧跟着的降水为标志的。成熟阶段的主要特征:

- 云顶成砧状,云体庞大高耸,云底相当地铅黑混乱。云顶通常高于 6 000 m,甚至到达对流层顶,在高空强风作用下,云砧可扩展成马鬃状,云底可呈现悬球状、滚轴状,并常伴着下垂雨幡。假如云顶足够高,层顶将像"铁砧"一样向外扩张,则从云砧可以判断高空风的走向。
- 云体上部为冰晶和雪花,中部为过冷水滴和冰晶、雪花,下部由水滴组成。
- 云体内部出现有组织的升降气流。上升气流在云的中上部达到最大值,可达 25～30 m/s;在云的中后部,伴随着云中降水,形成了下降气流。由于降落的冰晶、雪花不断融化吸热,下降气流的气温比其周围气温低,这又加快了气流的下冲速度。冷空气随降水一起倾泻至地面,引起地面气压急升,气温骤降,风向突变,风速剧增。
- 随着云的发展,云中电荷不断聚积,电位梯度不断增大,就出现了闪电和雷声。
- 天气最为恶劣,雷电、大风、暴雨、冰雹、龙卷等危险天气都在这一阶段出现。

(3) 消散阶段

成熟阶段出现的下降气流在雷暴云下面形成低空外流,从底部切断了上升空气和暖湿空气的来源。当降水增强时,上升气流逐渐减弱,从而削弱了云的垂直发展。下降气流遍布云中,雷暴单体就进入消散阶段。这个阶段的主要特征:

- 消散初期,云中下降气流还比较强(一般可达 10 m/s),随后,下降气流逐渐减弱,直至完全消失。
- 这时云中等温线向下凹,云体向水平方向扩展,强降水和云向水平方向发展的综合作用,使云体趋于瓦解和消散,云的上部演变成伪卷云、中部演变为积云性高积云、下部演变为积云性层积云,而云底有时还有些破碎的低云。

一般雷暴强度弱,维持时间短,出现次数多。其单体的水平尺度为 5～10 km,高度可达 12 km,生命周期大约 1 h。单体雷暴的移动方向与垂直方向的平均环境风矢量相同。

一般雷暴有时只有一个雷暴单体,有时则由几个雷暴单体簇集而成。从雷暴单体中产生的冷性下降气流在地面散开后,形成一股强劲的外流,在其临近区造成相当强的辐合,并触发新的雷暴单体形成和发展,同时还会使附近处于消散阶段的雷暴单体重获新生。各个雷暴单体往往处在不同的发展阶段,如图 8-2 所示。各雷暴单体聚集在一起,不断地形成和消散,从环境中吸取空气。因此,尽管每个单体的生命时间有限,但一个多单体雷暴云作为一个整体来看,却可以存在好几个小时直到最后一个单体消失,不再产生单体时,雷暴过程才算结束。

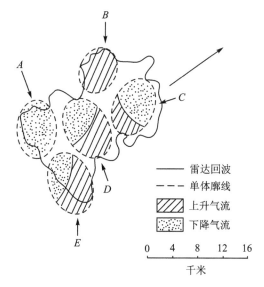

图 8-2 由几个雷暴单体组成的雷暴云

2. 一般雷暴过境时的地面天气

当雷暴过境时,近地面气象要素和天气现象会发生急剧变化,常常给直升机起降造成严重影响。雷暴过境时地面气象要素的变化如图 8-3 所示。

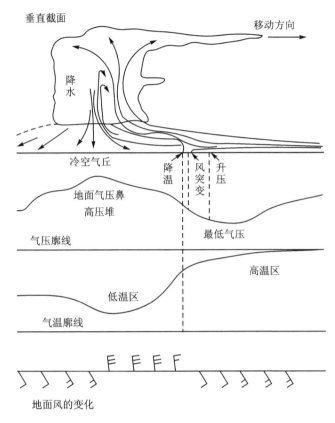

图 8-3 雷暴过境时地面气象要素的变化

(1) 气 温

在雷暴来临之前,受暖湿不稳定空气控制,地面气温高,湿度大,使人感到闷热。待雷暴来临,一阵强风吹来,气温顷刻就下降了,随降水倾泻下来的冷空气更使气温骤降。这种下降气流在积雨云下形成一堆向四周散开的冷空气,通常称为冷空气丘,它可以扩展到距雷暴中心 20~30 km 远的区域,大大超过降水范围,在冷空气丘的范围内都能引起降温,在下降气流区正下方,即雨区中心,降温值最大。

(2) 气 压

在成熟雷暴移来之前,气压一直是下降的。当雷暴临近时,气压开始上升,当冷空气丘到达时开始急升,气压最大值在下降气流中心;当下降气流中心移过后气压又转为急降,在气压廓线上呈现出一个明显的圆顶形气压鼻。

(3) 风

在积云阶段或雷暴移来之前,一般风速较小,风向是向云区辐合的,为雷暴发展提供上升气流。雷暴云发展到成熟期或成熟的雷暴移来时,风向会突然改变,风速急剧增大,阵风可达 20 m/s 以上。在冷空气中心移过后,风向会向相反方向偏转,风力减弱。

(4) 阵 雨

阵风后,降水就开始了。雷暴降水一般是强度较大的阵雨,通常在雷暴活动时突然发生,往往是先撒下一些稀疏的大雨滴,接着便是滂沱大雨。这些阵雨的持续时间虽短,但会严重影响能见度。降水强度最大区域仍在下降气流中心下方,降水持续时间和单体成熟阶段持续时间大致相同,为 15～20 min。如果有新的单体成熟,则降水又重复出现。

(5) 雷　电

雷鸣和闪电只有在云发展得足够高而有冰晶出现时才发生,雷暴云中,云与地面、云与云间都会出现闪电。

观测表明,在雷暴云中,云的上部带正电荷,中部和下部带负电荷,云底局部带正电荷。雷暴云中为什么能够积累那么多的电荷并形成有规律的分布呢？一般认为,当云中出现冰晶和过冷水滴相碰撞,过冷水滴冻结及大水滴分裂时,由于温差电效应、冻结电效应和分裂电效应等作用,云滴之间产生电荷交换,小云滴带正电荷,大云滴带负电荷。雷暴云中的上升气流将小云滴带到云的上部,而较大的云滴则留在云的中下部,所以雷暴云的上部带正电荷、中下部带负电荷。为了中和其间电场,将会产生放电。雷暴云中电荷分布及闪电示意图如图 8-4 所示。

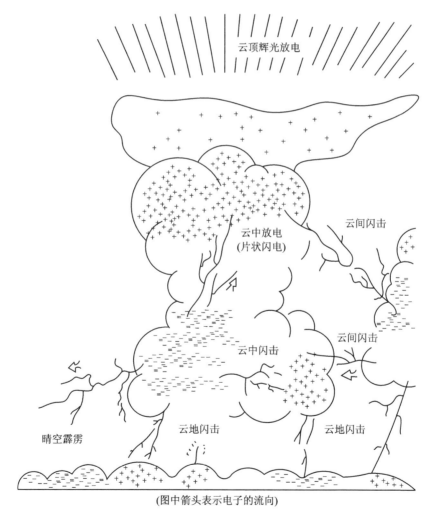

图 8-4　雷暴云中电荷分布及闪电示意图

在大气中发生闪电,电场强度必须达到 3×10^6 V/m 左右,但在云中及云体附近,电场强度达到 3×10^5 V/m 就会发生闪电。雷电可对飞机、人、畜、建筑物等带来重大危害。

雷暴云可用无线电测向台进行跟踪,其方位是从雷暴中的闪电的方位测得的。

8.1.2 强雷暴云的结构和天气

如果大气中存在更强烈的对流性不稳定和强的垂直风切变,就会形成比普通雷暴更强、持续时间更长(几小时至十几小时)、水平尺度更大(几十千米)的强雷暴。其天气表现也剧烈得多,常伴有冰雹、龙卷等灾害性天气。

1. 强雷暴云的结构

强雷暴云的结构表现为云体内有稳定、强大的升降气流,如图8-5所示是强雷暴云的气流结构的简单模式。强大的上升气流来自近地层的暖湿气流,通常从云体的右前侧流入。进入云体后倾斜上升,在云体中部上升速度最大可达 20~30 m/s。上升气流到达对流顶附近减弱并分为3支:第一支按惯性向云体后方运动,但因与高空风方向相反,便很快减弱下降,如图8-5中1所示;第二支可伸展到平流层低层,造成云顶突出的云塔,如图8-5中2所示;第三支则随高空强风吹向云体前方远处,形成向前延伸的云砧,如图8-5中3所示。

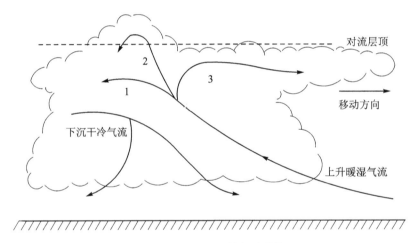

图 8-5 强雷暴云的气流结构

下降气流常由两部分组成:一部分是由降水拖拽作用带下的下沉气流;另一部分则是由对流层中部云外流入的干冷空气,这部分干冷空气具有较大的速度,能有力地楔入上升气流下方,使之成准定常倾斜状态。下沉气流在云底形成低空外流,朝前的这一部分最强大,对前方近地面暖湿空气起强烈的抬升作用,其余的向云后和两旁流出。

强雷暴云的这种气流结构,使上升气流和下降气流能同时并存且维持相当长时间,避免了一般雷暴云中下沉气流抑制并取代上升气流的趋势,因而强烈雷暴能维持稳定强大达几小时之久。

2. 强雷暴过境时的地面天气

当强雷暴过境时,各种气象要素的变化比普通雷暴大得多,并可能出现飑、冰雹、龙卷、暴雨等灾害性天气中的一种或几种。强雷暴云的地面天气如图8-6所示。

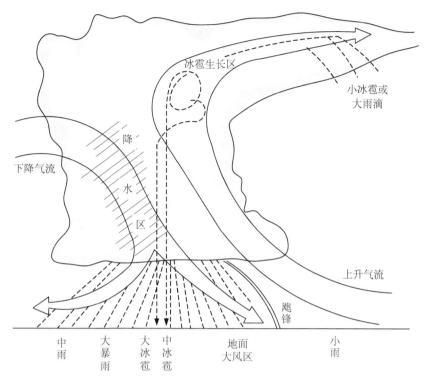

图 8-6 强雷暴云的地面天气

(1) 飑

气象上把大气中风突然急剧变化的现象称为飑。在飑出现时,风向急转,风速剧增,往往由微风突然增强到风暴程度(8级以上)。在强雷暴云下,速度极大的下降气流到达地面后向四周猛烈扩散,与前方上升的暖湿空气之间形成一个陡然的分界面,有点类似冷锋,称为飑锋。随着飑锋来临,各种气象要素发生剧烈变化。

(2) 冰 雹

冰雹是由强雷暴云产生的,但强雷暴云不一定都能产生冰雹。因为冰雹的形成要求在雷暴云内有合适的冰雹生长区。冰雹生长区需要有合适的含水量、气温和上升速度等条件。在强雷暴云中生成的冰雹,大的或中等的一般降落在飑锋后的大风区,而一些小冰雹则会随斜升扭转气流沿砧状云顶抛出,落在离雷暴云体几千米以外的地方。

(3) 龙 卷

从积雨云中伸展出来的漏斗状的猛烈旋转的云柱称为龙卷。当它伸到地面时会出现强烈的旋风——龙卷风(见图 8-7),龙卷有时成对出现,但旋转方向相反。"陆龙卷"发生在活跃的积雨云群中或与飑线一起。"海龙卷"正如它的名称一样,是出现在海上的龙卷,在墨西哥、巴哈马群岛、地中海和北大西洋的暖海面上十分常见。

龙卷的水平尺度很小,在地面上,其直径一般在几米到几百米之间,越往上直径越大。龙卷的垂直伸展范围很大,有的从地面一直伸展到积雨云顶。龙卷持续的时间很短,一般为几分钟到十几分钟,而与强雷暴相连的成熟龙卷可持续 30 min。龙卷掠过地面的速度可达 50 km/h,但移动距离不会超过 30 km,在地面上可以很容易地观测它的途径和避开它。

图 8-7 龙卷风

龙卷的直径虽小,但其风速却极大,最大可达 100～200 m/s,而且中心气压极低,可低达 400～200 hPa,因而破坏力非常大,这是我们能在地球见到的最恶劣的天气现象之一。所经之处,常将大树拔起、车辆掀翻,建筑物被摧毁。

龙卷的危害不仅是强风,它可能会伸展到云底的上面,在云中飞行时将无法看到它。

(4) 暴 雨

强雷暴云一般都伴有强度极大的阵性降水,再加上持续时间长,往往形成暴雨。暴雨区在云体下降气流的中心部分,从云外侧面看几乎是漆黑的,人们常把是否出现这样一个中心黑暗区作为判断雷暴云的一个标志。

3. 强雷暴云的种类

根据强雷暴云的组成情况,强雷暴可分为多单体风暴、超级单体风暴和飑线风暴。

(1) 多单体风暴

多单体风暴是一种大而强的风暴群体,由多个处于不同发展阶段的雷暴单体组成,这些单体不像一般雷暴单体那样随机发生、互相干扰,而是有组织地排成一列,形成一个有机的整体。新的单体不断地在风暴右前侧产生,老的单体不断地在左后侧消亡。看起来风暴像一个整体在移动。虽然每个个体的生命周期不长,但通过若干单体的连续更替过程,可以形成生命周期达数小时的强雷暴。

如图 8-8 所示是一个多单体风暴的垂直剖面。从图中可以看到,风暴由 4 个处于不同发展阶段的对流单体所组成,单体 $n+1$ 是初生阶段,n 是发展阶段,$n-1$ 是成熟阶段,$n-2$ 是衰亡阶段。每个单体的生命周期约 45 min。

多单体风暴的流场特征是上升气流和下降气流能够同时并存较长时间,而不像普通雷暴那样,出现强下降气流的同时上升气流将减弱。

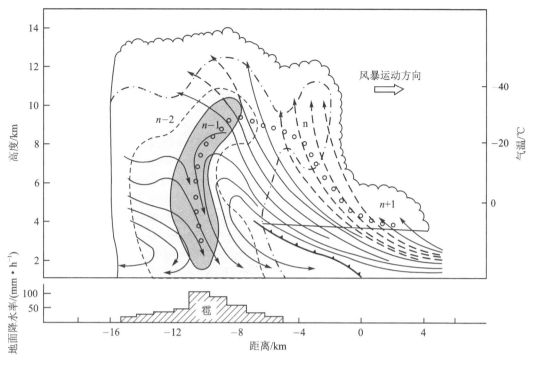

图 8-8 多单体风暴垂直剖面图

（2）超级单体风暴

与上述多单体风暴不同，超级单体风暴是只有一个巨大单体发展成的猛烈的强风暴。它的水平尺度达到数十千米，生命周期可达数小时，其中成熟期达 1 h 以上，是一种强烈的中尺度系统。与多单体风暴不同，超级单体风暴是以连续的方式移动的。风暴云中也有一对倾斜的上升气流和下降气流，如图 8-9 所示。

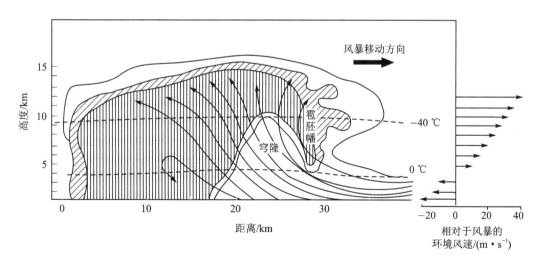

图 8-9 超级单体风暴的结构

(3) 飑线风暴

飑线风暴简称飑线。它是由排列成带状的多个雷暴或积雨云群组成的强对流天气带。飑线一般宽度为一至几千米,长度为 150～300 km,垂直范围一般也只达到 3 km 高度,维持时间约 4～18 h。沿着飑线会出现雷电、暴雨、大风、冰雹和龙卷等恶劣天气,是一种线状的中尺度对流性天气系统。如图 8-10 所示是飑线的立体示意图,图中沿飑线有许多排列成带状的雷暴云。

这些雷暴云,有的是一般雷暴,有的是多单体雷暴。飑线的活动,常常由几个大而强的雷暴所支配。

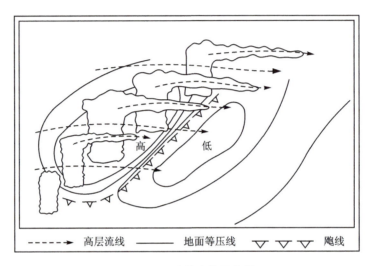

图 8-10 飑线立体示意图

中纬度地区的飑线常发生在春夏之交的过渡季节,多生成于冷锋前的 80～150 km 处并与冷锋平行。它是由暖湿不稳定空气受冷空气的冲击而上升形成的,冷暖气团间的气温、湿度和稳定度差别越大,生成的飑线就越强。飑线过境时也有冷锋的特点,但它并不是冷锋。其天气变化比冷锋剧烈得多,常伴有冰雹和毁灭性的阵风,龙卷也会从飑线风暴中产生。飑线维持时间较短,且有明显的日变化,通常午后到前半夜最强。

8.2 雷暴与飞行

8.2.1 雷暴对飞行的影响

在雷暴活动区飞行,除了云中飞行的一般困难外,还会遇到强烈颠簸、严重积冰、闪电、暴雨和恶劣的能见度,有时还会遇到冰雹、下击暴流、低空风切变和龙卷等严重威胁飞行安全的天气。这种滚滚的乌云,蕴藏着巨大的能量,具有极大的破坏力。当直升机误入雷暴活动区内,轻者造成人机损伤,重者造成机毁人亡。根据国际航空飞行安全网 1919—2020 年气象原因飞行事故统计分析,有 129 起飞行事故的气象原因与雷暴有关,占总数的 31%;另据美国空军气象原因事故统计,雷暴原因占总数的 55%～60%。这些事实充分说明,雷暴是目前航空活动中严重威胁飞行安全的重要因素。本节要讨论的雷暴中的危险天气有颠簸、积冰、冰雹、雷电和下击暴流。其中积冰和颠簸在第 6 章、第 7 章已经进行了专门讨论,这里只作简要说明。

1. 颠　簸

雷暴云中强烈湍流(见图 8-11)引起的飞行颠簸,是危及飞行安全的一个主要危险天气。

在雷暴云的整个发展过程中,始终存在着强烈的垂直气流,特别是在成熟阶段,既有强烈的上升气流,又有很强的下降气流。这种升降气流靠得很近,并往往带有很强的阵性,忽大忽小,分布也不均匀,有很强的风切变,因此湍流特别强,在几秒钟内飞行高度常可变化几十米至几百米。在雷暴云中飞行,都会遇到强烈的颠簸,造成操纵困难,飞行仪表的感应元件受到干扰,仪表示度失真,特别是空速表。在雷暴云的发展阶段和消散阶段,云中湍流要比成熟阶段弱一些,颠簸强度也相应弱些。

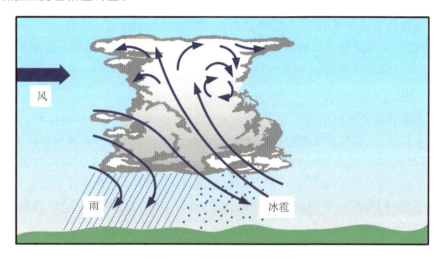

图 8-11　雷暴云中强烈湍流

雷暴云的不同部位,湍流强度是不同的。通常,湍流自云底向上增强,到云的中部和中上部达到最强,到云顶才迅速减弱。在雷暴云周围的一段距离内,有时也有较强的湍流。

2. 积　冰

在雷暴云发展阶段的浓积云中,由于云体已经延伸至 0 ℃层高度以上,云中水滴呈过冷状态,含水量和水滴直径又较大,因此在其上部飞行常常发生较强的积冰。在雷暴云的成熟阶段,云中含水量和过冷水滴达到最大,强烈的上升气流把过冷水滴带至高空,甚至在砧状云顶中也有少量过冷水滴存在。所以,在云中 0 ℃以上的区域飞行都会发生积冰。在云的中部常常遇到强积冰,在云顶飞行有弱积冰,在消散阶段,云中含水量和过冷水滴都大为减少,积冰强度就不大了。

3. 冰　雹

在广大平原地区,虽然年雷暴日数有 30~50 天,但年降雹日数只有 1 天或不足 1 天,所以直升机受雹击的可能性是比较小的。但在山区,由于降雹多,直升机遭雹击的可能性也明显增大。例如,在青藏高原、天山和祁连山等地区,年降雹日数达 10 天以上。在这些地区的雷暴活动区中飞行,要警惕遭受雹击。

直接由冰雹造成的结构损坏比较少见,但对旋翼前沿和发动机的轻微损伤却比较普遍。通常,在成熟阶段的雷暴云中,当飞行高度为 3 000～9 000 m 时,遭遇冰雹的可能性最大,10 000 m 以上遭遇大冰雹的次数很少,在云中心的上风方向一侧,遭雹击的可能性也比较小。另外,在雷暴云中观测到降雹的次数比在地面上观测到的多,这是因为小冰雹在下落过程中有的又被上升气流带向高空,有的在落到地面以前已经融化了。所以应当注意,在地面没有降雹的情况下,空中直升机仍有遭受雹击的可能性。

由于冰雹是具有相当质量的固体,其降落速度比较大,一个直径 2 cm 的冰雹,降落速度可达 19 m/s。如果直升机被它击中,将是十分危险的。例如,2004 年 5 月 21 日某部在进行航行课目训练(飞行高度 900 m)过程中遭遇冰雹袭击,着陆后检查发现:该机雷达罩、液压油箱整流罩、垂直尾翼前缘、发动机滑油散热器、右发动机轴流压气机叶片等处有不同程度损伤。所以,在飞行中要通过各种方法及早判明雹云,并远远地避开它。如果误入了雹云,不要在 0 ℃ 等温线所在高度的下降气流中飞行,这里是最有可能遭雹击的区域。有时,由于冰雹被强烈的上升气流带到高空,沿砧状云顶被抛到云外,因而在积雨云砧下面飞行时,也有可能被冰雹击伤。所以,直升机最好在距雹云 10 km 以外飞行。

4. 雷 电

雷电不容易导致直升机结构损坏,因为现在的大多数直升机都有电击保护。但雷电会对电磁仪表产生影响,飞行员也可能被闪电干扰。直升机在雷暴云中、云下和云体附近飞行时,都有可能被闪电击中。直升机一旦被闪电击中,一般会造成直升机部分损坏,如旋翼、尾桨、机身等处被强电流烧出一些洞或凹形小坑。闪电电流进入机舱内会造成设备及电源损坏,甚至危及机组的安全;闪电和闪电引起的瞬间电场,对仪表、通信、导航及着陆系统造成干扰或中断,甚至造成磁化,如果油箱被闪电击中则可能发生燃烧或爆炸。

由于云体与云体之间,云体与大气之间,以及云地之间都可能存在强大电场,因此在云外甚至距云体 30～40 km 处也有遭雷击的现象。直升机遭雷击大部分发生在直升机处于云雨中以及升降状态时。

虽然一年中雷暴出现最多的季节是夏季,然而,直升机遭闪电击却多发生在春、秋季节,主要原因是春、秋季节雷暴一般较弱,而且大部分隐藏在层状云中,当直升机在云雨中飞行时,不能及时发现或判断失误,造成误入雷暴云中而遭遇闪电击。

5. 下击暴流

下击暴流又称强下冲气流,它是雷暴强烈发展的产物。如前所述,在雷暴云中伴随着倾盆大雨,存在着强烈的下降气流,当它冲泻到低空时,在近地面会形成强劲的外流——雷暴大风。能引起地面或近地面出现大于 18 m/s 雷暴大风的那股突发性的强烈下降气流称为下击暴流。

下击暴流在地面的风是直线风,即从雷暴云下基本呈直线状向外流动,水平尺度为 4～40 km。在下击暴流的整个直线气流中,还嵌有一些小尺度辐散性气流,这些小尺度外流系统称为微下击暴流。微下击暴流出现在下击暴流之中,水平尺度为 400～4 000 m,地面风速在 22 m/s 以上,离地 100 m 高度上的下降气流速度甚至可达 30 m/s。如图 8-12 所示是下击暴流的示意图,其中图 8-12(a)所示是平面图,表示地面上的向外辐散气流;图 8-12(b)所示是沿图 8-12(a)中 $A \sim B$ 的剖面图,表示强烈的下降气流,M 处是下击暴流中心。

下击暴流的生命周期很短,一般只有 10～15 min;微下击暴流更短,有的只有几分钟。

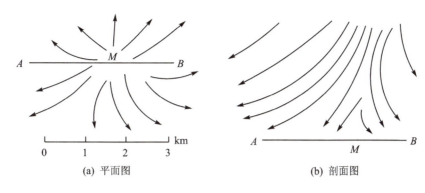

(a) 平面图　　　　　　　　　(b) 剖面图

图 8-12　下击暴流示意图

下击暴流和微下击暴流中强烈的下降气流和雷暴大风,以及极强的风切变对飞行有极大危害,雷暴大风还会刮坏停放在地面的直升机。

8.2.2　飞行中对雷暴的判断

在飞行中,一般采用以下方法及时、准确地判明雷暴的位置及发展情况。

1. 根据云的外貌判断

当直升机在云外飞行,且距离较远时,主要根据雷暴云特有的外貌和天气特征来判明雷暴云的强弱,并根据砧状云顶的伸展方向来判断雷暴的移向。

(1) 较强雷暴云的特征

① 云体高大耸立,有砧状云(见图 8-13)顶和最高云塔。

图 8-13　砧状云

② 云底呈弧状、滚轴状、悬球状(见图8－14)或漏斗状,云体前方有移动较快的混乱低云。

图8－14 悬球状云底

③ 云体下半部较暗,有中心黑暗区;云体上部边缘呈黄色(说明云中已有冰雹形成)。
④ 周围伴随有旺盛的浓积云(见图8－15)。

图8－15 雷暴云外伴随的旺盛的浓积云

⑤ 有垂直闪电。

(2) 较弱雷暴云的特征

① 云体结构松散,砧状云顶有与下部云体脱离的趋势。
② 有水平闪电。

2. 云中飞行时对雷暴的判断

(1) 根据无线电罗盘指针判断

当接近雷暴时,无线电罗盘指针会左右摇摆或缓慢旋转。当干扰强烈时,指针会指向雷暴区。

(2) 根据通信受的干扰来判断

一般离雷暴越近,受的干扰越大,在距离雷暴 40～50 km 时,耳机中就有"咔、咔……"的响声,有时通信完全中断。

(3) 根据天气现象来判断

颠簸逐渐增强,大量积冰和降水的出现,是飞进雷暴云的标志。

3. 使用气象雷达探测雷暴

这是判明雷暴最有效的方法。目前我国已建立了比较稠密的气象雷达网,可以比较准确地探明雷暴云的位置、强度、厚度、有无冰雹等情况,如果充分利用,则能可靠地引导直升机选择安全的路线和降落场。

在雷达荧光屏上,雷暴云回波的强度大,内部结构密实,边缘轮廓分明,显得特别明亮,在彩色荧光屏上为黄色和红色。以这些特点的变化也可判断雷暴强度的变化。在平面位置显示器上雷暴云回波常是孤立分散的,或呈带状或片状(见图 8-16)。在机载气象雷达上,有时回波出现一些特殊的形状,如钩状、指状、扇形、"U"型等,如图 8-17 所示。这些特殊形状的回波是表示上升气流很强的部位,是强雷暴云的征兆。

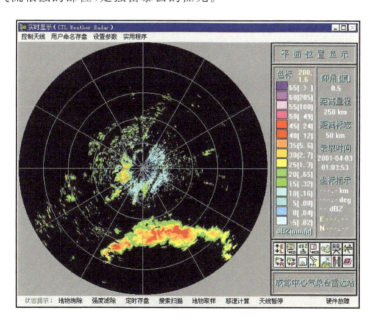

图 8-16 雷达平面位置显示器上的雷暴云回波

在雷达距离高度显示器上,可以反映雷暴云的厚度,强雷暴云顶高在 12 km 以上(见图 8-18),在热带地区可超过 20 km。

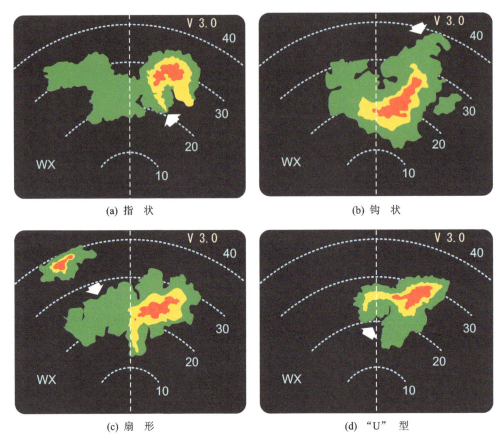

(a) 指 状　　　　　　　　　　(b) 钩 状

(c) 扇 形　　　　　　　　　　(d) "U" 型

图 8-17　强雷暴云回波的特殊形状

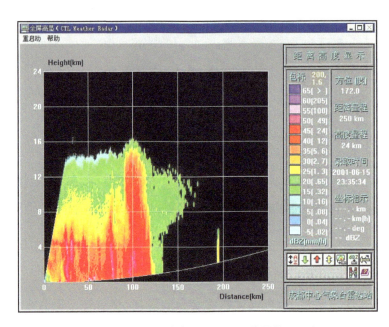

图 8-18　雷达距离高度显示器上的雷暴云回波

8.2.3 在雷暴活动区中飞行应采取的措施

由于雷暴对飞行的影响严重,一般情况下应避免在雷暴区中飞行。根据国内外有关资料、飞行员实践经验以及气象人员保障工作经验提出以下预防措施:

① 飞行前飞行人员要认真向气象值班员详细了解飞行区域天气情况及变化趋势,特别是对于有可能产生雷暴的区域,要认真研究雷暴的性质、位置、范围、强度、高度、移动方向和速度、发展趋势等情况,同时考虑到绕飞方案及注意事项。

② 飞行中空勤组只要有可能就应尽量避开雷暴活动区。避开的方法:推迟起飞时间、改变航线及飞行高度、空中等待、绕飞、改降、返航等。这不仅是为了避开闪电击(雷击),还是为了避开雷暴的其他现象,如颠簸、积冰、冰雹、暴雨、风切变等。

③ 当绕雷暴云飞行时,基本原则以目视不进雷暴云,力争在云外能见飞行。

④ 当起飞机场有雷暴时通常不应起飞。如果雷暴较弱,任务紧急,又有绕飞的可能性,则可向无雷暴的方向起飞。

⑤ 当降落场有雷暴活动时,一般应飞到备降场。如果任务紧急则应找有利方向降落。

⑥ 在雷暴区边缘机场起降时,要特别注意风切变的影响。发展成熟的雷暴云周围近地面的大气中常常出现相当大的风切变。

由于任务需要,加之天气变化复杂,要完全避免在雷暴区飞行是不可能的。如果必须在雷暴区飞行或者误入雷暴区,也不是任何部位都是危险的,在一定条件下,是可以选择相对安全的区域通过的。

在判明雷暴云的情况之后,如果天气条件、飞机性能、飞行员的技术和经验保障手段等条件允许,可以采取以下方法通过雷暴区。

(1) 绕过或从云隙穿过

对于航线上孤立分散的热雷暴或地形雷暴,可以绕过。绕过云体应选择上风一侧和较高的飞行高度,目视离开云体不小于 10 km。若用机载雷达绕飞雷暴云,应该在雷暴云的回波边缘 25 km 以外通过。

在雷暴呈带状分布时,如果存在较大的云隙,则可从云隙穿过。当穿过时,应从空隙最大处(两块雷暴云回波之间的空隙应不小于 50~70 km)垂直于云带迅速通过。

(2) 从云上飞过

如果飞机升限、油料等条件允许,则可以从云上飞过。当越过时,距云顶高度不应小于 500 m。因此,飞越前需准确了解雷暴云的范围、云顶高度、直升机升限、爬高性能等。如果只能勉强到达云顶,则就不宜采取这种方法。

(3) 从云下通过

如果雷暴不强、云底较高、降水较弱、云下能见度较好,且地势平坦,飞行员有丰富的低空飞行经验,则也可以从云下通过。一般应取距云底和地面都较为安全的高度。这里应该指出的是,应尽量不在雷暴云的下方飞行,因为云与地面之间的雷击次数最为频繁,还有可能被强烈上升气流卷入云中并遭遇到下击暴流而失去控制。

无论采用什么方法,都应避免进入雷暴云中,尽力保持目视飞行。如果发现已误入雷暴云,则应沉着冷静,柔和操纵直升机,保持适当速度和平飞状态,根据具体情况采取措施,迅速脱离雷暴云。

8.3 其他对流性天气

对流性天气容易在某些固定的地区形成、发展,例如在山脉两侧、湖泊四周、海陆边界、沼泽地带等。这表明下垫面的动力和热力作用对对流性天气的影响是不可忽视的。下垫面的动力作用表现为山坡对气流有强迫抬升作用,喇叭口地形对气流有明显的辐合作用。这使得山的迎风坡和谷地上空的对流性天气增强,而在背风坡形成山岳波和下坡风。下垫面的热力作用表现为由于地表性质而造成的热力差异常形成海风锋和城市热岛效应。

8.3.1 背风波

在山的背风坡经常可以观测到与山平行的呈带状的云,两个云带之间为晴天。这些地形云移动得很慢,即使在云的高度上风很大,云也不被风吹走;或者被风吹走后几分钟内,在同一地区又有相同的云带出现。这说明在山脉的背风侧,气流在一定的地点上升、一定的地点下降而呈波状运动。

在一定条件下,当气流越山时,在山脊背风坡上空形成的波动气流称为背风波或山地地形波或驻波,如图 8-19 所示。

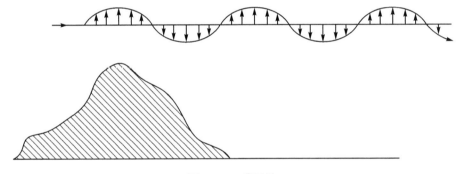

图 8-19 背风波

1. 背风波形成的条件

① 地形条件:气流越过的山脊是长山脊或山岳地带。

② 风向风速:风向与山脊走向呈正交(至少大于 30°);风速在山脊高度上一般大于 8~10 m/s,且从山脊到对流层顶,向上递增。

③ 大气稳定度:在山的迎风坡一侧,低层大气不太稳定,而上层大气稳定。

背风波不同于在丘陵或山地附近产生的动力湍流。它是当强风通过山脉时,在下风方向上形成的一系列波动或旋涡。其影响范围在水平方向上可伸展几百千米至几十千米,向上可伸展至整个对流层。

2. 背风波与对流的关系

在对流不稳定的大气里,背风波中的上升气流是激发对流发展的一种机制。如图 8-20 所示,原先在山脊上形成了雷暴云,过山时开始消散,短箭头表示消散雷暴云流出的冷气流,由于下降速度较大,增强了雷暴前面地形波的振幅,引起盆地上空有新的雷暴单体形成。

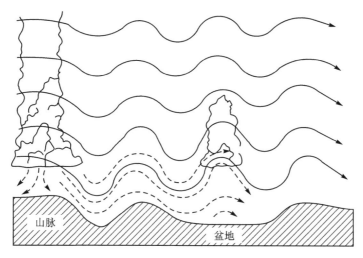

图 8-20 背风波是激发对流的机制

我国的实际天气分析表明,有些地方山地背风坡的年降水量比迎风坡还多,而冰雹现象又往往产生在地形背风坡。在云南、甘肃、陕西、河南、河北以及安徽等地都发现有上述情况,说明地形背风坡的中小尺度天气系统的活动对局地暴雨和强对流天气起着十分重要的作用。

3. 背风波对飞行的影响

(1) 背风波中的升降气流使直升机高度改变

背风波中升降气流的垂直速度通常为 5~10 m/s,有时可达 25 m/s,直升机进入这种波动气流后,往往在一两分钟内可掉几百米高度,而后又上升,如此反复多次,在夜间或云中飞行尤其危险。

(2) 背风波中的下降气流使气压高度表读数偏高

背风波中的下降气流一般可能使高度表示度偏高上百米,由于高度表示度偏高又恰恰发生在下降气流中,这时直升机的实际高度在下降,因此机组不易发现高度在下降,极易导致严重事故。

(3) 背风波中常有湍流造成颠簸

背风波波峰处的风速比波谷处大,另外还有阵风,其强度比一般雷雨所出现的风速还要大。由于背风波中垂直气流和水平气流都存在明显的差异,因而常有湍流造成直升机颠簸,在波脊和波谷的地方,有时还会出现一种垂直方向上的涡旋,称为滚转气流。在它出现的地方,有强大的升降气流和湍流,会使直升机产生严重颠簸。这些湍流在山顶高度以上和以下都有,最强的湍流出现在背风波区比山顶稍低的地方。

4. 背风波的判断

在背风波的上升气流中会形成一些特殊的地形云,如荚状云、帽状云和滚轴状云,可以依据这些特殊云对背风波做初步的判断,如图 8-21 所示。

(1) 荚状云

荚状云(见图 8-22)形成在波幅较大的背风波的上升气流中。这种云形成后,若背风波

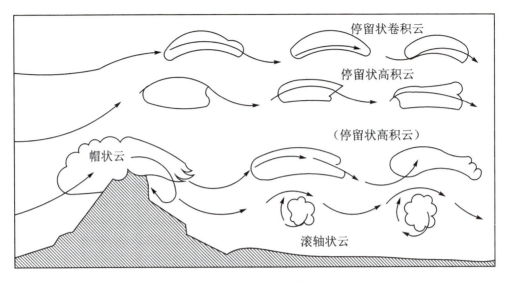

图 8-21 背风波的判断

气流位置不变则稳定少动。云块大小不等，多数情况下长度为 10~30 km，宽度为 2~10 km，厚度为 100~1 000 m。常见数块云高度相近，与山脊平行地排列。若背风波存在的层次相当厚，又有足够的水汽，则荚状云也可出现在不同的高度上，上下重叠，聚集成堆。山地的荚状云可以是层积云、高积云，也可以是卷云。

图 8-22 荚状云

(2) 滚轴状云

在背风波强的涡旋上升气流中，也会形成云。这种云状如辘轳，边缘支离破碎，随着总的气流向下游滚动，故称为滚轴状云（见图 8-23）。它的底部低于山峰，顶部可高出峰顶许多，在出现滚轴状云的地方有比较强的湍流。

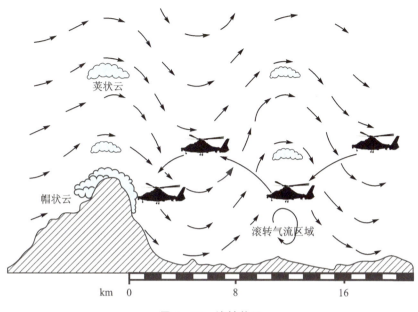

图 8-23 滚轴状云

(3) 帽状云

当空气流过较小的山峰时,如果水汽不很充沛,则迎风坡没有大片云形成,只是在山顶上空形成云块。这种云有时稍稍离开山头,有时贴附于山上,犹如戴在山头的一顶白色帽子,称为帽状云(见图 8-24)。

图 8-24 帽状云

8.3.2 下坡风

在大型山脉的背风坡,由于山脉的屏障作用,通常风速比较小,但在某些情况下,空气越山后,在山的背风坡一侧会出现局地强风,这种自山上吹下来的局地强风称为下坡风。

1. 下坡风的形成

出现下坡风的天气形势常常是这样的:大型山脉的迎风坡一侧被强冷高脊占据,脊前有明显的冷锋,背风坡一侧被暖性低压控制。冷空气越山后,以较大速度滑向坡下,下坡风就出现在冷锋前的暖区内。越过天山到吐鲁番盆地的西北大风,越过贺兰山到银川的西北大风都是这样形成的下坡风。

下坡风的形成与水跃型气流有直接联系。根据气球和飞机观测,山地背风坡的气流形式表现为两种类型:一种是有规则的地形波,气流基本上维持波动的形式而不衰减;另一种是水跃型气流,它的形成是由于对流层中低层有明显的逆温层,在靠近山顶的背风侧的对流层上层有大振幅的波动存在,当有的波动传到对流层中低层时,由于逆温层的阻碍作用,振幅减小,形成前高后低的水跃型气流(见图8-25)。

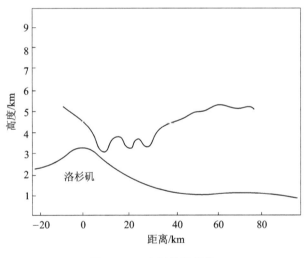

图 8-25 水跃性地形波

在这种情况下,可将大气中层(700 hPa 或 500 hPa)具有大动量的空气带到地面,使地面出现强风。美国洛杉矶东坡干暖的西南钦诺克风就是这种形势的下坡风,有时风速可达飓风风速,而 500 hPa 风速不足 27 m/s。

下坡风受地形影响很大,风向与山峡或河谷的走向趋于一致或者与山脉垂直。对于沿山峡或河谷流动的下坡风,风速特强的区域发生在呈鞍形的山谷出口区。

2. 下坡风对飞行的影响

下坡风的风速是比较大的,一般为 20 m/s 左右,强的可达 40~50 m/s。1961 年 6 月 10 日出现在喀什的一次下坡风,地面风速曾达到 50 m/s。1974 年 4 月 29 日凌晨在银川机场出现的一次下坡风,瞬间最大风速超过 40 m/s,致使停放在机场的飞机和许多地面设施遭到破坏。

8.3.3 城市热岛效应

晴朗无风的夏日,海岛上的地面气温高于周围海上气温,在热力作用下形成海风环流以及海岛上空的积云对流,如果有盛行风的影响,则在岛的下风方向出现积云对流。它伸展相当长的距离,并间隔排成云列。这种云列的出现,是海洋热岛效应的表现。在常定条件下,当盛行气流在越过热岛上升气流时,就会在小岛下风方向产生类似于 8.3.1 节所述的背风波,而云列是背风波作用下的产物。

近几十年来,由于城市大气污染日益严重和人类活动对天气、气候的影响,人们愈加关注城市对环流和天气、气候的作用,这种作用同海洋热岛效应十分类似。在人口稠密、工业集中、交通发达的城市内,大多数建筑物是由石头和混凝土建成的,它们的热传导率和热容量都很高,加上建筑物本身对风的阻挡或减弱作用以及人类的活动,使城市中的气温比郊区、乡村高,这就是城市热岛效应。

1. 城市热岛效应的基本特征

① 城市中的气温明显要高于外围郊区。大量观测对比和分析研究表明,城市中的年平均温度比周边的郊区、乡村要高 1 ℃ 左右。在夏季,城市局部地区的气温,能比郊区高 6 ℃ 甚至更高,形成高强度热岛。

② 城市热岛效应在冬季最为明显。据估计,在一些大城市中,冬季由燃烧过程放出的热量比从太阳光得到的热量大 2.05 倍,而在夏季这个量下降,只有从太阳光得到热量的 1/6,因而冬季夜间市区的最低气温往往比郊区高几度。在夏季,白天城市和郊区所达到的最高气温一般差异不大,但在夜间,城市的冷却比郊区慢,因而也就出现热岛效应。不过,夏季的热岛强度比冬季弱。热岛强度在一日间也有变化,一般夜间比白天大得多。北京地区热岛强度变化如图 8-26 所示。

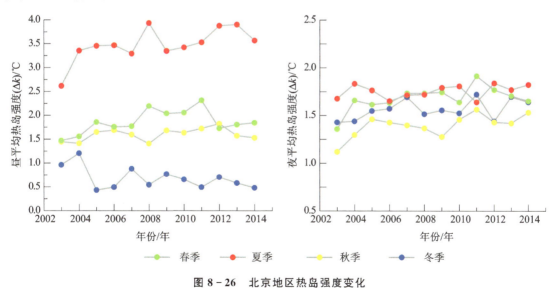

图 8-26 北京地区热岛强度变化

③ 城市热岛效应的形成与盛行风有密切的关系。在出现热岛的时候,如果风速较小,则热岛将随盛行气流移向下风方向。当风速增大到某一定值时,在强通风的条件下,热量将会很

快被风带走,加之随着风速的增强,动力交换作用也将加大,因而热岛强度减弱以至完全消失。使热岛效应消失的临界风速值,对于百万以上人口的大城市为 10 m/s,对于数十万人口的中等城市为 8 m/s,对于十万以下人口的城市为 5 m/s。

④ 城市热岛强度除了同盛行风速有关之外,还受天空状况的影响。在晴空时,热岛强度最大,而当有云覆盖时,热岛效应趋于减弱。

2. 城市热岛环流及其对天气的影响

由于热力作用,城市热岛上空暖而轻的空气要上升,四周郊区的冷空气向城区辐合补充,这样,在城市近地层形成明显的辐合环流。这种从郊区乡村吹向城市的风可称为乡村风。

乡村风出现在近地面几百米大气内,再上去,空气以相反的方向从城市向郊外流出,构成城市热岛的垂直环流。对于城市中心呈现出两个对称的环流圈,煤烟和尘粒在局地环流作用下聚集在城市的上空,并在上空形成烟幕。如图 8-27 所示就是这种热岛环流的模式。图 8-28 为城市内外的温度层结曲线。在日出后近地层的稳定度减小,在城市区热力湍流将发展。

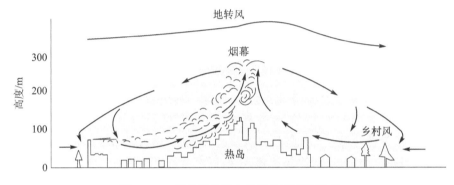

图 8-27 日出后的城市热岛垂直环流模式

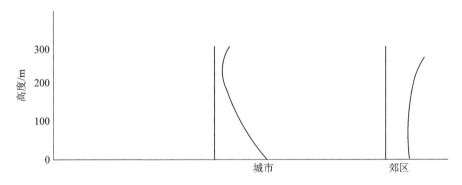

图 8-28 城市内外的温度层结曲线

热岛环流加上城市内外水汽蒸发和空气污染,对城市天气有明显的影响。由于空气污染造成城市上空的二氧化碳、二氧化硫、一氧化碳及大的尘埃粒子等凝结核大量增加,而城市热岛环流中的上升气流速度又能达到每秒几厘米,因而大城市内的降水一般比郊区要多,其降水量可增加 10% 左右。当有盛行风时,降水量的增加区出现在城市的下风方。夏季雷暴和冰雹的次数,在城市的下风方也有所增加。对流发展的时间主要在清晨,但由于市区水汽的蒸发量小于郊区,当有雷暴云从郊区经过城市区时,其强度会减弱。

第 9 章　低空风切变

目前,国际航空和气象界均已公认低空风切变是威胁飞行安全的重要气象因素之一,但由于低空风切变具有时间短、尺度小、强度大、发生突然等特点,要对其进行准确地探测和预报还很困难。因此,无论是气象保障人员,还是飞行人员,都必须掌握低空风切变的有关知识,以确保飞行安全。

9.1　低空风切变的定义

风切变是指空间两点之间风的矢量差,即在同一高度或不同高度短距离内风向和(或)风速的变化。在空间任何高度上都可能产生风切变,对飞行威胁最大的是发生在近地层的风切变。我们把发生在 600 m 高度以下的平均风矢量在空间两点之间的差值称为低空风切变,低空风切变与直升机的起落、飞行密切相关。

根据风场的空间结构不同,将风切变分为 3 种类型:

(1) 水平风的垂直切变

水平风的垂直切变指在垂直方向上一定距离内两点之间的水平风速和(或)风向的改变("一定距离"通常取为 30 m)。

(2) 水平风的水平切变

水平风的水平切变指在水平方向上两点之间的水平风速和(或)风向的改变,如跑道上的对头风。

(3) 垂直风的切变

垂直风的切变指上升或下降气流(垂直风)在水平方向上两点之间的改变,这类风切变多发生在雷暴云的影响范围里。

9.2　低空风切变的表现形式

根据直升机的运动相对于风矢量之间的各种不同情况把低空风切变分为 4 种。

9.2.1　顺风切变

顺风切变是指顺风分量沿航迹(顺直升机飞行方向)增加的情况。例如,直升机从逆风区进入顺风区,由大逆风区进入小逆风区或无风区,由小顺风区进入大顺风区,都是顺风切变,如图 9-1 所示。顺风切变使直升机空速减小、升力下降,直升机下沉,危害较大。

9.2.2　逆风切变

逆风切变是指逆风分量沿航迹(顺直升机飞行方向)增加的情况。例如,直升机由小逆风区进入大逆风区,由顺风区进入逆风区,由大顺风区进入小顺风区等,都是逆风切变,如图 9-2 所示。这种情形由于直升机的空速突然增大,升力也增大,直升机被抬升,危害相对轻些。但如果逆风切变的高度低、强度大或飞行员未及时修正,则也会使直升机冲出跑道或过早接地。

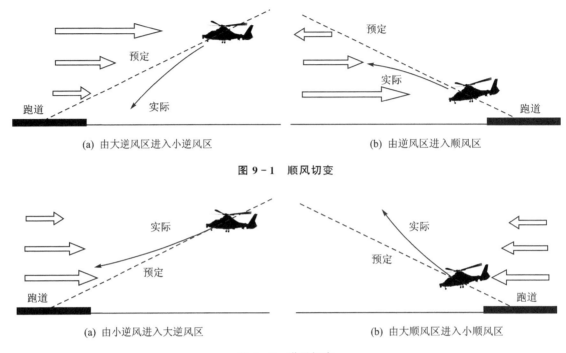

图 9-1　顺风切变

图 9-2　逆风切变

9.2.3　侧风切变

侧风切变是指直升机从一种侧风或无侧风状态进入另一种明显不同的侧风状态。侧风有左侧风和右侧风之分,它使直升机发生侧滑、滚转或偏转,如图 9-3 所示。

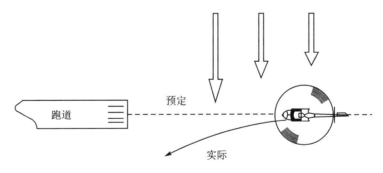

图 9-3　侧风切变俯视图

9.2.4　垂直风切变

垂直风切变(见图 9-4)指的是直升机从无明显的升降气流区进入强烈的升降气流区的情形,特别是强烈的下降气流,往往有很强的猝发性,强度很大,使直升机突然下沉,危害很大。

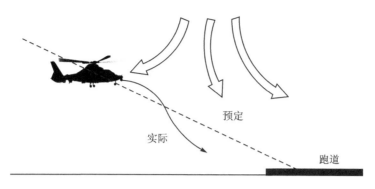

图 9-4 垂直风切变

9.3 产生低空风切变的天气和环境条件

低空风切变是在一定的天气背景和环境条件下形成的。一般说来，以下 4 种情况容易产生较强的低空风切变。

9.3.1 雷 暴

雷暴是产生低空风切变的重要天气条件。现在一般认为雷暴的下降气流在不同的区域可造成两种不同的低空风切变。一种是发生在雷暴单体下面，由下击暴流造成的低空风切变。这种低空风切变的特点是范围小、寿命短、强度大，如图 9-5 所示，图中间是下击暴流的大致位置。另一种是雷雨中的下冲气流到达地面后，形成强烈的冷性气流向四处传播，这股气流可传到离雷暴云 20 km 处。由于它离开雷暴主体，并且不伴随其他可见的天气现象，所以往往不易被发现，对飞行威胁较大。

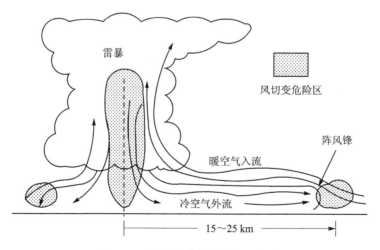

图 9-5 与雷暴有关的低空风切变

9.3.2 锋　面

锋面(见图 9 - 6)是产生低空风切变最多的天气系统。锋两侧气象要素有很大的差异，当穿过锋面时，将碰到突然的风速和风向变化。一般说来，在锋两侧温差大(≥5 ℃)和(或)移动快(≥55 km/h)的锋面附近，都会产生较强的低空风切变。

当冷锋移经机场时，低空风切变伴随锋面一起或稍后出现。因冷锋移速较快，故此种低空风切变持续时间较短，但强冷锋及强冷锋后大风区内往往存在严重的低空风切变。

与暖锋相伴随的低空风切变，由于暖锋移动较慢，它在机场上空持续时间相对较长，也可出现在距锋较远的地方。

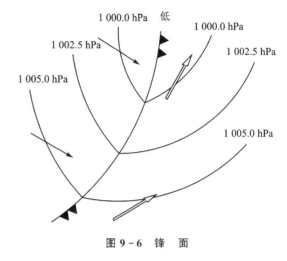

图 9 - 6　锋　面

9.3.3 辐射逆温型的低空急流

当晴夜产生强辐射逆温时，在逆温层顶附近常有低空急流，高度一般为几百米，有时可在 100 m 以下，与逆温层的高度相联系，有时也称它为夜间急流。它的形成是因为逆温层阻挡了在其上的大尺度气流运动与地面附近大气之间的混合作用和动量传递。因而在逆温层以上形成了最大风速区，即低空急流(见图 9 - 7)。逆温层阻挡了风速向下的动量传递，使地面风很弱，而且风向多变，这样就在地面附近与上层气流之间形成了较大的低空风切变。从总体上说，这种低空风切变的强度比雷暴或锋面的低空风切变的强度要小得多，但比较有规律，一般秋冬季较多。低空急流在日落以后开始形成，在日出之前达最强，在日出后随逆温层的解体而消失，对夜间和拂晓的飞行有一定的影响。

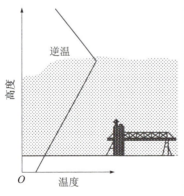 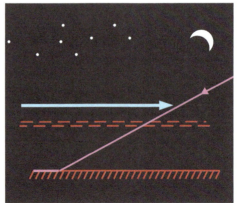

图 9 - 7　辐射逆温型的低空急流

9.3.4 地形和地物

当机场周围山脉较多或地形、地物复杂时,常有由于局地地形环境条件产生的低空风切变(见图9-8)。当盛行风横越山脉时,在其迎风坡会形成上升气流,直升机会上升高度。而当在背风坡出现下降气流时,直升机会掉高度。在山顶附近的风速将会增大。山脊的背风一侧常有冷空气滞留在平地上,若机场正处在这种停滞的空气中,则当直升机从上面穿入这种停滞的空气时,将会遇到严重的低空风切变。

图9-8 地形和地物产生的低空风切变

处于盆地的机场,如果配合低空逆温层的作用,就更容易产生水平风的垂直切变。如果机场跑道一侧靠山,另一侧地势开阔,则在某种盛行风情况下,可以产生明显的水平风的水平切变。

另外,当阵风风速比其平均值增减5 m/s以上,或大风吹过跑道附近的高大建筑物时,也会产生局地性低空风切变。

9.4 低空风切变对起飞着陆的影响

由于低空风切变本身的复杂性,再加上直升机在起落过程中,其位置和高度在不断改变,因此低空风切变对起飞着陆的影响十分复杂。总的来说,如果在起飞着陆时遇到明显的低空风切变,则其影响主要有改变起落航迹、影响直升机的稳定性和操纵性、影响某些仪表的准确性。这些方面的影响都会给直升机的操纵带来困难,甚至还会造成事故。

9.4.1 低空风切变飞行事故的特征

据统计,1934—2020年期间,在国际定期和非定期航班飞行及一些任务飞行中,至少发生了120起与低空风切变有关的飞行事故。通过对这些事故的分析,发现低空风切变飞行事有如下特点：
- 低空风切变飞行事故都发生在飞行高度低于 300 m 的高度层上。
- 低空风切变飞行事故与雷暴天气条件关系密切。
- 低空风切变飞行事故的出现时间和季节无一定的规律。

9.4.2 低空风切变对着陆的影响

当机场附近有低空风切变时，直升机起飞爬升或下滑着陆一旦进入强风切变区，就会受到影响，严重时甚至可能发生事故。由于着陆时出现事故的可能性更大些，下面简要讨论低空风切变对着陆的影响。

1. 顺风切变对着陆的影响

当直升机着陆进入顺风切变区时（例如从强的逆风突然转为弱逆风，或从逆风突然转为无风或顺风），指示空速就会迅速降低，升力就会明显减小，从而使直升机不能保持高度而向下掉。这时，因低空风切变所在高度不同，故顺风切变对着陆的影响有以下 3 种情况，如图 9 - 9 所示。

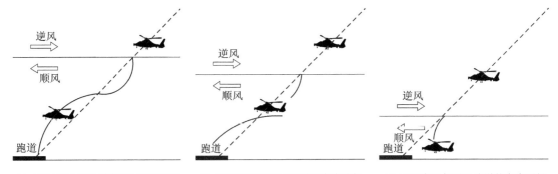

(a) 风切变层相对于跑道的高度较高　　(b) 风切变层相对于跑道的高度较低　　(c) 风切变层相对于跑道的高度更低

图 9 - 9　不同高度的顺风切变对着陆的影响

① 如果风切变层相对于跑道的高度较高（见图 9 - 9(a)），当直升机下滑进入风切变层后，飞行员应及时增大空速，并减小下滑角，则可以接近正常的下滑线。若直升机超过了正常下滑线，则飞行员可增大下滑角，并减少多余的空速，沿正常下滑线下滑，完成着陆。

② 如果风切变层相对于跑道的高度较低（见图 9 - 9(b)），则飞行员只能完成上述修正动作的前一半，而来不及做增大下滑角、减小空速的修正动作，这时直升机就会以较大的地速接地，导致滑跑距离增长，甚至冲出跑道；

③ 如果风切变层相对于跑道的高度更低（见图 9 - 9(c)），则飞行员来不及做修正动作，直升机未到跑道就可能触地，造成事故。

2. 逆风切变对着陆的影响

当直升机着陆下滑进入逆风切变区时（例如从强的顺风突然转为弱顺风，或从顺风突然转为无风或逆风），指示空速迅速增大、升力明显增加，直升机被抬升，脱离正常下滑线，飞行员面临的问题是怎样消耗掉直升机过剩的能量或过大的空速。因风切变所在高度不同，故逆风切变对着陆的影响也有 3 种情形，如图 9 - 10 所示。

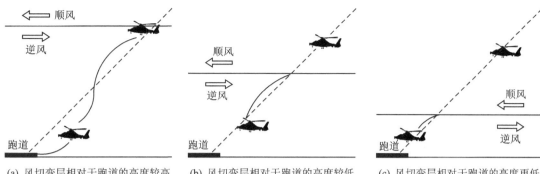

图 9-10　不同高度的逆风切变对着陆的影响

① 如果风切变层相对于跑道的高度较高(见图 9-10(a)),则飞行员可及时利用侧滑或蹬碎舵方法来增大阻力,使直升机空速迅速回降,并进入到预定下滑线之下,然后再回到正常下滑线下滑,完成着陆。

② 如果风切变层相对于跑道的高度较低(见图 9-10(b)),飞行员修正过头,使直升机下降到下滑线的下面,由于此时离地很近,再做修正动作已来不及,则直升机未到跑道头可能就触地了。

③ 如果风切变层相对于跑道的高度更低(见图 9-10(c)),则飞行员往往来不及做修正动作,直升机已接近跑道,由于着陆速度过大,滑跑距离增加,直升机有可能冲出跑道。

3. 侧风切变对着陆的影响

当直升机在着陆下滑时遇到侧风切变,会产生侧滑、带坡度,使直升机偏离预定下滑着陆方向,飞行员要及时修正。当侧风切变层的高度较低,飞行员来不及修正时,直升机会带坡度和偏流接地,影响着陆方向。

4. 垂直风切变对着陆的影响

当直升机在飞行过程中遇到升降气流时,直升机的升力会发生变化,从而使飞行高度发生变化。垂直风切变对直升机着陆的影响(见图 9-11)主要是对直升机的高度、空速、俯仰姿态和杆力的影响,尤其是下降气流对直升机着陆危害极大。当直升机在雷暴云下面进近着陆时常常遇到严重的下降气流,并可能发生严重飞行事故。

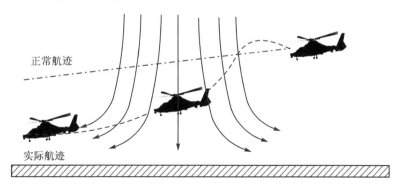

图 9-11　垂直风切变对着陆的影响

上面讨论的是4种低空风切变对直升机着陆的影响,低空风切变对起飞的影响与此类似。

9.5 低空风切变的判定和处置

目前,强低空风切变还是难以抗拒的,只有避开它才是最有效的办法。因此,及时、准确地判断低空风切变的存在、类型和强度,是合理处置、避免低空风切变危害的重要前提。

1. 判断低空风切变的方法

虽然人们日益关注低空风切变,并对它进行了大量的研究,但到目前为止还没有人完全弄清它的规律,因而对它的预报还存在许多困难。即便如此,低空风切变还是有征兆可循的,目前采用的判别方法主要有以下两种。

(1) 目视判别法

通过目视观察低空风切变来临的征兆,是目前常用的一种判别方法。

1) 雷暴冷性外流气流的沙暴堤

雷暴冷性外流气流前缘的强劲气流会把地面的尘土吹起相当的高度,并使其随气流移动。它能显现出外流气流的范围和高度,其高度越高,强度愈大。一旦见到这种沙暴堤(见图9-12)出现就应高度警惕,立即采取措施,因为紧跟在沙暴堤之后就是强烈的低空风切变。

图 9-12 雷暴冷性外流气流的沙暴堤

2) 雷暴云体下的雨幡

雷暴云体下的雨幡(见图9-13)是有强烈下降气流的重要征兆。雨幡的形状、颜色深浅、离地高度等都同低空风切变的强度有关。通常雨幡下垂高度越低,个体形状越大,色泽越暗,预示着低空风切变和下击暴流也强。由于雨幡四周相当范围(1~2 km)内的低空风场都比较复杂,常有强的低空风切变,所以一旦遇到雨幡,不仅不能穿越它,而且要与它保持一定的距离。

3) 滚轴状云

在雷暴型和强冷锋型低空风切变中,强的冷性外流往往有明显的涡旋运动结构,并伴有低空滚轴状云(见图9-14)。从远处看,它犹如贴地滚滚而来的一堵云墙,其颜色多为乌黑灰

图 9-13 雷暴云体下的雨幡

暗,当伴有沙尘暴时多为黄褐色。云底高一般在几百米以下,这种云的出现预示着强烈的地面风和低空风切变的来临。

图 9-14 滚轴状云

4) 大阵风

当出现大阵风时,瞬时风速在短时间内往往有较大的变化,这本身就是低空风切变的表现。因此,通过大阵风也可以判断低空风切变的存在。大阵风多与大风天气相联系,在大风条件下低空飞行时,要警惕大阵风的影响。

目视判别法比较直观、简便,但也有局限性。它只给人们提供粗略的形象特征,远不及仪器测定的精确。对于那些无明显征兆的低空风切变(如逆温型低空风切变、强雷暴的远程外流区的低空风切变),就不易识别。

(2) 座舱仪表判别法

在正常的起飞和着陆过程中,驾驶舱的各种仪表示度有一定的变化范围。直升机一旦遭遇低空风切变,首先会反映到座舱仪表上来,使仪表出现异常指示。下面介绍4种主要飞行仪表在遭遇低空风切变时的反应。

1) 空速表

空速表是直升机遇到低空风切变时反映最灵敏的仪表之一,直升机遭遇低空风切变时空速表示度一般都会发生急剧变化。所以,一旦出现这种异常指示,即应警惕低空风切变的危害。在穿越微下击暴流时,往往先是逆风使空速增大,紧接着就是顺风使空速迅速减小,而真正的危害发生在空速迅速下降的时刻,所以不要被短时的增速所迷惑。

2) 高度表

高度表指示的正常下滑高度是直升机进近着陆的重要依据。如果直升机在下滑过程中高度表指示出现异常,大幅度偏离正常高度值时,则必须立即采取措施,及时拉起。当然也应注意到在遭遇微下击暴流时,会出现因遇强风而使直升机短暂地高于正常下滑高度的现象,紧接着就会发生危险的掉高度。所以,不要做出错误的判断。

3) 升降速率表

升降速率表与高度表的关系密切,在遭遇低空风切变时反应很明显。如果见到升降速率表指示异常,特别是当下沉速率明显加大时,则必须充分注意。

4) 俯仰角度指示器

俯仰角是飞行员必须掌握的直升机起飞、着陆时的重要参数。例如,直升机起飞时俯角为$8°\sim10°$,着陆时仰角为$3°\sim5°$,在起落过程中通常控制该值保持基本不变。一旦遭遇低空风切变,俯仰角指示将迅速发生变化,变化越快、越大,则危害越大。

2. 遭遇低空风切变时的处置方法

在飞行中遭遇低空风切变,怎样才能保持在预定的飞行轨迹上安全起飞着陆,是一个极为重要而又复杂的问题。为了迅速而准确地做出反应,飞行员应该做到以下5点:

① 起飞前,要认真仔细地了解和研究天气预报和天气实况报告,警惕在飞行中会遇到低空风切变,预判低空风切变可能出现的位置、高度、强度,在思想上预有准备。

② 飞行中,要注意收听地面的气象报告和别的直升机关于低空风切变的报告,了解低空风切变的存在及其性质。当直升机遭遇低空风切变时,应立即将低空风切变出现的区域、高度、空速变化的大小等报告飞行管制部门,以避免其他直升机误入其中。

③ 对于轻度低空风切变可借助操纵修正来克服它。要避开严重低空风切变,不要有意识地穿过严重低空风切变区或强下降气流区,特别是在飞行高度低于离地高度200 m或有一台发动机失效时,更应切记。

④ 要与雷暴云和大的降水区保持适当距离。雷暴云的外冲气流有时可以超越雷暴前方$20\sim30$ km。因此,直升机低空飞行时应远离雷暴云$20\sim30$ km飞行,不要侥幸抢飞这一危险区域。

⑤ 在有强低空风切变时,不要冒险起飞、着陆。如果在最后着陆时刻遇到低空风切变,只要是难以改出、无法安全着陆,就应立即复飞。可以推迟着陆,等到低空风切变减弱或消失后着陆,或到备降场着陆。

第 10 章　特殊地表上空飞行气象特点

当直升机在低空飞行时,其受地表的影响比较大。因为山地、高原、荒漠及海上都有不同的飞行气象特点,所以必须知道各种不同的地表对飞行的影响。

10.1　山地飞行气象特点

我国是个多山的国家,山地面积广大,海拔 500 m 以上的面积占全国总面积的 84%。山地地形复杂,天气多变,在山地飞行常会遇到复杂的气象条件。

10.1.1　山地的气流

山地对大气运动的影响比平原要大得多,气流特别紊乱,飞行条件复杂。这种影响既有动力原因,也有热力原因;既影响水平气流,也影响垂直气流。

1. 山地的升降气流

当气流遇到短的山脊或孤立山峰时,一部分气流从山的两侧绕过,另一部分气流从山顶越过,这样的升降气流一般不强。如果气流遇到大的山脉,则大部分气流将被迫从山顶越过,造成强烈的升降运动,迎风一侧为上升气流,背风一侧为下降气流。最强的升降气流出现在山坡上,据观测可达 15~20 m/s。在垂直方向上,通常升降气流在距山顶或山坡 500~1 000 m 的层次中最强,向上则很快减弱。上升气流在距山相当远的地方就可出现,距离的长短与山的高度和坡度有关,山越高越陡,距离就越长。

山地飞行时,直升机在迎风坡上受上升气流的抬举自动升高,在背风坡上则受下降气流的影响而自动降低,还易被下降气流带入背风坡的涡旋中,给飞行带来危害。所以,山地飞行一定应在安全高度以上。

山地的升降气流也受热力作用的影响。由于山地地表起伏不平,各地增热不一,因此对流易于发生和发展。白天,山顶、山坡的气温高于谷地上空同高度的气温,山顶、山坡有空气上升,谷地则有空气下降。夜间则相反,山顶、山坡的空气降温比谷地中同高度的空气降温要快,于是就出现了沿坡下滑的下降气流和谷地的上升气流。因此,即使风很微弱,在山地飞行仍会遭遇颠簸。

2. 山地的湍流

当气流越山时,由于摩擦作用在山坡上产生涡旋形成湍流。这种涡旋多贴附于山坡上,高度较低。迎风坡的涡旋为地形所阻,停留在原处;背风坡上的涡旋则不断形成并随气流向下游移动,逐渐消失。当气流越山时又可由风速的垂直切变在山地上空产生湍流,它主要出现在山顶和背风坡上空。这是因为当气流过山时,山顶风速大,而背风坡风速小,在垂直方向上有很大的风速切变。因此背风坡上的湍流较强,伸展高度也较高。

山地湍流的强弱与风速关系密切,风速越大,湍流越强,出现湍流的层次也越厚。在山的背风坡上,当风速增大到 10~12 m/s 时,气流就混乱了,如图 10-1 所示。湍流发展的程度还与风向同山脊的交角、地形特点以及大气的稳定度、山地相对高度等有关。当风与山脊的交角越接近于直角、地形越陡峭、大气越不稳定时,湍流发展得越强,湍流区的范围也越大。

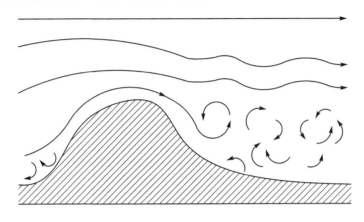

图 10-1　强风时背风坡上的湍流

在山谷中,当风向与山脉走向垂直时,山谷中迎风坡和背风坡上的湍流同上述情况相似。若在山谷中飞行,则应避开背风坡而靠近迎风坡,以减小湍流的影响,如图 10-2 所示。

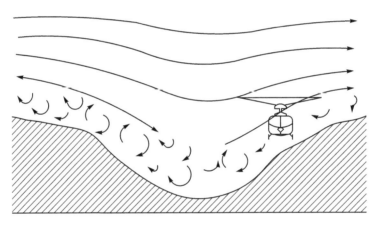

图 10-2　靠近迎风坡飞行

当风顺着山谷吹时,谷中湍流随风速增大而增强。此外,从峡谷吹来的强风进入宽广的谷地或平原时,由于沿山散开的气流速度骤减,主流与两旁气流之间存在大的风切变,因而有时在主流的两侧形成绕垂直轴的强大涡旋,如图 10-3 所示。如果顺风向沿山谷飞行,则应尽力避免靠近谷底或山坡,出口时也不要过早转弯,以免误入两旁的涡旋气流中。

山地也有由于热力原因形成的湍流,所及高度达 2~3 km,当大气不稳定时可达 4~5 km。山地热力湍流除了具有明显的日变化(早晚弱、午后强)外,其主要特点是各区域湍流出现的时间和强度差异甚大。例如,早晨朝东的山坡和山岭比谷地和朝西的山坡接受太阳辐射早,增热快,湍流出现的时间就早;同时,朝东山坡和山岭上的气温与周围同高度上的气温差异也较大,湍流的强度和厚度也要大些。对北半球来说,白天朝南的山坡气温比朝北的山坡气温高,其湍流也要强得多。

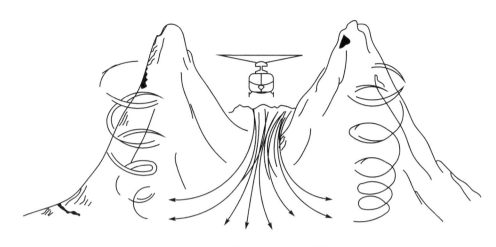

图 10-3　山谷气流出口处两侧的涡旋

10.1.2　山地的云、雾和降水

就空气的冷却条件来说,山地比平原有利,因此,山地的云、雾和降水一般比附近平原地区要多,但分布极不均匀,云和降水主要出现在迎风坡。

1. 山地的云

山地上空的云在迎风坡和背风坡有明显的差异。在迎风坡,气流沿坡上升,有利于云的形成,移来的气团如果稳定,则常形成大片的层状云,如图 10-4(a)所示。当空气湿度大、山又高、越山气流强而且稳定少变时,可形成很厚的层状云,持续时间长,甚至出现连阴雨天气。如果移来不稳定的气团,气流经地形抬升发展为对流,则形成积状云,有时会产生阵性降水,如图 10-4(b)所示。在背风坡上因空气下降增温,一般不利于云的生成,有云移来也逐渐消散,故多晴好天气。

山地热力对流比平原强烈,因而由热力对流形成的云也较多。这种云有明显的日变化,日出后在向阳坡和山脊上空出现,并逐渐发展,午后对流最强时往往形成雷暴,入夜后逐渐消散。我国南方山区年平均雷暴日数较多,云南南部和五岭以南的两广是雷暴日数最多的地区,雷暴日数可达 90~100 天以上,西双版纳山区雷暴日数可达 120 天以上。

2. 山地的雾

在起伏地形的谷地和低洼地区,空气比较潮湿,风速不大,高处冷空气向这里流注,夜间降温明显,有利于辐射雾的形成。在高地和坡地,由于风速较大,夜间冷空气向低处流失,难以形成辐射雾。但当潮湿的空气沿山坡上滑时,由于绝热冷却,水汽凝结(或凝华),往往会形成笼罩整个山坡的浓雾,即上坡雾。此外,较暖空气流到山地冰川或雪面上,也可因冷却而形成山地平流雾。

山地的雾以辐射雾为主。它出现的频率一般是随海拔高度的增高而递减,冬季多于夏季。例如四川山地,在 500 m 高度以下全年雾日大多有半个月到一个半月以上,其中冬季的雾日比夏季多一倍以上,在 1 000 m 高度以上雾日大为减少。

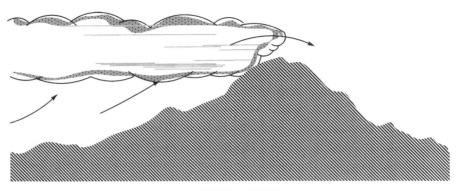

(a) 地形层状云的形成

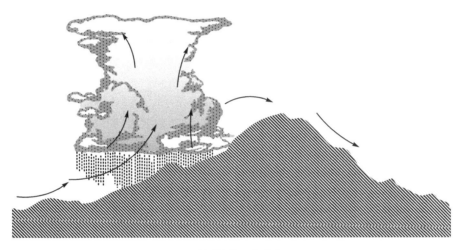

(b) 地形积状云的形成

图 10-4 山地迎风坡的云

在高纬山区,由于气温低,雾滴通常是过冷水滴,因此有雾时常伴有雾凇,其厚度可达 4～5 cm。

3. 山地的降水

山地降水(见图 10-5)总的来说要比平原地区充沛,但因地形、海拔高度、坡向等影响,降水分布很不均匀。当锋面、气旋等天气系统移向山地时,由于地形抬升作用使上升运动加强,降水也相应增强;受山脉阻挡,降水的天气系统在山区滞留较长时间,降水量显著增大。观测表明,山区气象站的年平均降水量和降水日数都是山上大于山麓。降水量随高度而增加,到一定高度达最大值,之后又向上逐渐递减。降水量最大值所在高度,新疆地区一般都在 2 000～4 000 m,秦岭在 1 400 m 左右,皖浙山地大致在 1 000 m 左右。

山地的降水还受坡向影响,迎风坡的降水量大于背风坡。有时迎风坡上大雨滂沱,而背风坡上云淡风轻。夏季山地多对流云,阵性降水也较多。山顶、山坡上的阵性降水多出现在下午或傍晚,而谷地和山麓的阵性降水则出现得晚些,甚至推迟到夜间。

图 10-5　山地的降水

10.1.3　山地飞行应注意的问题

山地地形复杂、气流紊乱、湍流较强、天气多变,对直升机飞行影响很大。

① 山地飞行应保持一定的安全高度,既可以避免撞山,也可以避免进入强烈的下降气流或湍流中。

② 山地飞行时,直升机真高度变化急剧,无线电领航设备性能变差,在把握飞行高度上易产生误差或造成偏航。

③ 在迎风坡上低于 0 ℃的云中飞行,往往会有较强的直升机积冰。在山顶或背风坡上的云中飞行,特别是在有滚轴状云的高度上飞行,会遇到强烈颠簸。

④ 山地对流云发展强盛,且早于平原地区,多山地区一般在中午 11～12 时就可能有雷暴发生,故在飞行时应注意积雨云,以防雷击。

⑤ 山地的风有明显的地方性特点,在水平方向或垂直方向上短距离内都可能有很大的变化,容易出现明显的风切变。

⑥ 山地机场多在谷地,起飞后就须立即爬高,避开高地。有的只能单向开放,一旦有云遮盖,就无法着陆。因此,山地机场飞行一定要严格遵循飞行手册的各项规定,当出现复杂天气时应注意飞行安全高度。

10.2　高原飞行气象特点

我国是世界上高原最多的国家,如有"世界屋脊"之称的青藏高原,还有云贵高原、黄土高原等。高原的特点是海拔高、山地多,气象条件既有高原特点,也有山地特点。

10.2.1 高原的气温、气压和空气密度

1. 高原气温

高原气温总的特点：比同纬度平原地区低，而且气温的日较差大，但年较差较小。与山地不同，高原顶部面积大，接收的太阳辐射多。白天，地表吸收大量太阳辐射，近地面气温迅速升高；夜晚，地表放出长波辐射迅速冷却降温，由于高原大气稀薄，保温作用较差，热量释放较多，近地面气温迅速下降，因而高原地区气温的日较差大。造成高原气温年较差小的原因是海拔对高原的影响远远超过纬度对高原的影响，使年内气温变化有所缓减，年振幅相对较小。

以青藏高原为例，年平均气温约为 5~10 ℃，比我国东部平原地区低 10~15 ℃。青藏高原最冷月平均气温低达 −15~−10 ℃，与我国北方地区大体相当。暖季，我国东部最热月平均气温大多在 20~30 ℃，唯独青藏高原是全国最凉爽的地区，7月份平均气温比同纬度低 15~20 ℃。但与同纬度同海拔高度上的自由大气相比，夏季高原气温要比平原上空的气温高 5~7 ℃。

在云贵高原上，气温日较差年平均值为 11 ℃，比长江以南各地高 3 ℃。在青藏高原上，气温日较差平均在 14~16 ℃，有的地方可超过 30 ℃，帕米尔高原可超过 25 ℃。因此，这些地区一日之间犹如四季，隆冬昼可赤臂，盛夏夜可遇霜。

2. 高原气压

高原气压较低，各地相差也很大。海拔 4 000 m 以上的地方，平均气压在 620 hPa 以下，比海平面气压低 40%。因此，在高原机场飞行时，经常出现场面气压低于高度表上气压刻度的最低气压值 679 mmHg（905.26 hPa）的情况，高度表不能按场面气压拨定，而是拨在 760 mmHg（1 013.25 hPa），降落时按地面通知的假定零点高度（用场面气压与 760 mmHg（1 013.25 hPa）之差按标准大气换算的高度）下滑着陆。

高原各地海拔相差很大，气压差异显著，例如西宁（海拔 2 261.2 m）和当雄（海拔 4 200 m）的平均气压值相差 160 hPa 以上。因此，在高原飞行时，应使轮胎保持适当的压力，以免在起飞着陆时由于内外压力差过大而使轮胎爆破。

3. 高原空气密度

高原山地由于海拔高、气压低、空气密度小，使直升机的气动性能变差，起飞载重量减小。另外，空气密度小，氧气不足，对人体也有一定影响。

10.2.2 高原的气流

1. 风速大

由于风速通常随高度增加，地势越高，风速也就越大，因此高原上的风速普遍比平原地区大，出现大风的机会也多。

青藏高原是我国风速最大、大风日数最多的地区之一。年平均风速 4 m/s 以上，年平均大风日数多达 100~150 天，最多可达 200 天，远远多于同纬度我国东部地区（5~25 天）。

2. 风的分布不均和变化显著

由于高原地势复杂,因此风向、风速分布都很不均匀。低洼的谷地,风常沿山谷走向吹。例如,拉萨盛行东-西风,因为拉萨位于呈东西走向的河谷中;而西宁位于湟水沿岸,因河谷呈东南-西北走向,故盛行东风和东南风。高原山区各地的风速差异也很大,在地势低洼的谷地、盆地或群山阻隔的背风地区风速很小。例如,拉萨、昌都的年平均风速仅 1 m/s,柴达木盆地的年平均风速也仅 2~3 m/s。但在高地或山峰,风速就很大,如青藏高原上的温泉和开心岭两地的年大风日数超过 150 天。

青藏高原上的大风有明显的季节变化和日变化。冬、春两季,因北半球西风带较强,且位置偏南,强西风掠过高原上空,使风速加大,所以大风天气多集中于冬、春季,其中尤以 2~5 月最为集中,占全年大风总日数的 50% 左右。下半年,特别是 7~9 月大风日数明显减少,只占全年的 8% 左右;一日内大风以午后 14~20 时出现次数最多,占总次数的 80% 以上,其他时间出现的次数较少。

3. 高原山区的湍流比一般山地更为强烈

高原山区的湍流比一般山地更为强烈,以青藏高原来说,那里群山重叠、峭壁高耸,地形动力湍流十分显著;而且因为高原上空气稀薄,太阳辐射强,气温变化大,热力湍流也强,二者常结合在一起,形成强烈湍流。所以,高原飞行中的直升机颠簸是很常见的,在山口、狭谷地带,午后颠簸更为强烈。气流越过昆仑山口的剖面示意图如图 10-6 所示。

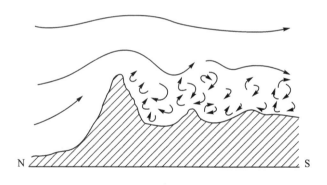

图 10-6 气流越过昆仑山口的剖面示意图

10.2.3 高原的云和降水

1. 高原的云

在海拔较低的高原山区,云的情况与一般山地类似。但在海拔较高的青藏高原上情况却比较特别。根据高原气象工作者的考察,认为其主要有以下特点:

(1) 云形丰富,多积状云

青藏高原上云的种类很多,标准云图提供的云形几乎在青藏高原上均可出现,但以积状云为主,层状云次之。青藏高原及周围地区的云状有明显的地域性,高原北侧多为高云,主体以积雨云为主;高原东南侧云、贵、川地区多为层状云。

（2）云高混乱，中云很少

高原的云虽然也有高、中、低之分，但由于高原地区海拔较高，水汽含量又少，故云高的差别较小，经常出现高云不高、低云不低，甚至云高颠倒的情况。一般低云比平原高，高云比平原低，云层厚度也比平原小。

高原上的云系演变也很特殊。在高原主体地区很少见到低海拔地区常见的锋面层状降水云系。各种天气系统下的云系演变，一般先见高云，接着就出现低云，很少见中云，而且绝大多数是在呈现积雨云云状时出现降水。

（3）高原山区能产生特殊的地形云

当气流绕过高度差大的孤立山峰时，在山的背面会形成强大涡旋，若水汽充沛则可在涡旋上部靠山峰处形成云，如图10-7所示。这种云紧贴在山峰背风坡，向山后伸展，像一面飘扬的旗子，称为旗云（见图10-8）。在晴空时可见冰峰雪岭之间的低洼处充满洁白的云体，与雪山混成一色，这是冰雪区水汽在空中凝华产生的冰川云。

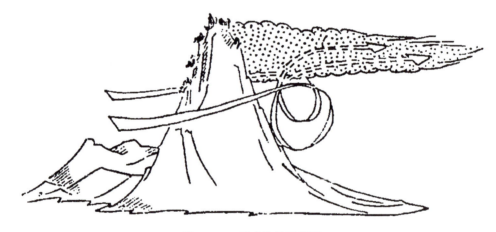

图10-7　形成旗云示意图

图10-8　旗　云

雾在青藏高原上很少见,绝大部分地区不出现或偶尔可见。

2. 高原的降水

高原地区的降水与输送水汽的气流有密切关系。以青藏高原为例,夏季来自印度洋的西南季风在南坡产生丰富的降水。但随着气流的深入,高原内部的降水量逐渐减少,造成降水在空间上的分布不均。总的趋势是从东南向西北逐渐减少:高原东南部年降水量为800～1 000 mm,喜马拉雅山南坡可达1 200 mm以上;阿里地区年降水量最少;班公错以北地区降水量在50mm以下,是青藏高原上降水最少的地区。

高原上雨季、干季分明。雨季大部分始于5月,止于9月下旬至10月中旬;东南部开始较早,结束较晚,西北部开始较迟而结束较早。雨季降水量占全年总降水量的90%左右,如拉萨5～9月降水量占全年总降水量的97%。

高原降水的另一重要特点是多夜雨。白天天气晴朗,一到傍晚乌云密布,降雨接踵而来,黎明后渐止。夜雨率在藏北、藏东为60%～70%。在一些宽阔的河谷中更高,如拉萨河谷和年楚河谷高达80%以上。

雷暴和冰雹是高原天气的又一特点。青藏高原上年雷暴日数多在60天以上,最多地区超过90天,比同纬度平原地区多几倍。在青藏高原东南部、玉树、昌都和丁青地区,雷暴日数达100天以上。高原上雷暴集中出现在5～9月,占全年雷暴日数的85%～90%。雷暴主要发生在白天,以午后13～18时为最多,占65%左右;夜间至清晨最少,不足10%。

高原上雷暴多,因此冰雹也多,许多地区年平均冰雹日数大于10天。申扎、那曲、素县到清水河一带最多,其中那曲多达35天,不仅在我国名列前茅,也是世界上罕见的多雹区。冰雹主要出现在白天,以午后14～18时为最多(占70%),夜间和凌晨最少(不足3%)。一个雹日,降雹次数多的达3～4次,但每次降雹持续时间短促,75%以上的在10 min之内。

总之,高原山区地形复杂、天气多变、雷暴强烈,飞行前应仔细了解天气实况和天气预报。飞行中应注意天气变化,一旦发现天气转坏或遇有强烈颠簸影响飞行时,应及早采取措施,如返航或到备降场。

10.3 荒漠飞行气象特点

荒漠是一种特殊的地表,通常指由于降水稀少或蒸发量大而引起的气候干燥、植被贫乏、环境荒凉的地区。根据组成物质的不同,荒漠可分为岩漠、砾漠、沙漠、泥漠等多种类型。

我国西北及北部一些地区是北半球同纬度降水量最少的地区,尤其是在南疆和内蒙古西部降水奇缺,形成了塔克拉玛干、巴丹吉林、腾格里等大片沙漠。这些地区严重干旱,地面荒漠,故具有其特定的气象条件。

10.3.1 荒漠的气温和风

1. 气温年较差显著

我国西北及北部地区地处亚洲内陆,属于干燥气候区。气温年较差显著,夏季十分炎热,如吐鲁番7月平均气温为32.2 ℃,最高气温常达43 ℃以上,曾出现过我国绝对最高气温49.6 ℃(1975年7月13日)。其他地区由于干旱,大量的太阳辐射几乎全用来增温地面和大气,晴朗少云的白天近地面气温均在30 ℃以上。冬季,这些地区又是冷空气南侵的必经之路,常因冷空气爆发南下形成寒潮,使广大地区气温骤降。如北疆富蕴曾出现过－51.5 ℃的低温记录;内蒙古东部的根河到图里河一带,每年日最低气温低于－40 ℃的天数有一个多月,曾出现过－50.5 ℃的最低气温(1966年2月22日),被称为内蒙古地区的"寒极"。

2. 全年都有大风出现

我国西北及北部地区常年都有大风出现。主要大风类型有北疆西北(或偏西)大风、南疆偏东大风、青海高原偏西大风、甘肃河西走廊偏西大风和陕西偏北大风等。另外,还有地方性大风,如北疆阿拉山口西北大风、格尔木偏西大风、乌鲁木齐东南大风等。据统计,区域性大风以春季最多,秋季次之,而寒潮冷空气过程是造成春、秋季大风的主要原因。

北疆春、秋季西北(偏西)大风具有范围广、强度大、持续时间长的特点,风力一般为8～9级,风口处可达12级以上,在阿拉山口地区曾测到最大风速为55 m/s,大风过程最长可持续10天左右。春季大风的强度大于秋季,阿拉山口春季8级以上的大风日数可达38天。

3. 大风常造成风沙天气

干旱的春季,地处荒漠、半荒漠的锡林郭勒草原及其以西地区,在出现大风时常伴有沙暴(俗称黄毛风)天气,大风将地面细沙、尘土吹起,有时也可将碎石子刮走,造成沙尘蔽日、令人窒息的天气。据统计,甘肃民勤的年沙暴日数为37.2天,最多的年份为59天;新疆柯坪的年沙暴日数为38.5天,最多的年份为53天。

10.3.2 荒漠的云和降水

少云、少雨是荒漠的一大气候特点。我国西北、北部地区以干旱著称,全年平均少云天数多于其他地区,年平均总云量为三至四成,而年平均低云量则更少。如青海冷湖为25%,甘肃酒泉为30%。有些月份无低云出现,如1月份吐鲁番、冷湖、和田等地平均低云量为零。因为晴朗少云,故日照丰富,如新疆哈密的年平均日照时数为3 359.1 h,平均每天9.2 h。

西北、北部地区是我国年降水量最少的地区。绝大部分地区平均年暴雨日数都小于一天,年降水量极少。如冷湖年平均降水量只有15.4 mm,吐鲁番为16.6 mm。在冬季,很多地区都有1～3个月无降水的现象,青海冷湖自1979年8月12日至1980年7月7日,共有331天连续无降水。夏季是雨季,山地降水稍多,但南、北疆的盆地平均降水量仍不足40 mm,吐鲁番盆地的托克逊平均雨量仅为2.6 mm,有的年份夏季甚至无雨。

冰雹是西北地区夏季出现的灾害性天气,具有明显的局地性和分散性,多在山地和高原出现,范围较小。盆地和沙漠地区降雹偏少,年降雹日数平均不到一天。西北地区多雹区有:新疆天山地区年降雹日数为2～15天,个别中心(如昭苏)可高达22天;祁连山区年降雹日数为5～15天,多雹中心位于其东南部。

冬春季节,由于受蒙古冷高压控制,冷空气不断南侵,内蒙古一带常形成大风降温天气,有时伴有吹雪或雪暴现象。这种天气飞雪随风弥漫,白茫茫一片,能见度极差,对飞行带来极大的危害。

10.3.3 荒漠飞行应注意的问题

① 荒漠人烟稀少,地形复杂,天气多变,且气象站较少,故起飞前飞行人员应仔细了解天

气情况,对全航程的天气做到心中有数。

② 飞行中要及时了解降落站的天气变化和实况,当降落站受风沙、沙尘暴等天气影响而不能落地时,应及时报告,在地面指挥员的指挥下正确处置。

③ 荒漠地标稀少,尤其是在地表低层有扬尘、风沙等影响视程,不能辨别地标时容易发生迷航,故飞行人员应熟悉飞行区内地标特征及地标随季节变化情况,熟记飞行区内临时设置的导航台和附近电台的频率、信号,以及目标区的辅助信号。

④ 夏季午后在沙漠高温机场起降,因道面温度高,要注意机载质量,也需注意因高温和道面不净而造成的轮胎爆破现象。

10.4 海上飞行气象特点

地球上海洋面积比陆地面积大得多。根据计算,在地球表面 5.1×10^8 km² 的面积中,海洋面积有 3.61×10^8 km²,约占全球总面积的 71%,而陆地面积只有 1.49×10^8 km²,约占全球总面积的 29%。只以一个太平洋来讲,它的面积就超过了地球上所有陆地面积的总和。我国海岸线漫长,而海上飞行又有许多不同于陆地飞行之处,因而了解海上气象特点具有重要的意义。

海上具有与陆地不同的气象特点:
- 海面比较平滑,摩擦阻力比陆地要小。
- 海面热力性质均匀,气温变化比陆地小且缓慢。
- 海水比热容和热容量大,传输热量能力比陆地大得多,海面蒸发量大,水汽供应比陆地充足。

10.4.1 海上气流的特点

由于海陆表面及热力状况不同,因而引起了海陆流场的差异,在对流层的低层差异更为明显。

1. 风的季节变化明显

海陆热力差异引起冬夏季风向的变化是季风形成的原因之一。亚洲是世界上季风最盛的区域之一,因而我国沿海季风也非常明显。冬季,我国大陆被强大的冷高压控制,高压前缘的偏北风成为我国临近海区的盛行风。由于各海区处于高压的不同部位,因此在黄海、渤海多西北风,在东海多北风和东北风,在南海北部为东北风,偏北风的平均风速以黄海、渤海为最大,当强寒潮爆发时最大风力可达 12 级。夏季,大陆被热低压控制,同时太平洋高压西伸北进,偏南风成为我国临近海区的盛行风。在南海多西南风,在其他海区则多南风或东南风。一般来说,夏季风比冬季风弱,春秋季是季风交替的季节。

2. 风场与气压场比较一致

由于海面平滑,摩擦阻力小,在气压梯度相同的情况下,海上的风速比陆地上的略大。在中纬度地区,海上风速约为地转风风速的 60%~70%,而陆地上风速约为地转风风速的 35%~45%;风与等压线的交角在海上为 15°~20°,在陆地上则为 35°~45°。我国东部沿海在出现大风时,海上风速比陆地上风速大约 3~6 m/s,故海上的大风日数比陆地上多。如浙东地区一月份平均大风日数仅 0~2 天,而海上花鸟山一带达 12 天。台湾海峡呈东北—西南走向,在吹东北风或西南风时,由于狭管作用,风速增大,全年 6 级以上大风日数明显增多,澎湖列岛和马祖岛分别为 138.2 天、169.4 天,年平均风速分别为 6.5 m/s 和 7.3 m/s。因摩擦作用小,故海洋上的气压系统一般比陆地要强一些,持续时间也长些。

3. 海上垂直气流弱

由于海面平滑、性质均匀,因而由热力和地形作用产生的对流和湍流很少,颠簸也较少。但在沿海岸和岛屿地区做低空飞行时,有时仍有颠簸产生。

10.4.2 海上雾的特点

在陆地上,最常见的雾是辐射雾。海上则不同,由于夜间海面降温很少,尽管海上空气中的水汽含量较丰富,但气温仍不易降到露点以下,故难以形成辐射雾。海上经常出现的雾是平流雾,也就是人们常说的海雾,其次是蒸发雾和混合雾。

1. 海 雾

海雾的形成必须具备以下 3 个条件:
① 有冷的海面。
② 有流向冷海面的暖湿空气。
③ 有一定的风速。

没有冷海面,就不能使流来的空气降温,不能形成雾。例如我国榆林港西部的海面,终年有从巴士海峡来的暖流,因为水温高于气温,所以这一带海面终年少雾。但是,仅有冷海面,而无暖湿空气流经其上,也不可能形成雾。冬季,我国沿海岸寒流很强盛,冷海面是有了,但此时流过海面的空气是来自大陆的比海面更冷更干的空气,因而不利于海雾的形成。

产生于我国大陆沿岸寒流和台湾暖流交汇地带的海雾,因寒、暖流和风场的季节变化,海雾也随之有明显的季节变化。冬季大陆沿岸寒流势力很强,暖流位置偏南,盛行风从陆地吹向海洋,我国沿海海面很少有雾出现。入春以后,由于大陆气温升高,冬季风减弱并逐渐向夏季风过渡,暖流势力日益加强,逼近陆地,海雾逐渐增多,随着寒、暖流交汇地带的北移,沿海的雾区也由南向北推移。

此外,海雾的形成还需有一定的风速,因为只有具备了一定的风速,暖湿空气才能源源不断地流到冷海面上来,使海雾得以维持。同时较大的风所引起的湍流,能使较厚的大气冷却,更有利于海雾的形成。例如青岛地区海面有雾时,风速多在 4.6 m/s 以上。

海雾有以下 4 个特点:

(1) 强度大

由于水汽充足,雾滴大且密,有时可下毛毛雨,使能见度减小至数十米。雾层厚度一般在 300 m 左右,个别的也可小于 100 m 或大于 500 m,当风速大、湍流强时则增厚。

(2) 分布广

南来暖湿空气移经海区的范围在很大程度上决定海雾的出现范围,其面积可达几万至几十万平方千米。海雾常沿海岸呈带状分布,宽约 300 km,如果有气旋或准静止锋时,宽度可更大一些。

(3) 持续时间长

只要有利于海雾形成的流场不变,海雾可以昼夜不消。

(4) 出现突然

海雾的生消时间很短,能见度从大于 10 km 转到小于 1 km 仅 1~2 min。移速很快,沿海机场的海雾可以在一日中的任何时间出现,日变化不明显。只是中午前后浓度稍有减弱。

当沿海地区吹海风时,海雾随风深入内陆,在气流条件有利时能深入内陆 100 km 左右。海雾登陆多在陆地气温低、大气稳定的夜间,昼间地面增热,登陆海雾往往被抬升为低碎云。若增湿较多时,则陆地上低云可消散,而海上仍有雾,从陆地望去,海上好像有一道雾堤。若天气形势不变,则入夜后海雾又复登陆,有时可反复多次。山东半岛的机场,在春、夏季节常被海雾及与之相伴的碎云所覆盖。

2. 蒸发雾和混合雾

蒸发雾是当极地的寒冷空气来到水温远高于气温的暖海面时形成的。冷空气来到暖海面后,由于低层逐渐增暖,大气容易变得不稳定,因而当这种雾出现时,低空通常都有逆温层存在,不然,对流发展起来就会把水分传送到高处去,蒸发雾也就难以形成,即使形成了,也很容易消散。冬季,在我国渤海可以观测到这种雾。

混合雾是由寒流上的冷湿空气与岸上的暖湿空气相混合而形成的,它形成后常被海风吹送到陆地。因为形成这种雾的条件多出现在近岸区域,所以它的范围和强度都不大。

10.4.3 海上云的特点

海上中高云与陆地上的差别不大,所不同的主要是低云。

1. 积状云

海上积状云的发生、发展与陆地上的明显不同。由于白天海面增温很少,午后气温最高时对流也较弱,因此不易形成积状云;入夜,上层空气辐射冷却较强,气温有明显的降低,有利于对流的发生,因而夜间海上的积状云多于白天。夏季午后,在广阔的海洋上只有一些发展不强的积云,而在岛屿上则有发展强烈的积状云,有经验的飞行员从远处看到这种高耸的云塔,就能大致判断出岛屿的位置。

在海陆显著的地区,海上积状云的发展还受到海陆风环流的影响,如图 10-9 所示。白天近地面空气从海上流向陆地、上层空气由陆地流向海洋,因而积状云多在陆地上发生、发展;入夜,环流方向相反,海上有上升气流,积状云在海上发生、发展,拂晓达最强。

2. 层云和层积云

因为海上水汽充沛,低层空气湿度大,所以只要有一定强度的湍流,就可形成层云和层积云。这些云按其成因可分为两类:由暖湿空气流经冷海面而形成的平流低云和由冷空气流经暖海面而形成的冷性低云。

(1) 平流低云

平流低云多为层云、碎层云、层积云,其形成过程与海雾类似。在沿海地区有时雾和平流低云交替出现,当湍流强时雾抬高为平流低云,当湍流弱时平流低云又降低为雾。云高为 100~300 m,低时只有 30 m 左右,云厚一般为 200~300 m,当云层密集加厚时可下毛毛雨,

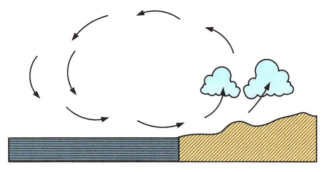

(a) 海风影响下形成的积状云

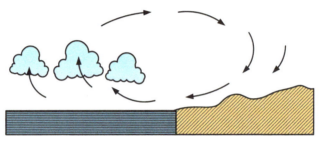

(b) 陆风影响下形成的积状云

图 10-9　海陆风环流对海上积状云发展的影响

使能见度变坏,云中能见度小于 50 m。但云上能见度常大于 10 km,当云薄时可透过云层看到海面。

平流低云移动快,在沿海有时几分钟内即可覆盖机场,对飞行影响很大。

(2) 冷性低云

冷性低云是在秋冬季节海面水温高于气温条件下形成的。当干冷的偏北气流南下经过暖海面时,干冷空气急剧增温增湿,低层空气不稳定引起对流而形成冷性低云。冷平流越强,水温越高于气温,冷性低云越易形成。因冷空气入海南下后,强度不断减弱,性质不断改变,故冷性低云的不稳定性由北向南逐渐减弱。

冷性低云出现在 10 月至次年 2 月,以隆冬季节最强,分布范围很广,有时黄海和东海大部分地区同时被冷性低云所笼罩。冷性低云形成后能随气流吹到沿海地区,对辽东半岛、山东半岛、浙闽东部、台湾、海南岛等影响很大。

冷性低云云下扰动气流较强,可出现中度颠簸,云中含过冷水滴较多,易使直升机积冰。冷性低云云高在 600~1 200 m,云厚由数百米至三千米,云顶起伏不平,云中能见度常小于 100 m,但云上能见度好,且多为少云天气。

10.4.4　海上飞行应注意的问题

直升机海上飞行与陆地飞行有许多不同之处:

① 海上中低空飞行时的环境比陆地飞行时阴暗,天空、海上都是蓝色,天地线不易分辨。

② 海上飞行目视判断飞行高度困难,易偏低。曾发生过误将实际飞行高度 2 000 m 当成 400 m 的情况。

③ 海上飞行时发动机声音发闷，习惯于陆地飞行的空勤人员会误认为发动机出现故障，其实这是发动机声音大量被海水吸收所致。

④ 海上缺少地标，目测困难，且无备降场（水上直升机除外）。

⑤ 海上飞行环境单调，空勤人员易感到疲劳。

⑥ 海上水汽充足，易出现高度极低的层云，云下能见度又差，往往限制了低空飞行活动，对沿海地区的飞行有很大影响。

⑦ 海雾能把广大海面及各种目标掩盖起来，给海上飞行带来困难。

为了飞行安全，在起飞前，空勤人员必须了解海上飞行区域的天气实况及天气预报，时刻掌握和正确判断海上天气。

第 11 章 常用航空气象图表和资料

航空活动需要气象保障,飞行前,必须对航站及航线上现在的和即将出现的飞行气象条件有全面的了解,而所有这些都来自天气分析。

在掌握了基本的航空气象知识后,要学会分析所得到的气象图表和资料,以便掌握飞行区域内现在的天气,并估计出天气变化的大概趋势。一般常使用的气象图表有地面天气图、雷达回波图和卫星云图等。气象资料必须包括最新的天气报告和预报,这就要求飞行人员和航空勤务保障人员能看懂各种天气图表,能翻译各种天气报告和预报电报,并且要熟悉气象部门提供航空气象服务的程序及方式。

11.1 天气图

天气图是填有各地同一时刻气象观测记录的特种地图,它能描述某一时刻一定区域范围内的天气情况。天气图上的气象观测记录,由世界各地的气象站用接近同规格的仪器和统一的规范,在相同时间观测后迅速集中而得。天气图能显示各种天气系统和天气现象的分布及其相互关系,是分析判断天气变化的重要依据之一。天气图主要有地面天气图和高空天气图。按天气图图面范围的大小,有全球天气图、半球天气图、洲际天气图、国家范围的天气图和区域天气图等。

11.1.1 地面天气图

地面天气图是用地面观测资料绘制的,是用于分析地面天气系统和大气状况的图。在地面天气图上,各气象站点的相应位置用数值或符号填写该站某时刻的地面气象观测资料。它既能直接反映近地面的天气情况(如气温、气压、风、能见度、天气现象等),又能反映一些空中的天气情况(如云量、云状、云高等),同时还可以看出地面天气系统和天气现象的分布。通过连续的几张地面天气图可以看出天气现象的演变过程,所以它是一种最基本的天气图。

地面天气图通常每天绘制 4 次,分别在北京时间 02 时、08 时、14 时、20 时(即世界时 18 时、00 时、06 时、12 时)进行绘制;高空天气图通常一天绘制两次,在北京时间 08 时、20 时(即世界时 00 时和 12 时)进行绘制。

1. 地面天气图的填图格式

地面天气图单站填图内容和格式如图 11-1 所示。图中间的圆圈表示测站,它的位置就是气象站的地理位置,所填的各气象要素与站圈的相对位

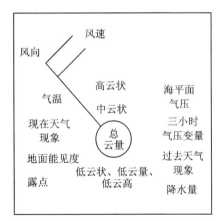

图 11-1 地面天气图单站填图内容和格式

置都是固定的。各项目的含义和表示方法说明如下。

(1) 总云量

总云量为 10 分制云量,以表 11-1 中的符号表示。其中 10^- 表示总云量大于 9,但天空有云隙;10 则表示天空满云。

表 11-1 总云量符号

总云量	符 号	总云量	符 号
无 云	○	6	◐
1 或小于 1	◐	7～8	◕
2～3	◔	9～10$^-$	◕
4	◐	10	●
5	◐	不明	⊗

(2) 高云状、中云状、低云状

高云状、中云状和低云状以符号表示。表 11-2 中列举了主要云状的符号。

表 11-2 云状符号

符 号	低云状	符 号	中云状	符 号	高云状
不填	没有低云	不填	没有中云	不填	没有高云
⌒	淡积云	╱	透光高层云	⌐	毛卷云
△	浓积云	╱	蔽光高层云或雨层云	⌐	密卷云
⌂	秃积雨云	ω	透光高积云	⌐	伪卷云
○	积云性层积云或向晚层积云	∠	荚状高积云	?	钩卷云,有系统侵盖天空
∪	层云(非积云性层积云或向晚层积云)	⌒	成带或成层的透光高积云,有系统侵入天空	⌐	卷层云(或伴有卷云)系统侵盖天空,高度角不到 45°
─	层云或碎层云	⋈	积云性高积云	2	卷层云(或伴有卷云)系统侵盖天空,高度角超过 45°
---	碎雨云	∽	复高积云或蔽光高积云,或高层云、高积云同时存在	⌣	布满天空的卷层云
⋈	不同高度的积云和层积云	M	堡状或絮状高积云	⌣	未布满天空的卷层云
⋈	砧状积雨云	∽	混乱天空的高积云	⌣	卷积云

(3) 低云量

低云量以 10 分制的实际云量数表示。例如,在图上填写 6,则表明低云量为六成。

(4) 低云高

低云高以数字表示，单位为米。

(5) 气温和露点

气温和露点以数字表示，单位为摄氏度。气温和露点在零度以下，在数字前面有"一"号。例如，在图上气温位置填写 15，则表明气温为 1.5 ℃；在图上填写 -210，则表明气温为 -21.0 ℃。

(6) 现在天气现象

现在天气现象是指观测时或观测前 1 h 内该气象站出现的天气现象。表 11 - 3 中列举了几种主要的天气现象符号。

表 11 - 3 主要的天气现象符号

符号	含义	符号	含义	符号	含义
不填	云的发展情况不明		云在消散，变薄		天空状况大致无变化
	云在发展，增厚		烟幕		霾
	浮尘		测站附近有扬沙		观测时或观测前 1 h 内视区内有尘卷风
	轻雾		有片状或带状浅雾		层状的浅雾
	闪电		视区内有降水，但未降到地面		视区内有降水，但距离较远（5 km 以外）
	视区内有降水，离测站较远（5 km 以内）		闻雷，但测站无降水		观测时或观测前 1 h 内有飑
	观测时或观测前 1 h 内有龙卷		观测前 1 h 内有毛毛雨		观测前 1 h 内有雨
	观测前 1 h 内有雪		观测前 1 h 内有雨夹雪		观测前 1 h 内有毛毛雨或雨，并有雨凇
	观测前 1 h 内有阵雨		观测前 1 h 内有阵雪或阵性雨夹雪		观测前 1 h 内有冰雹或冰粒，或霰（或伴有雨）
	观测前 1 h 内有雾		观测前 1 h 内有雷暴（或伴有降水）		轻度到中度沙尘暴，过去 1 h 内减弱
	轻度或中度的沙尘暴，过去 1 h 内无变化		轻度到中度沙尘暴，过去 1 h 内增强		强的沙尘暴，过去 1 h 内减弱
	强的沙尘暴，过去 1 h 内无变化		强的沙尘暴，过去 1 h 内增强		轻度到中度的低吹雪
	强的低吹雪		轻度或中度高吹雪		强的高吹雪
	近处有雾，但过去 1 h 内测站没有雾		散片的雾（呈带状）		雾，过去 1 h 内变薄，天空可辨
	雾，过去 1 h 内变薄，天空不可辨		雾，过去 1 h 内无变化，天空可辨		雾，过去 1 h 内无变化，天空不可辨

续表 11-3

符号	含义	符号	含义	符号	含义
	雾,过去1h内变浓,天空可辨		雾,过去1h内变浓,天空不可辨		雾,有雾凇,天空可辨
	雾,有雾凇,天空不可辨		间歇性轻毛毛雨		连续性轻毛毛雨
	间歇性中常毛毛雨		连续性中常毛毛雨		间歇性浓毛毛雨
	连续性浓毛毛雨		轻毛毛雨并有雨凇		中常或浓毛毛雨并有雨凇
	轻毛毛雨夹雨		中常或浓毛毛雨夹雨		间歇性小雨
	连续性小雨		间歇性中雨		连续性中雨
	间歇性大雨		连续性大雨		小雨并有雨凇
	中或大雨并有雨凇		小雨夹雪或毛毛雨夹雪		中常或大雨夹雪,或中常或浓毛毛雨夹雪
	间歇性小雪		连续性小雪		间歇性中雪
	连续性中雪		间歇性大雪		连续性大雪
	冰针(或伴有雾)		米雪(或伴有雾)		孤立的星状雪晶(或伴有雾)
	冰粒		小阵雨		中常或大的阵雨
	强的阵雨		小的阵雨夹雪		中常或大的阵雨夹雪
	小阵雪		中常或大的阵雪		少量的阵性霰或小冰雹,或有雨,或有雨夹雪
	中常量或大量的阵性霰或小冰雹,或有雨,或有雨夹雪		少量的冰雹,或有雨,或有雨夹雪		中常量或大量的冰雹,或有雨,或有雨夹雪
	观测前1h内有雷暴,观测时有小雨		观测前1h内有雷暴,观测时有中常或大雨		观测前1h内有雷暴,观测时有小雪,或雨夹雪或霰,冰雹
	观测前1h内有雷暴,观测时有中雪或大雪,或雨夹雪,或霰,或冰雹		小或中常的雷暴,并有雨或雨夹雪或雪		小或中常的雷暴,有冰雹,或霰,或小冰雹
	大雷暴,并有雨或雪或雨夹雪		大雷暴,并有冰雹或霰或小冰雹		雷暴伴有沙(尘暴)

(7) 地面能见度

地面能见度以数字表示,单位为 km。例如,在图上填写 10,则表明地面能见度为 10 km;在图上填写 0.5,则表明地面能见度为 500 m。

(8) 海平面气压

海平面气压以百帕数(hPa)表示,省略了气压的百位数和千位数,且最后一位是小数。例如,若海平面气压为 1 015.2 hPa,则在图上只填 152;若海平面气压为 998.4 hPa,则在图上只填 984。

(9) 三小时气压变量

三小时气压变量用百帕数表示,最后一位为小数。数字前若标有"＋"号,则表示气压是上升的;数字前若标有"－"号,则表示气压是下降的。

(10) 过去天气现象

过去天气现象是指观测前 6 h 或 3 h 内出现的天气现象。

(11) 降水量

降水量是指观测前 6 h 内的降水量。

(12) 风向风速

风向以矢杆表示,矢杆方向指向站圈,表示风的来向。风速以矢羽表示,矢羽与矢杆垂直,一短划表示风速 2 m/s,一长划表示风速 4 m/s,一个三角旗表示风速 20 m/s。表 11－4 列出了部分风速符号及其相应的风速。其他风速符号可类推。

表 11－4 风速符号

单位:m/s

符 号	风 速	符 号	风 速
	0		5～6
	1		7～8
	2		19～20
	3～4		49～50

下面举例说明。图 11－2 为已填好的一个测站记录。从中可以看出:该站上空总云量为 9～10⁻,高云状为毛卷云,中云状为透光高积云,低云状为层积云,低云量为 5,低云高为 1 500 m,

风向东南,风速为 2 m/s,现在天气现象为烟幕,地面能见度为 4 km,气温为 2.1 ℃,露点为 1.6 ℃,海平面气压为 1 008.1 hPa,最近 3 h 内气压下降 2.1 hPa。

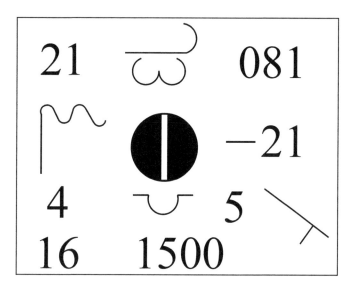

图 11-2　某测站记录

2. 地面天气图的分析项目和表示方法

(1) 等压线和气压系统

等压线是地面天气图上气压相等的点的连线,它用黑色实线表示,在亚欧、东亚、中国区域图上,每隔 2.5 hPa 绘制一条等压线,其等压线的数值规定为 1 000 hPa、1 002.5 hPa、1 005.0 hPa 等,其余依此类推。

分析了等压线后,就能清楚地看出气压在海平面上的分布情况。由闭合等压线构成的高压中心标有蓝色"高"字,其下部注有最高中心气压值;低压中心标有醒目的红色"低"字,其下部注有最低中心气压值;台风中心标有红色"台"符号,如图 11-3 所示。

(2) 三小时变压中心

连接 3 h 气压变化相等的点的连线称为等三小时变压线,一般是将 3 h 正变压或负变压较大的地区用等三小时变压线圈出,称为三小时变压中心。等三小时变压线用蓝色虚线绘制,每隔 1 hPa 绘制一条。但在某些很强烈的三小时变压中心周围,当等三小时变压线很密集时,可每隔 2 hPa 绘制一条。在气压变化不大(小于 1 hPa)时,可只分析零值变压线。每条线的两端要注明该线的百帕数和正负号。正变压中心标出蓝色"+"号和中心值;负变压中心标出红色"-"号和中心值。中心标出该范围内的最大变压值的数值,包括第一位小数在内,如图 11-4 所示。

3 h 内的气压变化反映了气压场的最近变化状况,使人们能分析出天气系统的变化趋势。

(3) 天气区

为了使某些主要天气现象分布状况更加醒目,可用不同色彩和符号将其标出。表 11-5 列出了几种主要天气区的标注方法。

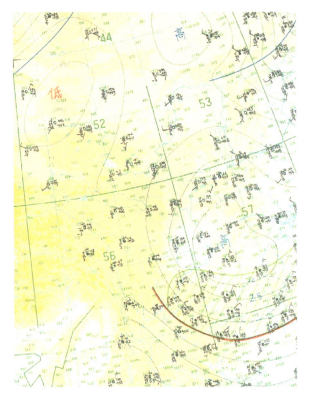

图 11-3 地面天气图上的等压线

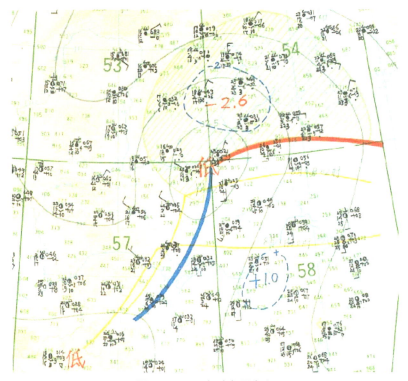

图 11-4 三小时变压中心

表 11-5 主要天气区标注方法

天气现象	成 片	零 星	颜 色
雨	 ⊙	 ///	绿色
毛毛雨	⊙	 ,	绿色
阵雨	 ⊙	 ▽	绿色
雪	 ✲	 ✳	绿色
阵雪	 ⊙	 ▽	绿色
雷暴冰雹	 ⊙	 ⚡	红色
雾	○	≡	黄色
沙暴	 ⊙	S	棕色
大风	 ⊙	F	棕色

(4) 锋 线

锋线常用彩色实线表示,单色图上用黑粗线加符号表示。表 11-6 列出了几种常见锋线的符号。

表 11-6 锋线的符号

锋的种类	彩色图上的符号	单色图上的符号
暖锋	 ——— (红)	 ━●━●━
冷锋	 ——— (蓝)	 ━▼━▼━
准静止锋	 ——— (红蓝)	 ━●━▼━
锢囚锋	 ——— (紫)	 ━▲━▲━

11.1.2 高空天气图

因为天气现象是发生在三维空间里的,所以单凭一张地面天气图来分析天气,显然是不够的。为了详细观察三维空间的天气情况,除了要分析地面天气图外,还要分析空中等压面图(简称高空图),即填有某一等压面上气象记录的高空天气图。

1. 等压面图的概念

空间气压相等的点组成的面称为等压面。由于同一高度上各地的气压不可能都相同,所以等压面不是一个水平面,而是一个像地形一样起伏不平的面。

(1) 空中等压面的表示

等压面的起伏形势可采用绘制等高线的方法表示出来。具体地说,将各站上空某一等压面所在的高度值填在图上,然后连接高度相等的各点,这样连成的线称为等高线。从等高线的分布即可看出等压面的起伏形势。如图 11-5 所示,p 为等压面,H_1,H_2,…,H_5 为厚度间隔相等的若干水平面,它们分别和等压面相截(截线以虚线表示)。因每条截线都在等压面 p 上,故所有截线上各点的气压均等于 p,将这些截线投影到水平面上,便得出 p 等压面上距海平面分别为 H_1,H_2,…,H_5 的许多等高线,其分布情况如图 11-5 的下半部分所示。从图 11-5 中可以看出,和等压面凸起部位相对应的是一组闭合等高线构成的高值区,高度值由中心向外递减;和等压面下凹部位相对应的是一组闭合等高线构成的低值区,高度值由中心向外递增。从图 11-5 中还可以看出,等高线的疏密同等压面的陡缓相对应。等压面陡峭的地方(如图中 A、B 处),相应的 A'、B' 处等高线密集;等压面平缓的地方(如图中 C、D 处),相应的 C'、D' 处等高线就比较稀疏。

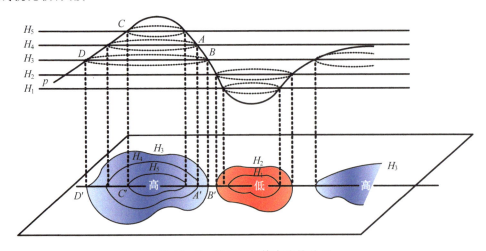

图 11-5 等压面与等高线的关系

(2) 等压面附近水平面上的气压分布

分析等压面图的目的是了解空间气压场的情况。等压面的起伏不平现象实际上反映了等压面附近的水平面上气压分布的高低。例如,在图 11-6 中,有一组气压值为 p_1、p_0、p_{-1} 的等压面和高度为 H 的水平面。因为气压总是随高度而降低的,所以气压值小的等压面总是在上面,p_{-1} 等压面在最上面,而 p_1 等压面在最下面。在高度为 H 的水平面上,A 点处的气压

(p_1)最高，B点处的气压(p_{-1})最低，所以p_0等压面在A点上空是凸起的，而在B点处是下凹的。由此可知，同高度上气压比四周高的地方，其附近等压面的高度也较四周高，表现为向上凸起，而气压高得越多，等压面凸起得也越厉害(如A点处)。同高度上气压比四周低的地方，等压面高度也较四周低，表现为向下凹陷，而且气压越低，等压面凹陷得也越厉害(如B点处)。因此，通过等压面图上的等高线的分布，就可以知道等压面附近空间气压场的情况。高度值高的地方气压高，高度值低的地方气压低，等高线密集的地方表示水平气压梯度大，由此可推出其附近水平面上气压的高低及风的情况。

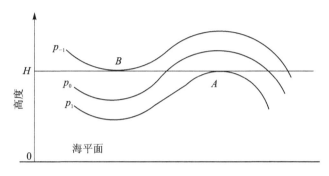

图 11-6　等压面的起伏与水平面上的气压分布

需要说明的是，这里用的高度不是几何高度，而是位势高度。位势高度是指单位质量气块在某高度上(离海平面)具有的重力位能(即位势)，在米、千克、秒单位制中，位势高度的单位是 J/kg。为了计算方便，气象上取 9.81 J/kg 作为位势高度的一个新单位，叫位势米。如果用 H 表示位势米，在较小的垂直范围内，考虑重力加速度随高度变化不大，则有 $H \approx Z$，即位势米在数值上与几何米相近，以位势米为单位的位势高度也与以几何米为单位的高度相近。等位势高度面实际上就是真正的水平面，而等几何高度面则不是，这就是气象上采用位势高度的原因。

等压面在空中呈起伏不平的形势，但每一等压面都大致对应一固定高度。日常分析的等压面图有以下 5 种：

① 850 hPa 等压面图，其海拔高度约为 1 500 m。
② 700 hPa 等压面图，其海拔高度约为 3 000 m。
③ 500 hPa 等压面图，其海拔高度约为 5 500 m。
④ 300 hPa 等压面图，其海拔高度约为 9 000 m。
⑤ 200 hPa 等压面图，其海拔高度约为 12 000 m。

通过分析与飞行高度相对应的等压面图，便可以了解到航线上的气压和空中风的分布情况。

2. 等压面图的填图格式及内容

各测站在等压面图上填有气温、露点差、风向、风速以及等压面高度，如图 11-7 所示。其中：气温、风的读取与地面图单站中的气温与风的读取方法相同。当露点差≥6 ℃时，填整数，其余则要填整数和小数点后一位数。位势高度填写三位数字，在 850 hPa 和 700 hPa 图上以位势米为单位，850 hPa 省略了千位数 1，700 hPa 省略了千位数 2 或者 3；500 hPa 以上以位势什米(1 位势什米＝10 位势米)为单位。

如图 11-8 所示是两个实例：图 11-8(a)为 700 hPa 等压面图，气温为 0.4 ℃，露点差为 5.2 ℃，等压面高度是 3 340 位势米，风向约 300°，风速为 5～6 m/s；图 11-8(b)为 500 hPa 等压面图,气温为 -18 ℃,露点差为 3.5 ℃,等压面高度为 5 800 位势米,风向为 210°,风速为 25～26 m/s。

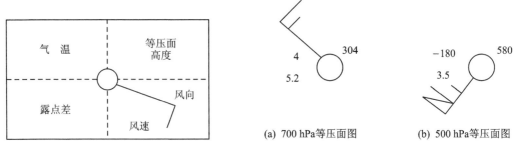

图 11-7 等压面图填图格式　　　　图 11-8 等压面图单站举例

3. 等压面图的分析项目

(1) 等高线

等高线是等压面上位势高度相等的点的连线,用黑色实线表示。等高线一般间隔 4 位势什米分析一条。因为等压面的形势可以反映出等压面附近水平面上气压场的形势,而等高线的高(低)值区对应于水平面上的高(低)气压区。所以,等压面上风与等高线的关系和地面天气图上风与等压线的关系一样适合地转风关系。由于高空空气受地面摩擦的影响很小,因此等高线基本和高空气流的流线一致。

等高线和地面天气图上的等压线相似,它可以分析出高压、低压、槽、脊等气压系统的分布情况。高压、低压中心的标注方法与地面天气图相同,但不标注中心数值。

(2) 等温线

等温线是等压面图上气温相等的各点的连线,用红色实线表示,每隔 4 ℃ 分析一条,例如 -4 ℃、0 ℃、4 ℃ 等温线等。所有等温线两端须标明温度数值。气温比四周低的区域称冷中心,标有蓝色"冷"或"C"字;气温比四周高的区域称暖中心,标有红色"暖"或"W"字。

(3) 槽线和切变线

槽线和切变线在空中等压面图上都用棕色实线表示。

(4) 温度平流

由于冷暖空气的水平运动而引起的某些地区增暖或变冷的现象,称为温度的平流变化,简称温度平流。气流由冷区流向暖区,使暖区气温降低,称冷平流;气流由暖区流向冷区,使冷区气温升高,称暖平流。

由于等压面图上等高线的分布决定了空气的流向,因此根据等高线和等温线的配置情况就能判断温度平流的性质和大小。如图 11-9(a)所示,等高线与等温线成一交角,气流由低值等温线(冷区)吹向高值等温线(暖区),这时就有冷平流。显然,在此情况下,空气所经之处气温将下降。图 11-9(b)所示的情况恰好与图 11-9(a)所示情况相反,气流由高值等温线区(暖区)吹向低值等温线区(冷区),因而有暖平流。在此情况下,空气所经之处,气温将上升。图 11-9(c)中 AA′ 线所在区域的等温线和等高线平行,此区内既无冷平流,又无暖平流,即温度平流为零。AA′ 线两侧的区域温度平流不等于零,其东侧为暖平流,西侧为冷平流。AA′ 正好是冷平流和暖平流的分界线,因此称为平流零线。

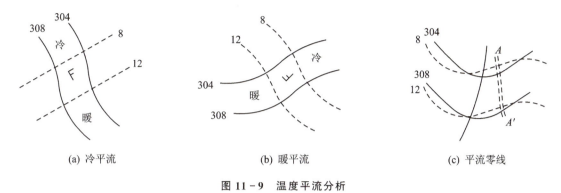

(a) 冷平流　　　　　(b) 暖平流　　　　　(c) 平流零线

图 11-9　温度平流分析

可见,只要等高线与等温线有交角,就有温度平流,如果二者平行,则温度平流为零。温度平流的强度显然与等高线和等温线的疏密程度以及二者交角的大小有关。若其他条件相同,等高线越密,则风速越大,平流强度也越大;若其余条件相同,等温线越密,说明温度梯度越大,则平流强度也越大;若其他条件相同,等高线与等温线的交角越接近 90°,则平流强度也越大。

掌握了判断温度平流的方法,不仅可以直接判断气温的变化,而且还可以根据气温的变化来进一步推断气压场的变化,这对掌握天气变化有重要意义。

(5) 湿度场

在等压面图上填的露点差,可以大概表示空气的饱和程度,由各地的露点差,即可了解湿度的分布。如果需要了解得详细一些,那么也可以画些等值线,像判断温度平流一样判断湿度平流。

等压面图用于分析高空天气系统和大气状况。从图上可以了解各高度天气系统及其变化情况。再与地面天气图以及其他资料配合,可以全面了解、掌握天气系统的发生、发展和天气演变。常用的等压面图的比例尺为二千万分之一,范围为亚欧地区。图次为每天两次,分别为 08 时、20 时(北京时间)。

除地面天气图和空中等压面图以外,天气图还包括小区域地面天气图、物理量诊断分析图、辅助天气图、变压图、剖面图等。天气图能展示各种天气系统和天气现象的分布及其相互关系,是分析天气变化、制作天气预报的基本工具,也是为飞行活动提供所需气象要素值和天气情况的基本工具。

11.2　气象雷达回波图

雷达,是英文词组 Radio detection and ranging 的缩写"Radar"的音译,意为无线电探测与测距,也就是用无线电的方法发现空间目标并测定其位置。天气雷达的工作波长为 3~5 cm,仅对较大的降水粒子有效,这一点同卫星气象探测有明显不同。卫星观测所用的波长比天气雷达所用的波长小得多,对非常小的云粒子很敏感。因此,雷达和卫星两种图像可以相互补充,为天气分析和预报提供详细的资料。利用气象雷达不但可以探测出降水区域的分布,而且还可以探测出机场附近及航线上的雷暴、湍流与冰雹,从而引导直升机安全地飞过这些区域,这对保障飞行安全有重要的意义。目前,气象雷达已成为探测云雨等天气最有效和最基本的装备之一。本节主要介绍雷达的探测原理、各种回波的识别以及雷达图像的分析。

11.2.1 雷达探测基本知识

1. 雷达探测的原理

雷达以向空间发射电磁波、检测目标回波的方式来判断目标是否存在和发现目标空间位置。

雷达的工作原理如图11-10所示,从图中可以看出,雷达主要由天线、收发开关、发射机、接收机、显示器和图像处理系统6个部分组成。其工作过程是:发射机产生的高频大功率射频脉冲,通过天线转换成电磁波并定向发射出去;电磁波在以光速传播的过程中遇到的雨滴、冰粒、云滴等气象目标,对照射的电磁波产生散射和吸收;目标散射的电磁波分布在各个方向上,处在雷达接收机方向上的散射波被称为后向散射波,即目标的回波;目标的回波以光速沿着和发射波相反的方向传播到雷达的接收天线,并被送到接收机。从功率的角度上讲,回波信号仅仅是散射能量中很小的一部分,比发射信号的能量要小得多。对于如此微弱的回波信号,人们无法直接地去认识其中的信息,必须经过接收机中各级放大器和信号变换电路把它放大到100万倍以上,人们才可以识别它。因此,雷达接收机的任务是对回波信号进行放大和变换,以满足雷达显示器正常工作时的要求,在荧光屏上显示出气象目标回波图像。图像处理系统的计算机,可对气象回波信号进行数字化处理,在荧光屏上显示出以彩色表示的不同强度的回波图像,以及地理标志和探测时间等有关的雷达参数。

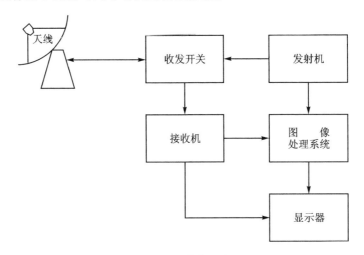

图11-10 雷达的工作原理

2. 气象雷达的种类

用于进行气象探测的雷达叫气象雷达。根据其用途的不同可以分为4类:

(1) 天气雷达

天气雷达,又称测雨雷达,主要用于探测降水的发生、发展和移动,并以此来跟踪降水系统。天气雷达的工作波长为3~5 cm,它能探测200~400 km范围内的降水和积雨云等目标,测定其垂直和水平分布、强度、移动方向、速度和发展演变趋势,发现和跟踪天气图上不易反映出来的中小尺度系统。因此,天气雷达是临近和短期天气预报以及航空气象保障工作中的一种有力工具。

(2) 测云雷达

测云雷达主要是用以探测未形成降水的云层高度、厚度以及云中物理特性的气象雷达。测云雷达和测雨雷达的工作原理相似,它是利用云滴对电磁波的散射作用来测定云底、云顶高度和云的层次的。因为云滴直径很小,所以测云雷达选用比较短的波长,但云滴和雨滴之间并没有一个明显的界限。实际探测工作显示,测雨雷达也能够测到一些云滴较大、浓度较高的云。

(3) 多普勒气象雷达

多普勒气象雷达是利用多普勒效应来测量云和降水粒子相对于雷达的径向运动速度的气象雷达。它除具有一般天气雷达的功能外,还可以测出各方向和各高度上的风向、风速、垂直气流速度、湍流和强的风切变、云雨滴谱等,特别是在监测雷暴、冰雹、下击暴流、龙卷等航空危险天气方面十分有效。

(4) 机载气象雷达

机载气象雷达是供飞行人员在飞行中探测航线上的积雨云、雷暴等危险天气的雷达。它仅仅能有效探测那些含有大小水滴的"湿性"气象目标。屏幕采用彩色平面位置显示,如直升机机载 JYL-6C 气象雷达,以红、黄、绿、黑显示气象目标图像。

3. 雷达的显示

雷达显示器的作用是把目标的回波信号显示在荧光屏上,直接测定目标的大小、位置、强度和性质等。天气雷达常用的显示方式有平面位置显示和距离高度显示两种方式。

平面位置显示器:简称平显(PPI),可直观地确定以测站为中心、一定距离内气象目标的范围和强度的装置。

距离高度显示器:简称高显(RHI),可确定某一方向气象目标距测站的距离和气象目标的垂直结构的雷达装备。

由于雷达技术的发展,现代气象雷达都已采用彩色显示。根据目标对雷达波的反射率,可将不同强度的回波分为若干色调,如我国普遍使用的 714 系列天气雷达就将雷达反射率因子 $0\sim75$ dBZ[①] 分为从深蓝色到深红色共 15 种颜色。

11.2.2 雷达回波的识别

云和降水能反射电磁波,山地、建筑物、飞机、舰船、海浪也能反射电磁波,飞鸟、昆虫也能反射或散射回一定的电磁波,这些电磁波均可能被雷达接收机所接收,并在雷达显示器上显示出来。此外,由于晴空大气的某些性质,以及雷达本身性能等原因,也会在雷达荧光屏上出现一些非气象回波和虚假回波。因此,在雷达探测中,荧光屏上出现的回波是多种多样的,大致可分为气象回波和非气象回波两类。

非气象回波的形成主要是由地物、飞机等非气象目标对电磁波的反射,以及由于雷达的性能而引起的虚假回波。但在这类回波中,有些回波的出现也与气象条件有关,如海浪回波的强

---

① "Z"是雷达反射因子,与雨滴谱直径六次方成正比,单位是 mm^6/m^3;"dB"是分贝,也可以理解为一个运算符号;dBZ 和 Z 的换算关系是:$dBZ=10lg(Z)$。

弱就与海上大风强度有关。可根据晴天接收到的回波图制作地物杂波图,在以后的雨日观测时去掉杂波区的测值,然后利用周围区域的资料来内插,最后得到气象回波。

气象回波是由大气中云、降水中的各种水汽凝结物对电磁波的反射和大气中气温、气压、湿度等气象要素剧烈变化而引起的回波。在雷达探测中,人们主要关心的是气象回波的识别、分析和研究,以期取得有关未来天气演变的信息。

1. 降水回波

(1) 层(波)状云降水回波特征

在平面位置显示器上,层(波)状云降水回波的范围较大,显绿色,呈比较均匀的片状,边缘发毛,破碎模糊。若在大范围的弱降水中含有强降水中心时,则形成片絮状回波,中间有黄色或红色,如图 11-11 所示。

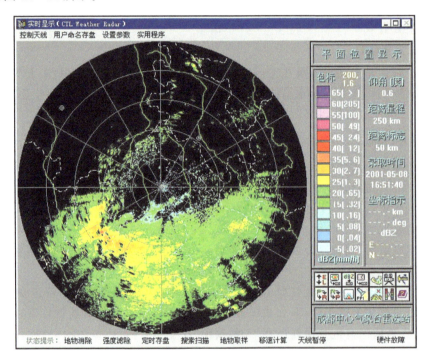

图 11-11　层(波)状云降水回波的平面位置显示

在距离高度显示器上,层(波)状云降水回波高度不高,顶高一般 5~6 km,随地区和季节有所不同。回波顶比较平坦,没有明显的对流单体突起,如图 11-12 所示。

(2) 一般对流云降水回波特征

在平面位置显示器上,一般对流云降水回波呈块状、尺度较小,从几千米到几十千米,内部结构密实,边缘清晰,黄色和红色的区域呈块状或点状分散在蓝色和绿色的区域中,如图 11-13 所示。

在距离高度显示器上,一般对流云降水回波呈柱状,底部及地,顶部较高,在彩色图上,中心是黄色和红色的,如图 11-14 所示。一些强烈发展的单体,回波顶常呈砧状或花菜状。还有一些强烈发展的对流云,在发展成熟阶段但降水还未落到地面前,常呈纺锤状,中间为明亮的红色。

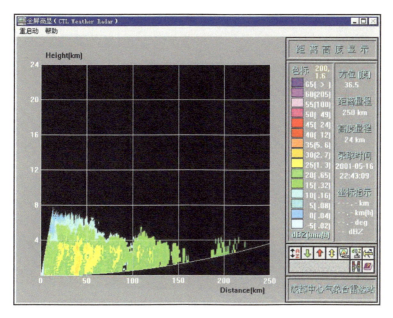

图 11-12　层(波)状云降水回波的距离高度显示

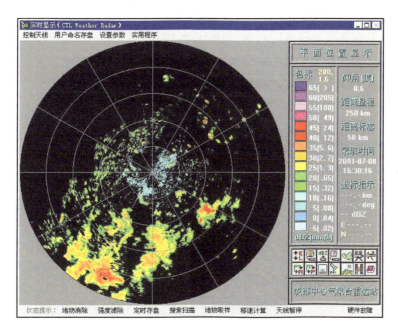

图 11-13　一般对流云降水回波的平面位置显示

(3) 混合性降水回波特征

混合性降水回波常表现为层状云降水回波和对流云降水回波的混合特征。它往往与高空低槽、低涡、切变线和地面静止锋等天气形势相联系,回波外形呈棉絮状。在平面位置显示器上,它的回波范围较大,回波边缘支离破碎,没有明显的边界,回波中夹杂着结实的团块,为黄色和红色,如图 11-15 所示。

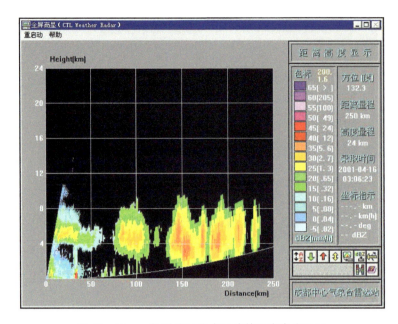

图 11-14　一般对流云降水回波的距离高度显示

在距离高度显示器上,混合性降水回波顶部高低起伏,峰部常达到雷雨云的高度,而较低的平坦部分一般只有连续性降水的高度,如图 11-16 所示。

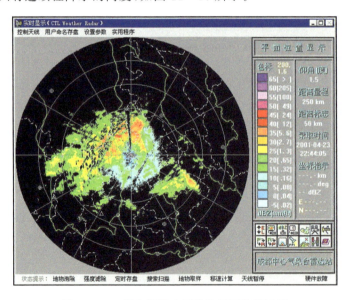

图 11-15　混合性降水回波的平面位置显示

(4) 强对流降水回波特征

强对流降水回波对应的是强雷暴天气,包括超级单体风暴、多单体风暴和飑线。强对流降水中常伴有冰雹、龙卷、下击暴流等灾害性天气。

在雷达平面位置显示器上,强对流降水回波表现为强度很大,边缘呈格外分明的块状的大片橘红色、红色甚至紫色的强回波,如图 11-17 所示。

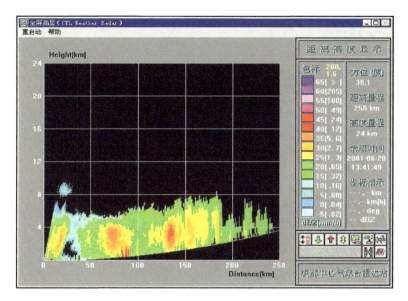

图 11-16 混合性降水回波的距离高度显示

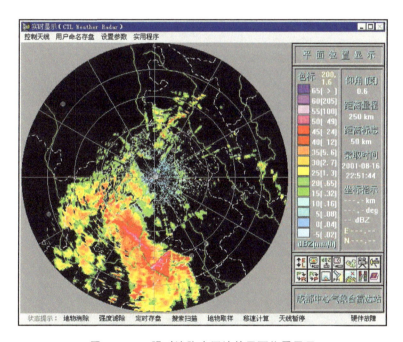

图 11-17 强对流降水回波的平面位置显示

在距离高度显示器上,通常强对流降水回波柱粗大、高耸、陡直,并且上大下小,呈纺锤状,如图 11-18 所示。在强对流云内上升气流的部位,呈现弱回波穹窿。

强对流降水回波还有一些特殊形状,如图 11-19 所示。在平面位置显示器上,回波远离雷达的一侧(或上升气流流入一侧),有时出现"U"形的无回波缺口;强对流回波的一侧,有时伸出强度较大、边缘轮廓分明、但尺度较小的指状回波或钩状回波,它通常位于云体回波移动方向的右侧或右后侧。

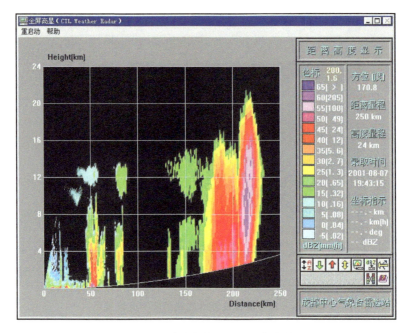

图 11-18　强对流降水回波的距离高度显示

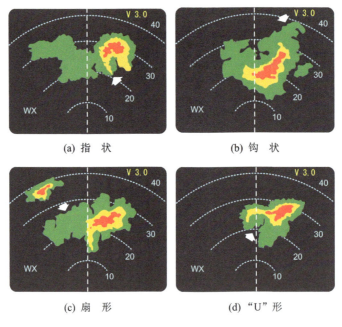

(a) 指　状　　　　　　　　(b) 钩　状

(c) 扇　形　　　　　　　　(d) "U" 形

图 11-19　强对流降水回波的特殊形状

2．机载气象雷达回波

机载气象雷达探测的是航路前方及左右扇形区域内的天气，并能显示出气象目标的平面分布图像及它们相对于飞机的方位。机载气象雷达主要测降水区、湍流区（多普勒气象雷达），还可用于观察飞机前下方的地形，以及用作雷达导航信标等。

彩色气象雷达用象征性的颜色来表示降雨率不同的区域。一般绿色表示小雨区,黄色表示中雨区,红色表示大雨区,紫色或粉红色表示湍流区域,如图 11-20 所示。

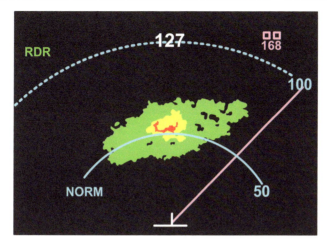

图 11-20　机载气象雷达回波显示

使用机载气象雷达应注意以下问题:

① 在较高的高度层上飞行时天线的调整:在天线俯仰旋钮置于 0°的情况下,波束所照射到的巡航高度层中的干性冰雹区域一般不会形成很强的雷达回波;将天线略微下俯,可使波束照射到较低高度上已融化的冰雹及大雨区,在屏幕上产生强烈的红色图像。

② 应避免因选用较短显示距离而使飞机进入所谓的盲谷区域。如果只选用较小的显示距离,很难保证有足够的时间和安全距离避开已临近的恶劣天气区。

③ 机载气象雷达是帮助飞行员避开危险气象区域的,而不是用来帮助穿过这些区域的,并且不能保证避开所有危险天气区。另外,不可把机载气象雷达的显示图像作为地形回避和空中防撞的依据。

11.3　卫星云图

利用天气图预报天气的方法虽然历史悠久、方法简便,但地面天气图上的资料是不全面的,大洋中部、沙漠、南北极地等区域的资料十分稀少,给天气分析和预报带来巨大的问题,这个问题在气象卫星出现以后得到了解决。

携带各种观探测仪器,从空间对地球进行气象观测的人造地球卫星称为气象卫星。它可以提供包括海洋、高原、沙漠、极地等全球范围的气象资料,可连续监视大范围的天气变化。气象卫星可以观测一些难以观测的资料,如云顶高度、海面温度、高空风场、臭氧分布等。对于一些在常规天气图上分析不出来的生消较快的中、小尺度天气系统,在卫星云图上可以清晰地观察到。卫星云图在航空天气预报中有着重要的作用,因此,学会识别和分析卫星云图对于直升机飞行人员了解和判断天气情况有重要的意义。

11.3.1　气象卫星简介

目前使用的气象卫星按绕地球运行轨道可分为极轨气象卫星和地球同步气象卫星两类。

1. 极轨气象卫星

极轨气象卫星环绕地球两极附近运行,轨道平面与赤道平面夹角(倾角)为 90°左右,航道平面始终和太阳保持相对固定的取向,极轨气象卫星几乎在同一地方时经过各地上空,所以又称太阳同步极轨卫星。由于极轨气象卫星在固定的轨道上运行,地球不停地自西向东旋转,因此当极轨气象卫星绕地球一圈,地球也相应地向东转过一定角度,从而使极轨气象卫星能周期性地观测地球上空每点的气象资料,实现了极轨气象卫星的全球观测,如图 11 - 21 所示。

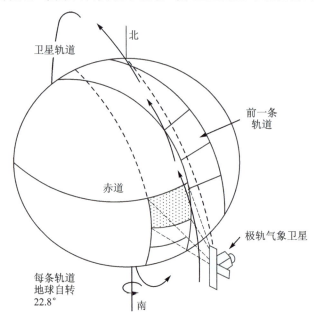

图 11 - 21 极轨气象卫星工作示意图

2. 地球同步气象卫星

这类卫星又被称为静止卫星,它位于赤道上空,如图 11 - 22 所示,其轨道平面与赤道平面重合,运行周期和地球自转周期相等。从地球上看,它静止在赤道某经度上空。

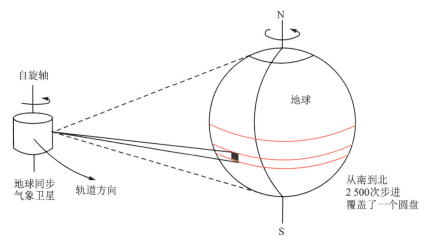

图 11 - 22 地球同步气象卫星工作示意图

11.3.2 卫星云图的种类

常用的卫星云图有3种:气象卫星通过携带的电视照相仪和扫描辐射仪分别在可见光波段和红外波段感应地球和大气的光辐射,获得两种云图,即可见光云图和红外云图;气象卫星选用水汽吸收谱段接收大气中水汽发射的辐射,可得到水汽图。本节仅介绍可见光云图和红外云图。

1. 可见光云图(VIS)

气象卫星在可见光波段感应地面和云面对太阳光的反射,并把所得到的信号表示为一张平面图像,这就是可见光云图。由于不同性质的下垫面、不同类型的云面对太阳辐射有不同的反照率,相应地在云图上呈现出不同程度的黑白色调。白色表示反照率最强,黑色表示反照率最弱,这种黑白程度称为亮度(即色调)。按照云面和下垫面反照率的强弱,可把云图上的色调分为6个等级,各种目标物的一般色调如表11-7所列。

表 11-7 各种目标物的一般色调

色 调	目标物
黑色	海洋、湖泊、大的河流
深灰色	大面积森林、草地、耕地
灰色	陆地晴天积云、大沙漠、单独出现的卷云
灰白色	大陆上薄的中高云
白色	积雪、冰冻湖海、中等厚度的云
浓白色	大块厚云、积雨云、多层云

可见光云图上的色调决定于目标物反射太阳辐射的大小。反射太阳辐射大,色调就白;反之则暗。而目标物反射太阳辐射的大小又决定于太阳辐射强度和目标物的反照率两个因素,即对于同一目标物,卫星观测的季节和时刻不同,云图的色调也是有差别的。在一定的太阳高度角下,物体的反照率越大,其色调越白;物体的反照率越小,色调就越暗。这时从可见光云图上的色调可以估计反照率的大小,从而区分各种物体。由于云与地表间的反照率差异很大,因此在可见光云图上很容易将云和地表区别开。

2. 红外云图(IR)

卫星将红外波段测得的辐射转换成图像就得到红外云图。辐射大的用黑色表示,辐射小的用白色表示。色调越黑,表示红外辐射越大,目标物温度越高;反之,色调越浅,表示目标物温度越低。这种云图所反映的是地表和云面的红外辐射或温度分布。如高云最白,中云次之,低云较暗呈灰色。因此,可以根据红外云图上色调的差异来判别云层的高低,从而看出云系的垂直结构。

总之,可见光云图和红外云图的原理是不同的。比较一下,有些云和地表特征在两种云图上是相似的,有些则差异较大,如表11-8所列。

卫星云图上标有卫星名称、拍摄时间(世界时)、卫星所处的经纬度、国境线以及云图种类。可见光云图用"VIS"表示,红外云图用"IR"表示。两种云图配合起来用,比单独用一种更好。

一般说来,白天可以同时得到红外云图和可见光云图,而夜间只能得到红外云图。

表 11-8 可见光云图与红外云图上云和地表特征色调的比较

红外云图	可见光云图				
	白	浅灰	灰	深灰	黑
黑	—	—	沙漠(白天)	—	暖海洋
深灰	—	—	晴天积云、沙漠(夜间)	—	冷海洋
灰	厚云(厚)、雾(厚)	层积云	晴天积云、卷层云(薄)	纤维状卷云	西藏高原	高山森林
浅灰	高层云(厚)淡积云	纤维状卷云	高层云(薄)	—	—
白	密卷云、多层卷层云 卷云砧、冰雪地	—	消失中的卷云砧	—	宇宙空间

11.3.3 卫星云图的应用

卫星云图比较形象直观,对监测和预报灾害性天气和飞行危险天气有重要作用。

1. 了解大范围云的情况

通过对云图图形的结构形式、范围大小、边界形状、色调、暗影和纹理的分析,不仅可以知道何处有云、何处无云,还可判断云状、云的层次以及通过云顶温度推算出云顶高度。对于海上、高原、沙漠等缺少气象资料的地区,卫星云图提供云的情况具有特别重要的意义。从云图的色调和形状上看,主要由冰晶组成的高云透明度好、反照率小,在可见光云图上色调一般为浅灰色到灰白色,而在红外云图上一般为白色;中云在卫星云图上常成大片分布,在红外云图上高层云一般为浅灰色,云区边界不清楚,在可见光云图上则为白色,和厚的卷层云亮度接近,较难区别;积云在可见光云图和红外云图上外貌相似,常组成云线、云带或细胞状结构,云区边界清楚,多纹理但不整齐;积雨云在两种云图上色调都很白,发展成熟的积雨云其上风方向的边界清楚,并呈圆弧状,而在下风的边界则模糊不清。大范围云的结构和分布往往和各种天气系统相联系,因此,卫星云图对监测、追踪天气系统的生成发展和预报天气有重要作用。

2. 监测灾害性天气

热带风暴、寒潮、暴雨、雷暴、冰雹等是我国主要的灾害性天气,也会危及飞行安全。它们在卫星云图上都有明显的反映。如热带风暴的生成发展、位置、结构、范围、强度和移动路径都可利用卫星云图进行连续跟踪监测,为预报提供有效的依据。能产生雷暴、冰雹、暴雨的对流云,云顶都很高,在云图上为很亮的白色云团(块),在上风方向的边界呈圆弧状,或为头粗尾尖的胡萝卜状,在可见光云图上,云体背光一侧常有阴影。用短时间间隔的卫星云图可清楚地看出这类中小尺度强对流天气系统的发生发展演变过程。

3. 预测航空天气

利用卫星云图来预测航空天气,为实施气象保障创造了非常有利的条件。在云图上不同天气系统的云型是不同的。锋面云系常呈气旋性弯曲分布,气旋、热带风暴云系呈涡旋状,中纬度洋面上高空槽的云系呈逗点状,强寒潮南下时其前部常有一条长达几千千米以上的冷锋云系,当它到达洋面时,在冷锋的后部会出现大片积云组成的细胞状云系,等等。根据这些云型特征,以及它们与天气系统和天气的关系,再结合天气图资料,就可以分析天气系统和天气的发展变化。

与飞行关系密切的天气在云图上也有很好反映,如浮尘在可见光云图上为一片色调均匀的灰白色区,色调愈白,浮尘愈厚,能见度愈差。在卫星云图上看出浮尘区,再结合高空风资料即可预测未来浮尘出现的地区。影响能见度的层云和雾,在卫星云图上的特征是边界清楚、表面纹理光滑,往往与山脊、海岸、河谷等走向一致。在可见光云图上它色调均匀,看不到起伏的纹理和暗影;在红外云图上因其顶部高度低,故色调灰暗。当消散时,它从四周向中心逐渐收缩,亮度最大即雾最浓厚的区域最后消散。

11.4　飞行气象图表

作为飞行人员,除了了解航空气象基本理论外,在飞行前还需要熟悉所有的气象资料,特别是在仪表飞行条件或附近没有机场时更是如此。这些资料必须包括最新的天气报告和预报,飞行人员要能看懂各种天气图表,并能翻译各种天气报告和预报电报。

11.4.1　日常航空天气报告

机场气象台对地面天气定时观测资料的报告和发布就是日常航空天气报告,机场气象台必须每小时进行一次(有特殊要求时可以半小时一次)这种观测和报告。日常航空天气报告又称为天气实况报。

在安排飞行计划的时候,可以利用日常航空天气报告来估计目前的天气状况和确定天气预报的准确度,还可以查看最近的几次天气报告,以便了解天气变化的趋势。

日常的天气报告还可显示出目的地机场的天气是否达到目视飞行或仪表飞行的最低天气标准,若没有达到或根据预报在达到时天气仅有很小的变化,则目的地机场的天气不适合降落。在没有塔台指挥或飞行服务站时,日常航空天气报告更为重要,因为这可能就是这个地区最近的实际天气。

日常航空天气报告一般包括以下内容:站名、时间(世界时)、风向、风速、能见度/RVR(跑道视程)、天气现象、云、气温/露点、气压及补充说明等。

1. 日常航空天气报告的填图格式

如图 11-23 所示,现在天气现象、能见度、云状、风向、海平面气压、气压变量的填写方法和符号均与地面天气图上天气实况规定相同,其余各项的填写方法如下:

① 总云量:用数字表示,数字是几,云量就是几成。

② 累积云量:此高度及其以下的云所遮蔽天空的份数。用数字表示,最高一层云的累积云量或仅有一层云时的累积云量,省略不填。

③ 云高:在云状的右侧,填写实际云高的数字。

④ 风速:用风羽或数字表示,单位为 m/s。

⑤ 气温、露点:用数字表示,单位是 ℃。

一般情况下,海平面气压和气压变量均不填在上面,需要时再补充填上。

如图 11-24 所示是日常航空天气报告的实例。按填图格式和有关符号,可读出该站的天气:总云量九成,一成淡积云 600 m;累积云量五成,层积云 1 200 m;累积云量七成,透光高积云 3 000 m;卷云 7 000 m;能见度 8 km,现在天气现象为霾;风向约为 80°,风速为 4 m/s;气温为 25.6 ℃,露点为 19.8 ℃。

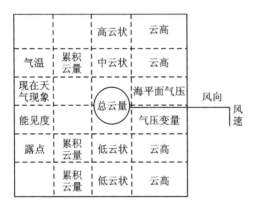

图 11-23 日常航空天气报告的填图格式　　图 11-24 日常航空天气报告实例

2. 日常航空天气报告图表

(1) 日常航空天气报告表

在实际应用中,常把各地的日常航空天气报告排列成表(见表 11-9),利用这种表,飞行人员可以了解本场飞行的天气情况,根据其演变规律判断短期内的天气变化趋势及其对飞行的影响,从而指导飞行计划的制定。

表 11-9　日常航空天气报告表

地点及日期	时 刻			
	04 时	05 时	06 时	07 时
广汉 12月18日	2 8　992 ≡⑥ 6　1200 6 3 ⌣ 1000	3 8　994 ≡⑥ 5　1200 6 4 ⌣ 600	1 7　995 ≡⑥ 2　1000 6 5 ⌣ 400	○

(2) 日常航空天气报告图

发给机组的日常航空天气报告常常以航线的形式呈现(见图 11-25),这种图上的气压可以根据当时当地情况使用场压或海压。气象台将沿航线各站同一时刻的天气实况填在图上,使飞行员能清楚地了解航线上和降落站的现在天气,而几张这样的实况图也可以看出天气演变的趋势。

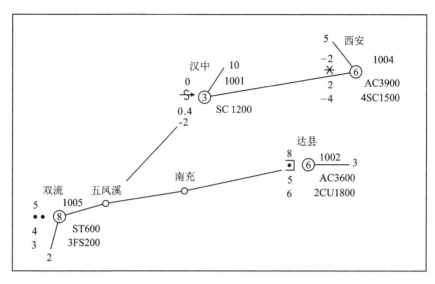

图 11-25 日常航空天气报告图

11.4.2 航空危险天气通报

航空危险天气通报,简称危险报。危险报(包括危险解除报)应在天气现象达到发生(或解除)标准后 5 min 内发出。中国气象局规定了编发危险天气发生报和解除报的标准(见表 11-10)。

表 11-10 编发危险天气发生报和解除报的标准

天气现象	出现(发生)标准	消失(解除)标准
大风	平均风速≥12 m/s 和(或) 瞬时最大风速≥17 m/s	平均风速≤10 m/s 且 瞬时最大风速≤12 m/s
恶劣能见度	有效能见度≤2 000 m	有效能见度≥3 000 m
积雨云(雷雨形势)	积雨云的单独分云量≥三成	消失
雹	出现	停止
云蔽山	蔽山云层的累积云量≥五成	蔽山云层的累积云量≤三成
低云	云量≥七成且云底高≤200 m	云量≤五成或云底高≥300 m
雷暴	出现	消失
飑	出现	消失
龙卷	出现	消失

11.4.3 航空天气预报

1. 航路天气预报

航路天气预报指的是对航路(航线)上天气的预报和预告,它的有效时效一般为预计飞行时间的前后 1 h,常常为国内中低空航线飞行提供。其主要内容一般包括云、天气现象、飞机颠簸、飞机积冰、飞行高度上的风、气温等。

图表形式的航路天气预报具有直观明了的特点，它主要在有关航路上说明发生在航路上的一些天气现象。如图11-26所示，在广州—南昌航线上，有7个量的层积云和高积云，云底高度为1 200 m，云顶高为4 200 m，在云中飞行有轻颠，在航线的后半段局地有3个量的浓积云，还有云底高900 m，云顶高8 000 m的积雨云，并有中度颠簸。飞机颠簸强度等级如表11-11所列。

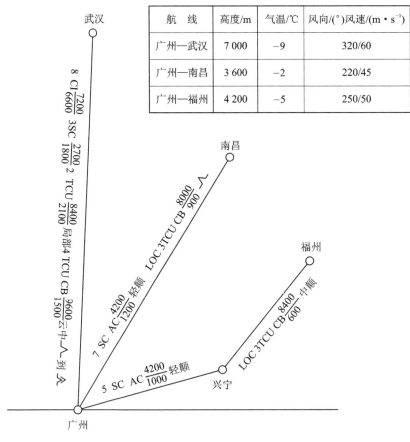

航线	高度/m	气温/℃	风向/(°)	风速/(m·s⁻¹)
广州—武汉	7 000	−9	320/60	
广州—南昌	3 600	−2	220/45	
广州—福州	4 200	−5	250/50	

图11-26 航路天气预报图表实例

表11-11 飞机颠簸强度的等级

颠簸强度等级	气象符号	飞机状态变化
弱	∧	飞机轻微地和有间歇地上下抛掷，飞行高度和航向没有显著变化
中	⋀	飞机抖动，频繁上下抛掷，左右摇晃、颠荡，操纵费力，飞行姿态、飞行高度及航向均有变化
强	⋀⋀	飞机强烈地抖动，频繁、剧烈地上下抛掷，达20～30 m左右，来回冲击不止，短时间内飞机失去操纵，甚至造成飞机结构损坏

2. 重要航空天气预报

重要航空天气预报就是对航路（区域）有重大影响的天气的预报，常以预报图和缩写明语形式的电码提供,生效时间一般为 4 个时刻(0000UTC、0600UTC、1200UTC、1800UTC),有效时间为 24 h。民航一般分 3 种高度层提供,即飞行高度在 FL100(10 000 英尺,3 000 m)以下的低层、飞行高度在 FL100(10 000 英尺)~FL250(25 000 英尺,7 500 m)的中层和飞行高度在 FL250(25 000 英尺)~FL630(63 000 英尺,19 000 m)的高层。这里仅讨论与直升机飞行活动关系较为紧密的低层重要天气预报图以及空中风和温度预报图。

(1) 低层重要天气预报图

低层重要天气预报图适用于飞行高度 FL100(10 000 英尺,3 000 m)以下,可标明锋面及其预期的移动(用箭头表示方向,用数值表示移速,单位为 km/h 或 kn),各种重要天气、降水和其他引起大范围能见度低于 5 000 m 的天气现象(能见度数值单位为 m)及其所影响的区域和高度,均可在图中体现。

低层重要天气预报图的主要预报内容:

① 气压中心(H、L)及其预期的移动方向和速度。
② FL100 以下的 0 ℃ 等温层的高度。
③ 海平面温度和海面状况。
④ 有关当地火山喷发及火山灰云的情报。如果可能,则加上火山名和第一次喷发的时间,提醒用户参考有关区域发布的重要天气预报电报。

低层重要天气预报图中使用的重要天气和天气系统符号如表 11-12 所列。

表 11-12 低层重要天气预报图中使用的重要天气和天气系统符号

重要天气和天气系统	符 号	重要天气和天气系统	符 号
热带气旋	 ↻	大范围的吹雪	 ✥
强飑线	 ⋁⋁	大范围的霾	 ∞
中度颠簸	 ⋀	大范围的烟	 ⌒⌒
严重颠簸	 ⋀⋀	山地状况不明	 ▲▲
轻度飞机积冰	 ⋃	辐合线	 ≪≪≪
中度飞机积冰	 ⋃⋃	热带辐合带	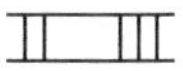 ⫯⫯
严重飞机积冰	 ⋃⋃⋃	冷锋	 ▲▲
严重沙或尘霾	S	暖锋	 ●●
大范围的沙(尘)暴	 S̸	锢囚锋	 ▲●▲●
大范围的强地面风	 ⟨40⟩	准静止锋	 ▲●▲●

续表 11-12

重要天气和天气系统	符 号	重要天气和天气系统	符 号
雹	△	急流	 ▶▶▶ FL270 ≠ ▶▶▶ FL360 →
山地波	⌒	对流层顶高点	 H 400
冻雨	 ∽•	对流层顶低点	 270 L
大范围的雾	≡	对流层顶高度	380
大范围的轻雾	=	零度等温层高度	0: 100
阵雨	▽̇	海面状况	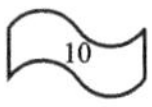 ～ 10
毛毛雨	❜	海面温度	10
雨	///// /////	火山喷发	 ⊥
雪	✱	大气中的放射性物质	☢

　　重要天气(或称恶劣天气)和天气系统在图上用符号表示。与重要天气相伴的云,采用简语描述,云状用简写符号。

　　在低层重要天气预报图上,重要天气和云区范围用波状线围成,有些重要天气和云还标出下限高度和上限高度,有时还用简语加以说明。低层重要天气预报图常用简语如表 11-13 所列。

表 11-13　低层重要天气预报图常用简语

简 语	含 义	简 语	含 义	简 语	含 义
CLD	云	FRQ	频繁的	BKN	多云
OCNL	有时	SCT	疏散的	LAN	内陆
GRADU	逐渐地	LYR	呈层状	COT	在海岸
STNL	停滞	SLW	慢	MAR	在海上
ISOL	独立	INC	在内	VAL	在山谷地区
EMBD	隐藏	LOC	局地	CIT	邻近或在城市上空
ISLTD	有些地方	OVC	阴天	MON	在高地或山区上空

　　低于 5 000 m 的地面能见度,以 m 为单位表示;若地面能见度大于 5 000 m,则以 km 为单位标出,也可以不标出。

　　低层重要天气预报图示例如图 11-27 所示。

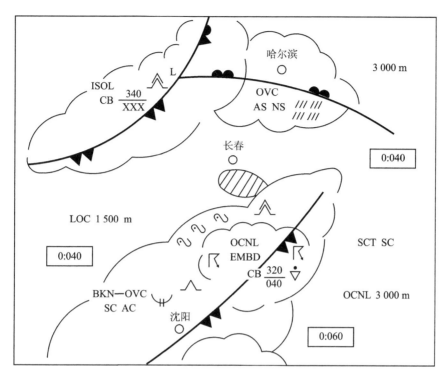

图 11-27 重要天气预报图(低层)示例

(2) 空中风和温度预报图

空中风和温度预报图提供的是选择的航站上空不同高度的风向、风速及气温,生效时刻与重要天气预报图一样(0000UTC,0600UTC,1200UTC,1800UTC),所覆盖的层次包括 FL050、FL100、FL180、FL240、FL300、FL340、FL390、FL450。这些预报在做飞行计划时十分重要。

空中风和温度预报图的种类较多,有的图是在选定的网格点上直接用风矢杆表示风向和风速,并在其旁边注明气温值。在这种图上要注意的是风速的表示,一条短线为 10 kn,一面三角旗是 50 kn。高空风和温度预报图上风速的标注方法如表 11-14 所列。

表 11-14 高空风和温度预报图上风速的标注方法

风　速	标　注
5 n mile/h(2.5 m/s)	
10 n mile/h(5 m/s)	
50 n mile/h(25 m/s)	

11.5 航空气象电报

航空气象电报的种类很多,本节介绍航空气象电报的报头和常用的几种航空气象电报:机场天气报告(机场例行天气报告(METAR)和机场特殊天气报告(SPECI))、机场(航站)天气预报(TAF)、航路天气预报(ROFOR)、区域天气预报(ARFOR)。

11.5.1 报 头

电报分为报头和电文两大部分,各种电报都使用统一的报头。报头分为4段,其形式和说明如下:

1. 第一段:ZCZC TYM×××

ZCZC TYM 为关键字,一般不变。×××指该机场本机所发电报的编号(流水号)。如电码"ZCZC TYM025"译为"该机场本机所发第25份电报"。

2. 第二段:GG/DD 收报地址

该段电报指出欲将该报发往何处。GG、DD 为关键字,GG 意为普通报(电报级别为急报);DD 意为危险报(电报级别为加急报)。其后跟以八个字符为一组的收报地址,可以同时发几组。前4个字符为国内常用地名代码(见表11-15);后4位说明发往什么部门,一般发气象台用"YMYX",发国际民航气象资料地区收集中心用"YPYX",发电台用"YFYX",发调度室用"ZPZP、ZPZX 或 ZXZX"等。如电码"GG ZUUUYMYX ZBAAYPYX"译为"发往成都双流机场气象台和首都国际机场国际民航气象资料收集中心的普通报"。

表11-15 国内常用四字地名代码

机场名	四字地名代码	机场名	四字地名代码
首都国际	ZBAA	南宁吴圩	ZGNN
天津张贵庄	ZBTJ	深圳	ZGSZ
太原武宿	ZBYN	珠海	ZGUH
呼和浩特白塔	ZBHH	沈阳桃仙	ZYTX
青岛流亭	ZSQD	拉萨贡嘎	ZULS
石家庄	ZBSJ	哈尔滨太平	ZYHB
济南张贵庄	ZSJN	成都双流	ZUUU
杭州笕桥	ZSHC	乌鲁木齐地窝堡	ZWWW
南京大较场	ZSNJ	昆明巫家坝	ZPPP
合肥骆岗	ZSOF	重庆江北	ZUCK
南昌	ZSCN	银川	ZLIC
福州义序	ZSFZ	西宁	ZLXN
广州白云	ZGGG	贵阳磊庄	ZUGY
长沙黄花	ZGHA	广汉	ZUGH
海口	ZGHK	武汉南湖	ZHHH
桂林奇峰岭	ZGKL	郑州东效	ZHCC
上海虹桥	ZSSS	兰州中川	ZLLL
厦门高崎	ZSAM	西安咸阳	ZLXY

3. 第三段：YYGGgg 发报地址

YY、GG、gg 分别表示发报的日、时、分(世界时)，世界时＝北京时间－8。发报地址亦用八个字符，如"230855 ZUGHYMYX"表示"广汉机场气象台于 23 日 08 时 55 分(世界时)发出的电报"。

4. 第四段：TTAAKK CCCC YYGGgg BBB

① TT 表示气象电报的类别，民航常用的气象电报类别如表 11－16 所列。

表 11－16 民航常用的气象电报类别

电码(TT)	电报类别	电码(TT)	电报类别
SA	机场例行天气报告	FR	航路天气预报
SP	机场特定天气报告	FA	区域天气预报
FC	机场天气预报(≤场天气)	WS	重要气象情报
FT	机场天气预报(＞12 h)	UA	飞机空中报告

② AA 表示地理指示码，如"CI"表示中国；KK 指 AA 的各区编号，中国各区编号如表 11－17 所列。

表 11－17 中国各区编号

KK	指示范围
31	北京气象收集中心(第一部分)
32	北京气象收集中心(第二部分)
33	ZB——华北(四字地名代码前两位)
34	ZS——华东
35	ZG——华南
36	ZH——华中
37	ZU、ZP——西南
38	ZL——西北
39	ZY——东北
40	ZW——乌鲁木齐

③ CCCC 表示地名代码(见表 11－15)；YY、GG、gg 表示统一规定的天气报告的日、时、分(世界时)。例如"SACI35ZGGG250100"表示"机场例行天气报告，中国华南地区，广州白云机场，规定观测时间为 25 日 01 时(世界时)"。

④ BBB 表示方法有如下 3 种：

● RRA(或 RRB、RRC……)第一份(第二份、第三份……)延迟电报。
● CCA(或 CCB、CCC……)第一份(第二份、第三份……)更正电报。
● AAA(或 AAB、AAC……)第一份(第二份、第三份……)订正电报。

注："更正"指由于发报时出错之后的修正，"订正"指由于预报出错之后的修正。一般报头都由以上 4 部分组成，现举例如下：

ZCZC TYM001
GG ZUUUYMYX ZPPPYMYX ZGKLYMYX
230355 ZUGHYMYX
SACI37 ZUGH 230400

译文：第一份普通电报，收报地址为成都双流机场、昆明巫家坝机场和桂林奇峰岭机场气象台，发报时间为 23 日 03 时 55 分（世界时），发报地址为广汉机场气象台，机场例行天气报告，中国西南地区，广汉机场，规定观测时间 23 日 04 时。

11.5.2 机场天气报告

机场天气报告分为机场例行天气报告（METAR）和机场特殊天气报告（SPECI）。机场例行天气报告是每小时正点或每半小时观测一次；机场特殊天气报告是指在两次正点观测之间，当某一对飞行有较大影响的天气现象出现（终止或消失）时而进行的报告。当某一气象要素变坏伴随另一气象要素好转（例如云高降低而能见度好转）时只需发一份 SPECI。

两种机场天气报告电码格式相同，只是 SPECI 代替了 METAR 作为特殊报告的起头。由于 SPECI 主要是针对恶劣天气编报的，为了突出重点，METAR 中无关的项可以省略，因此它简单明确。

1. 电码格式

机场天气报告电码格式如图 11-28 所示。

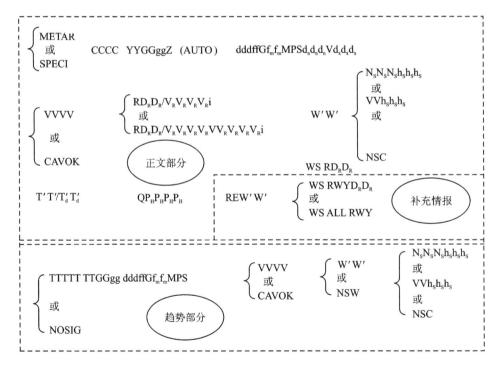

图 11-28 机场天气报告电码格式

2. 电码说明

(1) 第一组 METAR 或 SPECI(报告名称组)

METAR 是指机场例行天气报告名称,SPECI 是指机场特殊天气报告名称。METAR-COR 表示机场例行天气报告的更正报。SPECICOR 表示机场特殊天气报告的更正报。

(2) 第二组 CCCC(地名代码组)

一律使用国际民航组织规定的四字地名代码(见表 11-15)。

(3) 第三组 YYGGggZ(时间组)

YYGGgg 是指观测时间的日期、小时、分;Z 是指世界时的指示码,如"220800Z"表示"世界时 22 日 08 时整"。

(4) 第四组(AUTO)组

① 由自动化观测系统自动生成的 METAR 和 SPECI 只应在机场的非运行时间内使用,这些报告应以"AUTO"标识。

② 在自动发布的 METAR 和 SPECI 中,应按照 METAR 和 SPECI 的有关规定,分别报告地面风、跑道视程、气温、露点和气压。

③ 在自动发布的 METAR 和 SPECI 中,应按照 METAR 和 SPECI 的有关规定报告能见度。但是当能见度传感器的设置不能给出方向上的变化时,在能见度报告值的后面应加上"NDV"。

④ 在自动发布的 METAR 和 SPECI 中,当自动化观测系统不能识别降水类型时,应使用"UP"表示。

⑤ 在自动发布的 METAR 和 SPECI 中,应按照 METAR 和 SPECI 的有关规定报告云和垂直能见度。当自动观测系统不能观测云的类型时,每组云的类型应该用"///"代替;当自动化观测系统测得无云时,应使用"NCD"表示。

⑥ 在自动发布的 METAR 和 SPECI 中,应按照 METAR 和 SPECI 的有关规定报告补充情报。当自动化观测系统不能识别降水类型时,应使用"REUP"表示。

(5) 第五组 dddffG$f_m f_m$MPS $d_n d_n d_n$V$d_x d_x d_x$(风向风速组)

dddff 为观测前 10 min 内的平均风向(以 10°为单位)和平均风速,G 表示阵风指示码,无阵风时略去。$f_m f_m$ 表示大于平均风速 5 m/s 的阵风(维持 3 s 以上的平均值)。MPS 是单位"m/s"的英文缩写。例如,本组编报"34006G12MPS"译为"风向 340°,风速 6m/s,阵风 12 m/s";电码"00000MPS"表示"静风(风速<0.5m/s)";电码"P49MPS"表示"风速大于或等于 50 m/s"。

VRB 表示过去 10 min 内平均风速变化大于或等于 60°且小于 180°,平均风速<2 m/s 或过去 10 min 内平均风速变化大于或等于 180°。例如本组编报"VRB01MPS"表示"风向不定,平均风速 1 m/s"。

$d_n d_n d_n$V$d_x d_x d_x$ 表示在观测前 10 min 内,当风向变化大于或等于 60°,但小于 180°,并且平均风速大于等于 2 m/s 时,观测到的风向变化范围的两个边界值(顺时针方向)。例如"VRB04MPS350V080"表示"风向变化不定,风速为 4 m/s,风向在 80°~350°范围内变化"。

(6) 第六组 VVVV(能见度组)

VVVV 表示能见度数值,一般指主导(有效)能见度。当主导(有效)能见度≥本场最低标准,而跑道能见度≤本场最低标准时,则用跑道能见度代替主导能见度编报。当水平能见度在各方向不同时,以最小能见度编报 VVVV 再加 D_v。D_v 表示最小能见度相对于气象台的方向,可用一个或两个字母表示,如 N、N_w 等。当最小能见度<1 500 m,而其他方向的能见度≥5 000 m 时,在 VVVVD_v 之后须再加编一组 $V_xV_xV_xV_xD_v$。$V_xV_xV_xV_x$ 表示最大能见度,D_v 表示其方向。

如本组编报"0000"表示"能见度<50 m";本组编报"9999"表示"能见度≥10 km"。

(7) 第七组 RD_RD_R/$V_RV_RV_RV_R$i 或 RD_RD_R/$V_RV_RV_RV_R$V$V_RV_RV_RV_R$i(跑道视程组)

当主导(有效)能见度或者正在使用的一条或几条跑道的跑道视程小于1 500 m 时才编报此组。

① RD_RD_R/:R 为跑道视程指示码,D_RD_R 为跑道的方位编号,平行跑道要附加字母 L、C、R(分别表示左、中、右)加以区别。如"R12L/"表示"12 号左跑道"。

② $V_RV_RV_RV_R$:观测前 10 min 内的平均跑道视程,单位是 m。

③ i:观测前 10 min 内,前、后 5 min 跑道视程的变化情况,当平均差值≥100 m 时用此电码。i 有以下 3 种情况:

● "U"表示观测时跑道视程有明显上升趋势。
● "D"表示观测时跑道视程有明显下降趋势。
● "N"表示观测时跑道视程没有明显变化。

当无法确定跑道视程的变化趋势时可省略不报。

④ RD_RD_R/$V_RV_RV_RV_R$V$V_RV_RV_RV_R$i:当跑道视程有重大变化(例如观测时间之前 10 min 内的某一分钟的平均极值与 10 min 的平均值估计变化大于 50 m 或大于平均值的 20%)时用此组电码,RD_RD_R 的意义与前同,V 为指示码。V 前后的 $V_RV_RV_RV_R$ 则分别编报观测前 10 min 内跑道视程的某一分钟平均的极小值和某一分钟平均的极大值。i 的意义与前同,如"R27R/0800V1200D"表示"27 号右跑道跑道视程最小为 800 m,最大为 1 200 m,在观测时跑道视程有明显下降趋势"。

当跑道视程超过或小于所用观测仪器所能测得的最大值或最小值时必须加报 P 或 M,其中 P 表示超过指示码,M 表示小于指示码。如"R10/M0050"表示"10 号跑道的跑道视程小于 50 m","R10/P2000"表示"10 号跑道的跑道视程大于 2 000 m"。

(8) 第八组 CAVOK(好天气组)

字码 CAVOK 可用来代替能见度组、天气现象组和云组,其条件是:

① 能见度 10 km 或以上。
② 1 500 m 以下无云,而且天空没有强对流云。
③ 无降水、雷暴、沙暴、吹雪等天气现象。

(9) 第九组 W'W'(天气现象组)

当观测时出现几种不同的天气现象时,可重复编报,W'W'可按表 11-18 编报(每组可由 2~9 个字符表示)。

例如:"BR"表示"轻雾","DZ"表示"毛毛雨","SHRA"表示"中等阵雨","+SHRA"表示"有大阵雨","VCFG"表示"机场附近 8~16 km 以内(不含机场)有雾(不需区别是什么形式的雾)"。

(10) 第十组 $N_sN_sN_sh_sh_sh_s$(CC)或 VV$h_sh_sh_s$ 或 SKC 或 NSC(云组)

本组可以编报若干组,按云底高度从低到高顺次编报。

$N_sN_sN_s$ 表示云量,需用简语"FEW"(1~2个八分量,少云)、"SCT"(3~4个八分量,疏云)、"BKN"(5~7个八分量,多云)、"OVC"(8个八分量,阴天)。

$h_sh_sh_s$ 表示云底高,以 30 m 为单位编报(云底高等于电码乘以 30 m)。

CC 表示云状,只需编报积雨云(Cb)和浓积云(TCu)的云状,但当积雨云和浓积云出现在同高度时,只需编报积雨云的云状。

$VVh_sh_sh_s$ 表示能见度,当天空被天气现象所遮而模糊不清或不明但能提供垂直能见度的情况时,需用此组。VV 为垂直能见度指示码,$h_sh_sh_s$ 为垂直能见度,编报标准与云底高相同。

SKC 表示碧空(Skyclear),指天空无云或不足一成云,且无积雨云、无浓积云。

NSC 表示没有对飞行有影响的重要的云。

例如"SCT030"表示"疏云,云底高 900 m";"BKN010(Cb)"表示"多云,且在 300 m 高度上有 5~7 个量的积雨云"。

表 11-18 重要的现在天气和预报天气

限定词		天气现象		
强度或接近机场程度	描述词	降 水	视程障碍	其 他
一轻微,小 中等强度(无限定词) +强,大 VC 在附近	MI 浅的 BC 散片状的 PR 部分的 (覆盖部分机场) DR 低吹的 BL 高吹的 SH 阵性的 TS 雷暴 FZ 冻的(过冷却的)	DZ 毛毛雨 RA 雨 SN 雪 SG 米雪 IC 冰晶 PL 冰粒 GR 冰雹 GS 小冰雹/霰	BR 轻雾 FG 雾 FU 烟 VA 火山灰 DU 浮尘 SA 沙 HZ 霾	PO 尘/沙旋风 (尘卷风) SQ 飑 FC 漏斗云 (陆龙卷/水龙卷) SS 沙暴 DS 尘暴

(11) 第十一组 $T'T'/T_d'T_d'$(气温/露点组)

$T'T'$ 表示气温,$T_d'T_d'$ 表示露点,都表示为整数,单位为℃。数字前加 M 表示温度在 0 ℃以下。如"05/M04"表示"气温 5 ℃,露点 −4 ℃"。

(12) 第十二组 $QP_HP_HP_HP_H$(修正海平面气压组)

Q 为修正海平面气压指示码,$P_HP_HP_HP_H$ 是以百帕为单位的整数气压值,不足 4 位时第一位补零。

例如"Q0989"表示"修正海平面气压 989 hPa"。

当编报场面气压时用 QFE 作指示码。如"QFE0985"表示"场面气压是 985 hPa"。

在某些国家,修正海平面气压以英寸汞柱为单位,此时,该组以 A 为指示码,后面编报 4 位英寸汞柱数值,保留两位小数。如"A3027"表示"修正海平面气压为 30.27 英寸汞柱"。

(13) 第十三组 REW'W'(补充报告组)

本组表示本次报告与上次报告之间发生的重要天气现象,可报 3 组近时天气。RE 为指示码,W'W'的编报方法如表 11-18 所列,其重要天气现象如表 11-19 所列。

表 11-19 几种重要天气现象

序　号	重要天气现象
1	冻雨(雨凇)
2	中或大的毛毛雨、雨或雪
3	中或大的冰粒(冰丸)、雹、小雹和(或)霰(雪丸)
4	中或大的高吹雪(包括雪暴)
5	沙暴或尘暴
6	雷暴
7	龙卷云(陆龙卷或水龙卷)
8	火山灰

(14) 第十四组 WS RWY$D_R D_R$ 或 WS ALL RWY$D_R D_R$(风切变组)

本组表示起飞或着陆跑道有风切变(跑道与 500 m 之间),WS TKOF RWY 表示起飞跑道有风切变,WS LDG RWY 表示着陆跑道有风切变,WS ALL RWY 表示所有跑道的起飞或进近航道有风切变。$D_R D_R$ 为跑道编号,若有平行跑道,则在 $D_R D_R$ 之后用 R、L 或 C 分别表示右跑道、左跑道或中间跑道。

例如:"WS TKOF RWY36"表示"在 36 号跑道上起飞方向有风切变","WS LDG RWY24L"表示"在 24 号左跑道上着陆方向有风切变"。

以下内容为附加的趋势型着陆预报。

(15) 第十五组 TTTTT 或 NOSIG(天气变化趋势组)

当前面各组中有一项或几项气象要素预计将发生明显变化时,TTTTT 用"BECMG"或"TEMPO"编报。其中"BECMG"表示"天气将变为……","TEMPO"表示"气象要素有短时波动"。"BECMG"描述气象情况以规则或不规则的速度达到或经过特定值的预期变化,且描述的变化时段应不超过 2 h。"TEMPO"描述气象情况达到或经过特定值的预期短暂波动,每次波动持续时间应不超过 1 h,并且波动所占时间应小于预期发生波动的预报时段的一半。对于预报有效时段少于 12 h 的预报,"TEMPO"描述的变化时段应不超过 4 h;对于预报有效时段为 12~24 h 的预报,"TEMPO"描述的变化时段应不超过 6 h。

若预计气象要素无显著变化,则用"NOSIG"表示。

(16) 第十六组 TTGGgg(变化时间组)

GGgg 表示变化的时、分,用世界时。

TT 可表示为"FM"、"TL"和"AT",分别指变化开始时间、变化结束时间和在某一时刻出现。

"BECMG"与"FM"、"TL"或"AT"组合使用电码说明:

① 若使用"FM"和"TL"及其时间组,则表明预报变化的开始和结束时间都在趋势预报时段之内。

② 若只使用缩写"TL"及其时间组,则表明预报的变化从趋势预报时段的起始时间开始,但在趋势预报时段的终止时间之前结束,省略"FM"及其时间组。

③ 若只使用"FM"及其时间组,则表明预报的变化在趋势预报时段之内开始,而在趋势预

报时段的终止时间结束,省略"TL"及其时间组。

④ 若只使用"AT"及其时间组,则表明预报的变化发生在趋势预报时段内的某一具体时刻。

⑤ 若只使用变化指示码"BECMG",当"FM"、"TL"或"AT"和与之结合的时间组都省略时,则表明预报变化的起、止时间与趋势预报时段的起、止时间相同,或预报变化的起、止时都在趋势预报时段内,但具体时间不能确定。

"TEMPO"与"FM"或"TL"组合使用电码说明:

① 若使用"FM"和"TL"及其时间组,则表明预报气象情况短暂波动的开始和结束时间都发生在趋势预报时段之内。

② 若只使用"TL"及其时间组,则表明预报的短暂波动从趋势预报时段的起始时间开始,但在趋势预报时段的终止时间之前结束,省略"FM"及其时间组。

③ 若只使用"FM"及其时间组,则表明预报的短暂波动在趋势预报时段之内开始,而在趋势预报时段的终止时间结束,省略"TL"及其时间组;

④ 若单独使用变化指示码"TEMPO",当"FM""TL"及其时间组都省略时,则表明预报短暂波动的起、止时间与趋势预报时段的起、止时间相同。

电码"FM0000、AT0000 和 TL2400"表示"所预报的变化发生在世界协调时(UTC)的午夜"。如"BECMG FM 0215"表示"02 时 15 分天气将变为……","TEMPO 1014"表示"天气在 10~14 时之间有短时变化……"。

(17) 第十七组变化的气象要素组

后面几项分别为风向风速组,能见度组,天气现象组和云组,它们的出现表示前面所报的天气有变化,它们的编报方法和前面相应组的编报方法相同,其中 NSW 表示无重要天气现象。

3. 机场例行天气报告举例

ZCZC TYM025
GG ZUUUYMYX
070758 ZUGHYMYX
SACI37 ZUGH 070800
METAR   ZUGH 070800Z 03003MPS 5000 SCT030 BKN070 OVC090 20/18 Q1005

译文:

(报头)电报编号25,普通报,收报地址成都双流机场气象台,发报时间7日07时58分(世界时),发报地点广汉机场气象台。机场例行天气报告,中国西南地区,广汉机场,规定观测时间7日08时00分。

(电文)机场例行天气报告,广汉机场,7日08时(UTC)地风向30°,风速3 m/s,能见度5 km。疏云,云底高900 m;多云,云底高2 100 m;阴天,云底高2 700 m。气温20 ℃,露点18 ℃,修正海平面气压为1 005 hPa。

METAR ZPPP 200000Z 00000MPS 3000 BR FEW023 SCT040 12/11 Q1024 NOSIG

译文:机场例行天气报告,昆明巫家坝机场,20日0时(UTC),静风,能见度3 000 m;轻雾。少云,云底高 700 m;疏云,云底高 1 200 m。气温 12 ℃,露点 11 ℃,修正海平面气压为 1 024 hPa。未来 2 h 发展趋势:无重要变化。

METAR ZGGG 211100Z VBR02MPS 0700 R35/0600V0800U FG VV///24/21 Q1004 NOSIG

译文:机场例行天气报告,广州白云机场,21 日 11 时(UTC)地面风向不定,平均风速 2 m/s,能见度 700 m,雾。35 号跑道的跑道视程变化显著,1 min 平均极小值 600 m,1 min 平均极大值 800 m,同时跑道视程在前 10 min 有上升趋势。天空不明,气温 24 ℃,露点 21 ℃,修正海平面气压 1 004 hPa。未来 2 h 发展趋势:无重要变化。

METAR ZPPP 020600Z 19004MPS 4000 SHRA FEW010 SCT023TCU OVC036 12/11 Q1025 BECMG FM0700 9999 NSW

译文:机场例行天气报告,昆明巫家坝机场,2 日 06 时(UTC)地面风向 190°,风速 4 m/s,能见度 4 000 m,中度阵雨。少云,云底高 300 m;浓积云,云底高 700 m,疏云;阴天,云底高 1 100 m。气温 12 ℃,露点 11 ℃,修正海平面气压 1 025 hPa。未来 2 h 发展趋势:从世界时 07 时渐变为能见度大于等于 10 km;重要天气现象结束。

METAR ZPPP 082200Z 09004MPS 6000 - TSRA SCT023CB OVC040 17/15 Q1018 BECMG AT2330 9999 NSW SCT023 BKN040 NOSIG

译文:机场例行天气报告,昆明巫家坝机场,8 日 22 时(UTC)地面风向 90°,风速 4 m/s,能见度 6 000 m,雷暴伴弱降水。积雨云,疏云,云底高 700 m;阴天,云底高 1 200 m。气温 17 ℃,露点 15 ℃,修正海平面气压 1 018 hPa。未来 2 h 发展趋势:世界时 23 时 30 分能见度变为大于等于 10 km;重要天气现象结束;疏云,云底高 700 m;多云,云底高 1 200 m;无重要变化。

4. 机场特殊天气报告举例

SPECI ZUGH 220615Z TSRA SCT040(Cb)

译文:机场特殊天气报告,广汉机场,观测时间 22 日 06 时 15 分(UTC),有中雷雨。3~4 个量的积雨云,云底高 1 200 m。

SPECI ZHHH 060315Z 09002MPS 1800 BR SKC 06/01 Q1027 NOSIG

译文:6 日 03 时 15 分(UTC),武汉南湖机场的特殊天气报告。地面风向 90°,风速 2 m/s;能见度 1.8 km;轻雾;碧空;气温 6 ℃,露点 1 ℃;修正海平面气压 1 027 hPa。未来 2 h 发展趋势:无重要变化。

11.5.3 机场(航站)天气预报(TAF)

机场(航站)天气预报是为目视飞行提供的基本天气报告,也是仪表飞行必不可少的。飞行人员可以根据机场天气预报中所预报的云高、能见度和风来选择最佳进场着陆方向;也必须根据机场天气预报来确定是否需要一个备降机场,如果需要,则还要看备降机场预报的天气是否适合降落。

机场天气预报的有效时段应不小于 9 h,不大于 24 h。有效时段小于 12 h 的机场天气预报应每 3 h 发布一次;有效时段为 12～24 h 的机场天气预报应每 6 h 发布一次。

1. 电码格式

机场天气预报电码格式如图 11-29 所示。

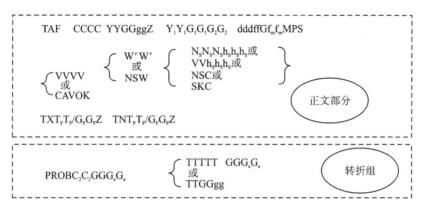

图 11-29 机场天气预报电码格式

2. 电码说明

（1）第一组 TAF（电报名称）

机场天气预报用 TAF（Terminal Aviation Forecast）起头。

"TAF AMD"表示机场天气预报的修订报,预报错时发此修订报;"TAF COR"表示机场天气预报的更正报,发报错时发此更正报;"TAF AMD CNL"表示机场天气预报修订报取消。

（2）第二组 CCCC（地名代码组）

本组一律使用国际民航组织规定的四字地名代码（见表 11-15）。

（3）第三组 YYGGggZ（时间组）

本组表示发报的日、时、分（UTC）。Z 表示世界时的指示码（Zulu）。

（4）第四组 $Y_1Y_1G_1G_1G_2G_2$（预报有效时间组）

Y_1Y_1 表示日期,G_1G_1 表示预报有效的开始时间,G_2G_2 表示预报有效的结束时间。

（5）第五组 $dddffGf_mf_m$MPS（预报的风向风速组）

本组编报方法与 METAR 中的风向风速组相同。电码"00000MPS"表示"静风（预报的风速小于 1 m/s）"。

（6）第六组 CAVOK（好天气组）

CAVOK 的用法与 METAR 中相同。

（7）第七组 VVVV（预报的能见度）

本组编报方法与 METAR 中的能见度组相同。

（8）第八组 $W'W'$ 或 NSW（重要天气现象（预报值）组）

本组编报方法如表 11-18 所列,当预计重要天气现象结束时,编报"NSW"。

（9）第九组 $N_sN_sN_sh_sh_sh_s$（CC）或 $VVh_sh_sh_s$ 或 SKC 或 NSC（预报云组）

本组编报方法与 METAR 中相同。当碧空时编报"SKC",当无重要的云时编报"NSC"。

(10) 第十组 PROBC_2C_2 GGG_eG_e（概率组）

本组表示预计气象要素出现另一数值的概率和时间。PROB 为概率指示码，C_2C_2 为概率，只用 30% 或 40% 表示。若概率小于 30%，则认为不适宜用 PROB 组报；当概率超过 50% 时，视情况可用"BECMG""TEMPO"或"FM"表示。GGG_eG_e 表示变化的起止时间，如"1500PROB4012140800FG"表示"能见度 1 500 m，12～14 时有 40% 的概率出现能见度 800 m 和大雾"，"PROB30TEMPO1517"表示"15～17 时，有 30% 的概率，短时出现……"。

(11) 第十一组 TTTTGGG_eG_e 或 TTGGgg（气象要素变化组）

本组表示气象要素在 gg 或 GG～G_eG_e 时段内发生变化。如果 G_eG_e 编报为"24"，则表示预报时段终止于午夜。

若时间指示组 TTGGgg 编报为"FMGGgg"形式（从 GGgg 开始），则表示一份预报中某个独立部分开始时间为 GGgg。当使用"FMGGgg"组时，该组之前的预报状况将全部由"FMGGgg"组之后的预报状况所取代。

变化组 TTTTGGG_eG_e 编报为"BECMG GGG_eG_e"形式，用来描述预报的气象状况在 GG～G_eG_e 时段内的某个时间，预期以规则或不规则的速度发生变化。GG～G_eG_e 时段一般不得超过 2 h，最多不超过 4 h。变化组之后是预报有变化的所有要素。若变化组之后没有描述某一要素，则表示在 G_1G_1～GG 时段内对该要素的描述在 GG 之后继续有效。

变化组 TTTTGGG_eG_e 编报为"TEMPO GGG_eG_e"形式，用来描述对预报的气象状况频繁的或偶尔的短暂波动，并且每次波动不得超过 1 h，其累计所占时间不超过 GGG_eG_e 时段的一半。

(12) 第十二组 TXT_FT_F/G_FG_FZ TNT_FT_F/G_FG_FZ（预报气温组）

T 为气温指示码；T_FT_F 为预报的气温单位摄氏度。若为负值则前面加 M。G_FG_F 为预计出现该气温的时间（UTC），Z 为 UTC 指示码。简语 TX 是预报时段内的最高气温指示码，TN 是预报时段内的最低气温指示码。

如电码"TX25/06ZTN15/23Z"译为"预计最高气温 25 ℃ 出现在世界时 06 时，最低气温 15 ℃ 出现在世界时 23 时。

3．电码举例

TAF ZBAA 130430Z 130615 31007MPS 8000 SHRA FEW005 FEW010CB SCT018 BKN025 TEMPO 1014 4000 ＋SHRA PROB30 TEMPO 1315 TSRA SCT005 BKN010CB

译文：首都国际机场的机场（航站）天气预报，发报时间 13 日 04 时 30 分（UTC），预报有效时间为 13 日 06～15 时（UTC）。地面风向 310°，风速 7 m/s，能见度 8 000 m，中阵雨。有 1/8～2/8 量的云，云底高度 150 m；1/8～2/8 量的积雨云，云底高度为 300 m；3/8～4/8 量的云，云底高度为 540 m；5/8～7/8 量的云，云底高度 750 m。预计在 10～14 时（UTC）有短暂变化：能见度变为 4 000 m，大阵雨。在 13～15 时（UTC）有 30% 概率出现中等强度的雷雨，3/8～4/8 量的云，云底高度 150 m；5/8～7/8 量的积雨云，云底高度 300 m。

TAF ZUUU 050340 050606 35003MPS 5000 BR SCT030 TX20/07Z TN12/23Z

译文:成都双流机场的机场(航站)天气预报,发报时间 5 日 03 时 40 分(UTC),预报有效时间为 5 日 06 时(UTC)到 6 日 06 时(UTC);风向 350°,风速 3 m/s;能见度 5 000 m;轻雾,云量疏云,云底高 900 m;最高气温 20 ℃ 出现在 07 时(UTC),最低气温 12 ℃ 出现在 23 时(UTC)。

TAF COR ZUUU 250550Z 250615 03003MPS 3500 BR SCT030 OVC080 TEMPO0610 -TSRA SCT033CB SCT033 OVC070

译文:成都双流机场 25 日 05 时 50 分(UTC)发布的有效时间是 25 日 06~15 时(UTC)的 TAF 更正报(发报错);地面风向 30°,风速是 3 m/s;能见度是 3 500 m;轻雾,云量 3/8~4/8,云底高 900 m;云量 8/8,云底高 2 400 m。06~10 时(UTC)将发生短时变化:雷暴伴弱降水,积雨云,云量 3/8~4/8,云底高 1 000 m;云量 3/8~4/8,云底高 1 000 m;云量 8/8,云底高 2 100 m。

TAF AMD ZGGG 042100Z 042106 08004MPS 6000 SCT040 SCT100

译文:广州白云机场在 4 日 21 时(UTC)发布的有效时间为 4 日 21 时(UTC)到 5 日的 06 时(UTC)的 TAF 修订报(预报错);地面风向 80°,风速是 4 m/s;能见度 6 000 m;云量疏云,云底高 1 200 m;云量疏云,云底高 3 000 m。

TAF AMD ZSSS 242100Z 242106 CNL

译文:上海虹桥机场在 24 日 21 时(UTC)发布的 TAF 修订报(预报错);取消先前发布的有效时间为 24 日 21 时(UTC)至 25 日 06 时(UTC)的 TAF 报。

11.5.4 航路天气预报(ROFOR)

1. 电码格式

(1) 第一段

```
ROFOR            (YYGGggZ)Y₁Y₁G₁G₁G₂G₂         KMH
航路天气预报      发报日时分预报起止时间           风速单位
CCCC             (QL_aL_aL_oL_o)     CCCC         0i₂ZZZ         (VVVV)
起点站名          附加点组            终点站名      航段指示组       能见度
(W₁W₁W₁)N_SN_Sh_sh_s     7h_th_th_fh_fh_f              (6I_ch_ih_ih_it_L)
天气现象组云量和云高      云顶和 0 ℃ 层高度              积冰组
(5Bh_Bh_Bh_Bt_L)    (4h_xh_xT_hT_hd_hd_hf_hf_hf_h)      (2h'_ph'_pT_pT_p)
颠簸组               某高度气温风组                 对流层顶高度和气温
```

(2) 第二段

```
(11111              QL_aL_aL_oL_oh_jh_jf_jf_jf_j)
高空急流轴位置       急流轴高度和风速
```

(3) 第三段

(22222$h'_m h'_m f_m f_m f_m$ ($d_m d_m VV$))
风组指示码某高度   最大风速风向和垂直风切变

(4) 第四段

9$i_3$nnn
补充现象组

2. 电码说明

各组名称上面已说明,译电方法大体上与机场天气预报相同,现重点说明如下十点:

(1) 附加点组:Q$L_a L_a L_o L_o$

在国内,如果在起点站和终点站间需要选一个或几个附加点,则一般多用站名代号表示。在国际上可用 Q$L_a L_a L_o L_o$ 表示,Q 表示地球八分象限(见表 11-20)。Q$L_a L_a L_o L_o$ 分别表示纬度和经度整度数,并略去百位数。如附加点为"24017"表示"该点在北纬40°,东经117°"。

表 11-20 地球八分象限

电 码	北半球经度	电 码	南半球经度
0	0°~90°W	5	0°~90°W
1	90°~180°W	6	90°~180°W
2	180°~90°E	7	180°~90°E
3	90°~0°E	8	90°~0°E

(2) 航段指示组:0i_2ZZZ

本组用在航路各段或各点预报的开头,编报含义如表 11-21 所列。如"03ZBAA"表示"直到北京"。其中出现的"Q"的含义可见上一组说明。

表 11-21 航段指示组电码含义

0i_2ZZZ	含 义
00000	直至转折点(第一个附加点)为止
01Q$L_a L_a$	至纬度 $L_a L_a$
02Q$L_o L_o$	至经度 $L_o L_o$
03CCCC	至 CCCC 点
04nnn	至距前一地点的 nnn km 处
05QZZ	至气象 ZZ 编号地区的 5 号带
06Q$L_a L_a$	在纬度 $L_a L_a$ 处
07Q$L_o L_o$	在经度 $L_o L_o$ 处
09nnn	在距前一地点 nnn km 处

(3) 天气现象组:($W_1W_1W_1$)

当预报有表 11-22 中任何一种天气现象时可按表中电码编报。

表 11-22 航路天气现象电码

电码	天气	电码	天气
111 或 TS	雷暴	555 或 MTW	明显的地形波
222 或 TRS	热带气旋	666 或 SAND	大面积沙暴
333 或 LSQ	强飑线	777 或 DUST	大面积尘暴
444 或 HAIL	冰雹	888 或 FZR	冻雨

(4) 云组和 7 字组:$N_sN_sN_sh_sh_s$ $7h_th_th_th_fh_fh_f$

云的预报与机场天气预报相同,7 为云顶高度指示码,$h_fh_fh_f$ 为 0 ℃ 层高。对每一层云,必须成对地使用云组和 7 字组,航线上的云顶高度采用海拔高度。若预报了两个云组但只预报了一个 0 ℃ 层高,则第二个 7 字组应编报为"$7h_th_th_t$///",表示 0 ℃ 层高度同前。若只预报了一个云组但预报了两个 0 ℃ 层高,则第二个 7 字组应编报为"7///$h_fh_fh_f$",表示云顶高度不详。

(5) 积冰组:($6I_Ch_ih_ih_it_L$)

6 为积冰指示码,I_C 为积冰类型,编报方法参见表 11-23。$h_ih_ih_i$ 为积冰层底的高度(电码×30 m),t_L 为积冰层的厚度(电码×300 m)。如"621002"表示"在 3 000 m 高度上有厚度为 600 m 的云中轻度积冰"。

(6) 颠簸组:($5Bh_Bh_Bh_Bt_L$)

5 为颠簸指示码,B 为颠簸类型,编报方法参见表 11-23。$h_Bh_Bh_B$ 为颠簸层底高度(电码×30 m),t_L 为颠簸层厚度(电码×300 m)。如"532002"表示"在 6 000 m 高度上有厚度为 600 m 的晴空频繁中度颠簸"。

表 11-23 积冰类型和颠簸类型

类型电码	积冰类型	颠簸类型
0	无积冰	无颠簸
1	轻度积冰	轻度颠簸
2	云中轻度积冰	晴空不频繁中度颠簸
3	降水中轻度积冰	晴空频繁中度颠簸
4	中度积冰	云中不频繁中度颠簸
5	云中中度积冰	云中频繁中度颠簸
6	降水中中度积冰	晴空不频繁强烈颠簸
7	严重积冰	晴空频繁强烈颠簸
8	云中严重积冰	云中不频繁强烈颠簸
9	降水中严重积冰	云中频繁强烈颠簸

(7) 某高度气温和风组:($4h_xh_xh_xT_hT_hd_hd_hf_hf_h$)

4 为指示码,$h_xh_xh_x$ 表示某高度(电码×30 m),T_hT_h 表示该高度的气温,d_hd_h 表示该高度的风向(电码×10°),$f_h f_h f_h$ 表示风速,单位在前面已注明,我国一般采用 km/h(KMH)。

(8) 对流层顶组:$2h'_p h'_p T_p T_p$

2 为指示码,$h'_p h'_p$ 表示对流层顶高度(电码×300 m),$T_p T_p$ 表示对流层顶气温。

(9) 第二段和第三段补充说明

急流轴高度(电码×300 m),最大风速高度(电码×300 m),风向(电码×10°),垂直风切变 VV 的单位是$(km \cdot h^{-1})/300 m$。

(10) 补充现象组:$9i_3 nnn$

该组用来表示预报内容的补充说明或变化,其内容如表 11-24 所列。

表 11-24 $9i_3 nnn$ 的电码含义

$9i_3 nnn$	补充内容或含义
$91P_2P_2P_2$	预报的最低海平面气压
$92F_t L_a L_a$	锋面的类型和纬度的位置
$93F_t L_O L_O$	锋面的类型和经度的位置
$94F_t GG$	锋面的类型和过境时间
951///	沿航线渐变
$952L_a L_a$	沿航线在北纬 $L_a L_a$ 变化
$953L_a L_a$	沿航线在南纬 $L_a L_a$ 变化
$954L_O L_O$	沿航线在东经 $L_O L_O$ 变化
$955L_O L_O$	沿航线在西经 $L_O L_O$ 变化
$96GGG_p$	从 GG 时开始变化,持续 Gp 时
$97GGG_p$	从 GG 时短时波动,持续 Gp 时
$9999C_2$	变化概率是 C_2(10%为单位)
$99GGG_p$	$999C_2$ 变化的开始和持续时间

91、92、93 和 94 组都放在 ROFOR 电报有关部分的末尾,而当 96 和 97 组后没有描述某要素时,则表示前面对该要素的预报仍然有效,96 组后所描述要素情况在 G 时段结束后仍然有效,直至第 2 个变化组出现时方止。$9999C_2$ 组与 $99GGG_p$ 一起使用,之后即为预报要素的另一数值。

表 11-24 中锋面类型 F_t 的编报如表 11-25 所列。

表 11-25 锋面类型及电码

电码	含义	电码	含义
0	地面静止锋	5	地面以上冷锋
1	地面以上静止锋	6	锢囚锋
2	地面暖锋	7	不稳定线
3	地面以上暖锋	8	热带锋
4	地面冷锋	9	辐合线

3. 电码举例(报头略)

ROFOR 222308 KMH ZYDD ZBAA SCT100 7150/// 4100M02 31030 4110M05 32040

译文:预报有效时间为 22 日 23 时(UTC)到 23 日 08 时(UTC),丹东机场到首都国际机场的航路天气预报;有 3/8～4/8 量的云,云底高度 3 000 m;云顶高为 4 500 m;3 000 m 高度气温为-2 ℃;风向 310°,风速 30 km/h;3 300 m 高度气温为-5 ℃,风向 320°,风速 40 km/h。

ROFOR 180010 KMH ZBAA 23518 ZSSS 01235 SCT030(Cb)7300210 BKN230 7240/// 541208 420001 18090 03ZSSS SCT026 7050220 96062 BKN050 7120/// 418005 21060

译文:航路天气预报,有效时间为 18 日 0～10 时(UTC),风速使用单位为 km/h。航线为北京(35°N,118°E)至上海。从北京到 35°N 的航段上,有 3～4 个量积雨云,云底 900 m,顶高 9 000 m,0 ℃层高度 6 300 m;5～7 个量的云,云底高 6 900 m,云高 7 200 m,0 ℃层高度不明;云中中度颠簸,不频繁,颠簸层底高 3 600 m,厚 2 400 m;在 6 000 m 高度上气温为 1 ℃,风向 180°,风速 90 km/h。从 35°N 至上海的航段上,有 3～4 个量的云,云底高为 780 m,云顶高 1 500 m,0 ℃层高度 6 600 m;06～08 时将变化为 5～7 个量的云,云底高 1 500 m,云顶高 3 600 m,0 ℃层高度同前;5 400 m 高度上气温为 5 ℃,风向 210°,风速 60 km/h。

11.5.5 区域天气预报(ARFOR)

区域天气预报(Area Weather Forecasts)是指对某一区域的天气预报和预告。一般为中低空航线提供。主要内容包括云、天气现象、飞机颠簸、飞机积冰、飞行高度上的风、气温等。它常以 ARFOR 电码和缩写明语形式的电码及图表给出。这里仅介绍 ARFOR 电码形式的航空区域天气预报。

1. 电码格式

(1) 第一段

ARFOR	$(YYGGggZ)Y_1Y_1G_1G_1G_2G_2$	KMH	AAAAA
航空区域天气预报	预报的日时分起止时间	风速单位	区域

(VVVV)	$(W_1W_1W_1)$	$N_SN_Sh_Sh_S$ 或 $VVh_Sh_Sh_S$ 或 SKC 或 NSC	
能见度	天气现象组	云及天空状况组	

$7h_th_th_fh_fh_f$	$6I_ch_ih_ih_it_L$	$5Bh_Bh_Bh_Bt_L$
云顶和 0 ℃层高度	积冰组	颠簸组

$(4h_xh_xT_hT_hd_hd_hf_hf_hf_h)$	$(2h'_ph'_pT_pT_p)$
某高度气温风组	对流层顶高度和气温

(2) 第二段

(11111	$QL_aL_aL_oL_oh'_jh'_jf_jf_jf_j)$
高空急流轴位置	急流轴高度和风速

(3) 第三段

(22222　　　　$h'_m h'_m f_m f_m (d_m d_m VV)$)
风组指示码　　某高度最大风速风向和垂直风切变

(4) 第四段

$9i_3 nnn$
补充现象组

2. 电码说明

① 以上各组编译方法和航路天气预报(ROFOR)中相关组相同。

② AAAAA为区域组,一般可用简明语,如可用纬度/经度表示。

3. 电码举例(报头略)

ARFOR 152409 KMH N40E90 N40E100 N25E100 N25E90 BKN060 7120140 OVC120 7180/// 621602 51//// 4160M04 24065

译文:航空区域天气预报,预报有效时间为15日24时到16日09时(UTC),风速使用单位为km/h,预报的区域为(40°N,90°E),到(40°N,100°E),到(25°N,100°E),到(25°N,90°E)。多云,云底高1 800 m,云顶高3 600 m,0 ℃层高度为4 200 m;阴天,云底高3 600 m,云顶高5 400 m,0 ℃层高度同前;云中轻度积冰,积冰层底高4 800 m,厚600 m;有轻度颠簸,高度和厚度不明;4 800 m高度上气温为−4 ℃,风向240°,风速65 km/h。

第 12 章　航空气候

12.1　我国航空气候

航空气候是指与航空活动有关的气候。制作航空天气预报,特别是中长期航空天气预报,必须了解预报地区的航空气候;建设新机场、开辟新航线、制定飞行训练计划,也必须了解该地区的航空气候。因此,气象人员和飞行人员都应该了解和熟悉我国航空气候的基本特征。

12.1.1　我国航空气象要素分布

与航空活动关系密切的气象要素有云、风、能见度、雷暴等,本节简单介绍这4种气象要素。

1. 云

(1) 云量的分布

1) 总云量的分布

云的形成与水汽条件有关,我国南方水汽多、北方水汽少。因此,我国总云量分布情况基本上是南方多于北方,在四川、贵州一带最多,在内蒙古北部最少。

2) 低云量的分布

与飞行关系比较密切、影响直升机起落的低云的分布情况也是南多北少。低云量最少的地区在南疆,年平均低云量为0.2~0.7成,尤其是在10月份,南疆部分地区基本上不出现低云。低云量最多的地区在贵州,年平均低云量为6~7成。低云量最多的季节,长江以南多在冬末春初,黄河以北、青藏高原以及云南地区多在夏季,而川黔一带的低云量在冬季最多。

(2) 云状分布

对于云状分布,这里是以年平均频率来表示的。此处所指的频率是指当累积云量≥4成时,该云状出现次数(24 h观测)占累积云量≥4成出现次数的百分比。一般来说,年平均频率大,说明该云状全年平均出现次数所占比例大或出现次数多;年平均频率小,则相反。

以年平均频率来说,我国出现的云状以卷云、高积云和层积云为最多,其中层积云的出现频率在我国的有些地方高达60%以上。

低云与飞行关系密切,在我国出现最多的低云是层积云、积雨云和碎雨云3种。下面介绍这3种云的分布特征。

1) 层积云

层积云在川黔地区出现的频率最大(高值中心区达60%以上),向北呈带状减少,在内蒙古和南疆的频率在10%以下(南疆西南部在5%以下,为频率最小区)。长江以南的华东地区的频率变化较大,一般为30%~60%。

2) 积雨云

积雨云属对流云,因此在一年内主要出现在夏季。一般除长江以南(尤其是青藏高原)全年都可出现外,全国多数地区3月份才开始出现,11月份就已消失。因此,积雨云除夏季出现频率较大外,全年平均频率值一般较小。

积雨云在青藏高原出现的频率最高全年皆可出现,如在当雄地区,积雨云的年平均频率达17.4%,夏季各月平均可达28%,年日数在200天以上。新疆南部是积雨云出现日数最少而且频率最小的地区,年平均频率不到0.5%,夏季各月平均仅1%左右,而一年出现日数不到10天。我国东部地区积雨云出现频率自黄河流域向南、向北增加,南部最高达4%(年日数达100天),北部最高达2%(夏季月频率可达8%~9%),年日数在40天左右。

3) 碎雨云

碎雨云分布在川黔地区和南岭以北。湖南地区频率最大(15%以上),其中贵阳为20%、大托铺为21%。碎雨云在100°以西地区出现甚少,年平均频率几乎为零。

季节分布情况:冬春季节,四川盆地、南岭山地西北部为频率高值区;夏季,这些地区的频率相对减少,而华北等地有所增加;秋季又恢复与冬春季相似的分布情况。

2. 风

(1) 风　向

我国地域辽阔,境内山峦起伏、河流纵横,地表性质和地形十分复杂,地方性风比较明显,致使我国各地的风向变化有很大差异。但从整体上看,我国大多数地区为典型季风气候,故盛行风向仍具有明显的季节变化规律。

冬季,受大陆冷高压控制,各地多盛行偏北风。其中华北地区多北风、西北风;长江流域及以南地区则多东北风;云南地区由于受西南气流的作用,其西部盛行西南风,东部盛行东南风。

夏季,由于气压场配置与冬季相反,因此大部地区以偏南风为主。其中东南沿海以东南风为最多;云南地区由于受西南季风控制,盛行西南风。另外,在有些地方由于受局地地形影响,常年风向几乎保持不变。

(2) 风　速

我国大多数地区年平均风速在1~4 m/s。其中华北、东北、西北和青藏高原的风速较大,年平均风速为2~4 m/s;西南、华南和长江流域风速较小,年平均风速为1~3 m/s。

我国有3个地区风速最大:第一个地区是地形平坦的中蒙边境地区,年平均风速为4~5 m/s;第二地区是地势最高的青藏高原,年平均风速为4 m/s;第三地区是台湾海峡附近的东南沿海地区,年平均风速为5~6 m/s以上。

我国静风(风速小于0.3 m/s)在四川盆地和云南西部出现最多。静风不利于烟雾扩散,在静风出现频率高的城郊地区,一般能见度较差。

(3) 大　风

大风是指最大风速≥17 m/s的风,它是灾害性天气现象之一。由于大风常具有阵性和强烈的湍流涡旋,因此会给直升机起降操纵带来极大困难。地面大风对机场停放的直升机也可造成损害,特别是与强雷暴有关的飑线、龙卷等,产生的极强的风可能冲击损坏直升机。

寒潮冷锋、热带风暴、气旋雷暴等都会带来大风，因此我国一年四季都可能出现大风。全国各地大风日数的分布非常复杂，由于地形影响在小范围可能有很大差异。一般来说，大风日数是北方多于南方，沿海多于内陆，高山、隘口多于河谷和盆地。

我国大风出现日数因季节不同而不同。冬季，寒潮爆发在冷锋后产生偏北大风，但大风日数较春季为少。春季，在长江以北，尤其是在华北、东北平原地区，由于天气系统多变，除冷锋后的偏北大风比冬季增多外，还多偏南大风，是大风日数最多的季节。夏季，大风日数分布比较分散，受雷暴活动影响较大。雷暴大风来势猛，风速很大，破坏力强，在我国北方和南方都有出现。另外，在我国东南沿海一带，由于夏秋季节热带风暴的侵袭而多大风，个别年份华北沿海也有出现，极大风速可达 40 m/s 以上。

3. 能见度

(1) 能见度的分布

从全国来看，能见度的分布是北方好、南方差，内陆好、沿海差，青藏高原最好，四川盆地最差。

能见度小于 1 km 的年日数，以青藏高原与内蒙古部分地区最少，全年不足 10 天。四川盆地、华东、辽东等沿海地区，以及东北三江平原一带，由于多雾，致使全年能见度小于 1 km 的日数达 40 天以上，最多达 90 天。全国其他地区能见度小于 1 km 的年日数一般在 20 天左右，新疆南部由于风沙较多，可达 40 天以上。

能见度小于 4 km 的年日数与小于 1 km 的年日数分布基本相似，但在日数上增加很多。全国以青藏高原日数最少(小于 30 天)，四川盆地日数最多(大于 200 天)。华东部分沿海地区以及东北等工业城市附近也可达 200 天以上，后者与多烟有密切的关系。我国新疆南部，因大风引起风沙和浮尘等天气现象，致使能见度小于 4 km 的年日数可达 100 天以上。全国其他地区能见度小于 4 km 的年日数多在 60～100 天。

(2) 能见度的季节变化

一般来说，我国各地区能见度情况为冬季坏而夏季好。如以各月能见度小于 4 km 出现日数来分析，其中年变化情况仍有差别。四川盆地、陕南和河南部分地区，以及东北北部，除冬季能见度小于 4 km 的日数最多和夏季能见度小于 4 km 的日数最少外，秋季能见度小于 4 km 的日数也较多；而对华北北部和长江以南的大部分地区来说，春季是能见度小于 4 km 的日数较多的季节。另外，在华北沿海和东北东部的一些地区，除冬季能见度小于 4 km 的日数最多外，夏季也是能见度小于 4 km 的日数较多的季节。在我国西北地区，能见度小于 4 km 的日数以春季最多，这是因为那里气候干燥，春季多大风而引起风沙与浮尘。

4. 雷　暴

(1) 年雷暴日数分布

我国年雷暴日数分布形势为南方多于北方、山地多于平原、陆地多于海洋。年雷暴日数最多的是云南南部与海南、两广地区，达 90～100 天以上。其中云南最南部和海南中部山区可达 120 天以上。青藏高原东部和横断山区中北段是全国雷暴的次多中心，达 80～90 天。

年雷暴日数从南向北明显减少。东部地区大约在长江以北、青藏高原东部(大约 35°N 以北)年雷暴日数降到 50 天以下(天山、祁连山除外)。雷暴最少的地区在西北塔里木、柴达木、吐鲁番盆地和藏北高原,这些地方年雷暴日数仅5~10天,甚至不足5天。

(2) 雷暴平均初终期分布

1) 平均初雷日期

初雷日期从南向北逐渐推迟。长江以南的平均初雷日期在3月上旬以前,长江至淮河流域的平均初雷日期一般在3月中旬至下旬,黄河流域、华北平原的平均初雷日期在4月下旬至5月上旬,内蒙古和东北地区的平均初雷日期迟至5月上旬以后;西北盆地内部的平均初雷日期最晚,一般在6月上旬。

我国平均最早初雷日期不在南方海岛上,而在湘西山地,那里平均初雷日期在1月下旬。青藏高原上平均初雷日期一般比同纬度的东部平原地区晚一个月左右。

2) 平均终雷日期

我国的平均终雷日期长江流域以南和青藏高原地区的平均终雷日期在10月上旬以后,长江以北广大地区的平均终雷日期在9月下旬,但这些地区山地的平均终雷日期要推迟到10月上旬。西北内陆盆地的平均终雷日期最早,约在8月下旬以后就不再闻到雷声了。云贵高原上的平均终雷日期最晚,要推迟至11月中、下旬。

总之,我国地域广大,各地距海远近和纬度差异很大,加上地形不同,年雷暴日数分布、出现时间有很大差异。

3) 雷暴的年变化

从雷暴初终期可知,我国的雷暴主要发生在夏半年,但各地雷暴期的长度、集中程度和集中月份有所不同。我国雷暴出现最多的月份,东北和西北部分地区在6月,华南地区在8月,其余广大地区则在7月。关于雷暴的集中程度,北方比较突出,南方则较差。如长春6月雷暴日数为10天,7月雷暴日数为7天,6、7月雷暴日数共占全年雷暴日数的51%,而5月雷暴日数仅为2.9天。华南的宁明雷暴集中程度较差,5~9月各月雷暴日数皆在10天以上,其中5~8月各月雷暴日数皆在13.9~17.3天,而6、7月的雷暴日数仅占全年雷暴日数的34.7%。

另外,秦岭、淮河以南地区具有双峰型的雷暴年变化特点,最高峰在7、8月,而次高峰则出现在4~6月。

4) 雷暴的日变化

雷暴的日变化比较明显,一般在下午或傍晚出现的次数最多,而清晨或上午出现的次数最少。但由于地形以及地理位置的关系,四川盆地以下半夜最多,下午15~18时为次多,上午最少。

12.1.2 我国各区航空气候特征

我国幅员辽阔,地形复杂,各地距海远近不同,因此不同地区具有不同的航空气候特征。

根据与航空活动关系最密切的低云、能见度和雷暴3个气象要素在全国各个机场分布状况的统计分析、归纳分类,可将我国分为9个航空气候区,即东北区、华北区、江淮区、江南区、四川盆地区、云南区、内蒙区、新疆区和高原区。

1. 东北区

本区包括辽宁、吉林、黑龙江三省和内蒙古北部和东部部分地区。

（1）气候特征

本区地理纬度较高，其气候特点是冬季寒冷、山区雪深、平原风大、气温年较差显著、雨量集中于夏季。

冬季寒冷而漫长，北部1月平均气温在-30 ℃左右（极端气温皆在-40 ℃以下），南部也在-6 ℃以下。由于此时受大陆冷高压控制，天气一般以晴天为主，降水（主要是降雪）较少，对飞行有利。1月晴天日数在10～15天左右，月降水量大都在10 mm以下，但冬季地面常有积雪，年积雪日数在100天以上，积雪深度可达50 cm，山区更甚。另外，冬季城市附近机场由于受烟的影响，能见度较差，对飞行有一定影响。

春季气温回升，4月大部地区平均气温已上升到0 ℃以上，由于还未受到夏季风的影响，气候干燥，降水较小，对飞行有利。另外，春季多大风，尤其是平原地区，大风引起风沙，使能见度转坏，对飞行有影响。

夏季气温高，7月平均气温皆在20 ℃以上，极端气温除山区外，可达35 ℃以上。由于夏季海洋上的潮湿空气不断向北输送，致使云量增多、降水增加，因此，7、8月低云、暴雨对飞行影响较大。

入秋后冬季风开始盛行，气温明显下降，天高云淡，降水骤减，能见度较好，适宜于简单气象条件飞行。

（2）重要机场气候特点

1）沈阳机场

位于本区中部的沈阳机场的全年气候特点：冬烟雪、春风沙、夏有雷暴和低云、秋高气爽宜飞行。

每年11月至次年3月多碧空或高云天气，影响飞行最大的是烟幕，其次是雪，两者使能见度小于5 km的频数达90%。春季少雨，少低云，大风引起的风沙多，天气干旱。夏季影响飞行的主要因素是雷暴和低云。沈阳90%的雷暴属于锋面雷暴，夏季平均每4天就有一次雷暴，多集中于15～17时，在雷暴云底前方和中部有强烈升降气流，对飞行危害很大。

2）哈尔滨机场

冬季哈尔滨机场在冷高压控制下，风小且逆温层强，受市区烟的影响最大。11月至次年3月，烟雾使能见度小于2 km的天数可达86天，雪使能见度小于2 km的天数只有9天。春季，在南高北低的气压形势下，多有西南大风，并偶伴有风沙，影响能见度。夏季多冷锋雷暴及冷涡雷暴，春秋季的雷暴都是强冷锋雷暴，全年平均雷暴日有29天，雾日有11天，大风日数为46天。

2. 华北区

本区包括黄土高原及其以东，阴山以南，郑州、开封一线以北广大地区。

（1）气候特征

华北区东部濒临黄海、渤海，气候较湿润；西部距海较远，又为高原，气候比较干燥。

冬季受冷高压控制，较为寒冷，1月平均气温都在0 ℃以下（南部为-1 ℃左右，北部为-10 ℃以下）。本季降水较少，但伴随寒潮常可产生偏北大风。冬季晴天日数最多，各月皆在10天以上，颇有利于简单气象飞行。

春季天气多变,气温回升快,大部分地区4月平均气温都在8℃以上,平原地区可达12天以上。晴天日数比冬季有所减少,阴天日数比冬季有所增加,尤其是在东部,比较适合复杂气象条件飞行。春季多大风,大风日数占全年的40%～50%,其西部黄土高原地区还多风沙天气,故能见度较差。

夏季东南风盛行,气温升高,大部分地区比较炎热。高温区位于山西省的部分盆地和华北平原,那里最高气温大于30℃,极端最高气温可达40℃以上。夏季为雨季,降水自西北向东南增加,季降水量为200～500 mm,占全年的60%～75%。同时暴雨和雷暴增多,西部在夏初还易产生冰雹。

秋季天气一般晴好、凉爽,冷空气在季末已控制本区。晴天日数增多,阴天日数减少,适合简单气象条件飞行。秋季,本区东部月平均气温仍在0℃以上,而西部已在0℃以下了。

本区东部山东半岛沿海地区在冬季易产生扰动低云,在夏季易产生平流低云,云量多在八至十成,高度低,移动快,对飞行影响较大。

(2) 重要机场气候特点

位于本区的首都国际机场的气候状况体现了本区主要气候特点。冬半年多晴天,有时有低云且多出现在清晨、上午或傍晚,低云最低高度仅50～100 m。大风季节出现在冬春季(11月至次年4月),全年平均大风日数为9～11天,最大平均风速可达28 m/s,风向多为西北风。

雷暴出现时间在4～10月,全年平均雷暴日数为40～41天。以夏季最多,每月平均9～11天左右,出现时间多在下午至傍晚,尤以17～21时为最多,持续时间大部分在1 h左右,但最长一次曾达18 h。雷暴多从西北方移来,消失在东南方,或从西南方移来,消失在东北方,以冷锋雷暴占多数。

能见度一般大于10 km。但在12月至次年3月份的冬半年能见度常受烟的影响而小于4 km,全年平均雾日为13～14天,9～12月最多,且多为辐射雾,一般出现在清晨6～8时。

3. 江淮区

本区位于35°N以南,大巴山至长江及其以北地区。

(1) 气候特征

冬季本区气温较低,月平均最低气温皆在0℃以下,尤其是在秦岭以北,可达-8℃以下。本季降水较少,仅占全年的5%～10%,南部稍多。云量同样是南部多于北部,尤其是淮河以北,天气晴好。

春季由于气旋活动频繁,天气多变。淮河以北以晴天为主,干燥多大风,黄河沿岸多风沙,淮河以南天气稍坏,雨日稍多,要注意雷暴对飞行的影响。

夏季气温较高,天气炎热。7月平均气温在26～28℃。仅东部沿海和西部山区气温稍低,其他地区极端最高气温皆可达40℃以上,其中渭河谷地、河南大部和武汉地区,最高气温≥35℃日数可达20天以上。夏季是雨季,云雨多,常有暴雨和雷暴,初夏雨区位于淮河以南的长江流域,此时正为该地区的梅雨季。盛夏时雨区北移,淮河以北降雨量增多,而淮河以南则多晴天。

秋季冷空气已影响本区,多秋高气爽的晴朗天气。此时雨量减少、晴天增多,是简单气象飞行日数较多的季节,但在秦岭及其北的渭河谷地则多秋雨。另外,在有些年份,本区南部在秋季也可发生连阴雨天气。

（2）重要机场气候特点

1）上海机场

上海机场位于本区东部，地方性气候特点主要是受雾、海陆风及市区烟粒的影响。本场辐射雾最多出现在 9～12 月，平流雾最多出现于 3～5 月，锋面雾最多出现于 12 月至次年 3 月。6～9 月出现的雾比较少。在 9～10 月，雾一般在半夜到早晨出现，9 时消散。11 月至次年 4 月，在傍晚、早晨、上午均有可能产生雾，特别是在 3～5 月，平流雾到中午才能消散。

冬、春两季多出现锋面低云，云高在 100 m 左右。春季平流低云云高小于 100 m，对飞行影响较大，10～16 时云高在 100 m 左右，可利用日变化争取飞行。另外，当台风侵袭，地面低压在长江口、东海发展或有雷暴来临时，在地面均会出现大风，极大风速可达 35 m/s 以上，对飞行造成很大威胁。

本场雷暴始于 2 月，终于 10 月，但初雷和终雷时节雷暴出现次数极少，其强度也很微弱。雷暴主要出现在 6～9 月，大约每年平均有 20～45 天，特别集中在盛夏时期，最多时几乎每天都有。春季雷暴约每年平均有 5～15 天，春季雷暴多属锋面雷暴，大多数都隐藏在其他云层之中，多数雷暴出现在半夜到上午。夏季雷暴多孤立分散，但其强度比春季雷雨强，有时伴有大风，绝大多数出现在中午到傍晚。

2）南京机场

南京（大校场）机场春季阴雨连绵，多低云，4 月主要受移动来的西南低涡、静止锋、冷锋及气旋影响，一般云高为 200～300 m。6～9 月有雷暴且为台风季节，尤以 8 月台风盛行，因有较强的对流性不稳定天气，会有龙卷风和冰雹出现。雷雨一般出现在 3～9 月。春季（3～5 月），一般为天气系统影响而产生的雷雨，大多在夜间到早上 8～9 出现，9 时后逐渐减弱消失，雷雨强度不大，但积雨云往往被碎云所遮，很难发现，因而对飞行影响较大。7～8 月热力性雷雨较多，一般出现在 12～18 时，云系发展较快，积雨云较易观测，飞行时可以绕飞。

冬季受辐射雾影响，能见度常小于 1 km，雾一般出现于早晨 3～4 时，上午 8～9 时开始消散。

3 月、4 月、7 月出现 8 m/s 以上的大风日数最多，有 11～13 天，9 月最少，但极端最大风速出现在 8 月，曾达到 17 m/s。

4. 江南区

本区包括长江以南的广大地区。

（1）气候特征

江南区年平均总云量大于六成，低云量大于四成。全低云阴天年日数在 70 天以上，最多在贵州，可达 160 天以上；最少在本区东北部，约为 60～80 天。

本区降水量大都在 1 200 mm 以上。一般在春末夏初降水最多，但秋季由于热带气旋影响，南部又有一段秋雨期，而北部则为秋高气爽的少雨天气。

冬季在南岭以南气温较高，月平均气温在 10 ℃ 以上，日最低气温也很少达 0 ℃ 以下。南岭以北，冬季湿冷，虽然月平均最低气温大都在 0 ℃ 以上，但极端最低气温都在 0 ℃ 以下，北部甚至可达 −10 ℃ 以下，因此冬季较冷。

夏季除贵州地区外都比较炎热，尤其是中部和北部地区，在盛夏（7、8 月）季节炎热而晴朗,平原、盆地地区极端最高气温可达40 ℃以上,如长沙为40.6 ℃。

本区雷暴日数多,是各区中平均雷暴日数最多的一个区。一般年雷暴日数北部为50天左右,南部在70~100天,最南部的海南岛可达120天以上,并且全年皆可发生。因此,雷暴是本区影响飞行的主要天气现象之一。

(2) 重要机场气候特点

1) 广州机场

位于本区的广州(白云)机场属海洋性气候,常年雨量充沛,气温偏高。年平均气温在20~23 ℃,9月气温最高,曾达38.4 ℃,一月气温最低,绝对最低气温到零下1.6 ℃。相对湿度平均在70%以上。冬半年多偏北风,夏半年多偏南风,平均风速2~3级。当有台风或雷雨大风时,最大风速可达34 m/s以上。

本场大雾不多,维持时间不长,9~10时便可消散。春季多受华南沿海静止锋影响,常出现低云和恶劣低能见度现象,此种天气云高经常在100 m左右,能见度也在1~2 km。维持时间较长,要等到冷空气增厚,静止锋南移或者暖湿气流加强,静止锋北移到南岭山区,低云抬高消散,能见度才会好转。

初雷一般在2月,终雷一般在10月,以6~8月最多,也有雷雨终年不停,年终连续到第二年。夏季4~6月多静止锋与低槽雷雨,出现时间多在后半夜到清晨;7、8月为副高控制下的气团雷雨,一般出现在午后对流发展最盛的情况下,经常带有阵风。对本场危害最大的是台风前沿东北方向来的雷雨,一般多出现在16时以后,21时以前,此种雷暴特点是强度大、发展快,并伴有大风,平均风速17 m/s,最大达34 m/s。降水强烈,有时还伴有冰雹,能见度短时很坏,对起降和停场飞机危害很大,但此雷雨维持时间不长,一般1 h左右。

另外,机场位于南海岸、珠江三角洲,经常受到太平洋移来的台风和南海台风的影响与侵袭。根据资料统计,每年5~11月为台风季节,以8月为最多,年平均7~8次,登陆的4次,对华南沿海地区有很大影响。

广州(白云)机场10月到次年1月是飞行最好的季节,晴空万里的天气常可持续几天。

2) 贵阳机场

位于本区西部的贵阳(磊庄)机场全年多阴天,每月阴天日数为14~21天,以冬半年最多,有"天无三日晴"之说。冬半年多层积云,常可维持数日,云底高在700~1 500 m。降水时有碎雨云,云底高为200~300 m。夏半年午前多淡积云,午后多浓积云和积雨云。雷暴全年41天,冬日皆可出现,较多的是4~8月,每月5~8天,雷暴来时极快,持续时间不长。

雾日全年达95天,以冬半年较多。地面多静风,除夏季有东南风外,其他各季以偏北风较多,大风年日数不足1天。

5. 四川盆地区

四川盆地区位于四川省东部,本区西部为成都平原,海拔一般在500 m左右,盆地四周为1 000~3 000 m的山脉环绕,东部为200~1 000多米的丘陵和山地。

(1) 气候特征

冬季较温和,最冷月平均气温为4~8 ℃,月平均最低气温很少低于0 ℃。天气少变,降水少而云雾多。总云量、低云量以及阴天日数皆为全国之冠。全年均可出现雾,年雾日达50天以上,而以冬季为最多,占全年的50%左右。由于雾和轻雾的影响,冬季能见度比较恶劣。

春季气温回升快,由于冷空气活动频繁,天气多变。盆地东部云雨较多,西部则天气较好,降水甚少。

夏季本区晴天相对多些,气温高,多雷暴,能见度良好。初夏除盆地西部云量较少外,其他地区多云雨,月降水量皆在150 mm以上,而且春末夏初多夜雨。盛夏盆地东部常出现连晴高温天气,极端最高气温可达40 ℃以上,而西部此时多云和暴雨。由于整个夏季相对其他季节来说,晴天日数较多,因此是简单气象飞行训练的旺季,但飞行时应注意雷暴等不稳定天气。

秋季气温降低,多连绵阴雨。自9月开始气温下降,而且西部早于东部,到11月各地月平均气温皆在14 ℃以下。本季自9月中旬至10月下旬常阴雨绵绵,雨量不大但低碎云常布满全天,对飞行影响较大。

(2) 重要机场气候特点

成都(双流)机场位于四川盆地,一年四季多阴天,风力小,湿度大。夏半年降水大于冬半年;夏末秋初夜间多雷暴;秋季多阴雨天气,多低云;冬半年多辐射雾。

低云一般出现在夏秋与冬春之交季节,往往在阴雨绵绵时出现比较低的云,有时地面上伴有1~4 m/s的东北风。此种天气出现,会给飞机起落带来一些困难。双流地区雷暴始于3月,终止于10月,夏季最多,春季次之。雷暴绝大多数出现在夜间,占总次数的85.5%,出现在上午最少,因此一般上午适于飞行。双流地区的雾,出现在冬半年,以辐射雾为主,一般晴天少云或云比较高(3 000 m左右)的情况下,当地面上水汽含量充沛时,往往有雾产生。雾生成的时间随天气状况而定,有早有晚,但多在上午10~11时消散,个别时候在12时以后消散,当有雾时能见度维持在1~2 km以下。

6. 云南区

本区包括云贵高原西部地区。

(1) 气候特征

云南区由于纬度低而海拔高,冬季不易受冷空气侵袭,故冬暖夏凉,气温年较差小,有四季如春的气候特点。本区四季不分明,但干湿季明显,11月至次年4月为干季,5~10月为湿季。

干季天气晴朗,干燥少雨,风大云少。月晴天日数可达10天,北部可达10~20天。各月降水量皆在50 mm以下。大风日数占全年的90%,月大风日数最多的地区可达5~14天。

湿季多阴雨潮湿天气。各月阴天日数少则20天,多则可达28天。月雨量较多,一般在300 mm以上,6~8月在本区南部由于多大雨和暴雨,月降水量可达300~600 mm。此外,降水持续时间较长,一般在10天以上,南部最长可达50天之久。雷暴频繁,占年雷暴日数的70%~80%,多雷暴地区月雷暴日数可达15~20天,本区西部和南部边境山区还常出现连绵阴雨兼有大雾天气。

(2) 重要机场气候特点

昆明(巫家坝)机场干季晴天日数居多,月平均低云量不超过18/5、10月至次年1月是低云出现日,云高约100~200 m。雾日小于3天,平均雷暴日为7.6天,偶尔有雪。1~4月多大风,或称风季,多为西南风,风速平均为8~12 m/s,多在午后出现。雨季多雷暴,平均为36.4天,多数属热雷暴,持续时间不超过1 h,雷雨时伴有短时低能见度和碎云。雨季能见度良好。云高除8月外均大于250 m,全年绝对最高气温为31.9 ℃(5月)、绝对最低气温为零下5.4 ℃

(1月),7 000 m 以下盛行西南风,夏半年 7 000 m 以上风向由西南转东,急流风速最大 61～70 m/s,都出现在 7 000 m 左右。

7. 内蒙区

本区主要包括祁连山以北的内蒙古高原地区。

(1) 气候特征

冬季本区处于冷高压控制之下,天气晴朗寒冷,仅在冷锋活动之时有大风和少量降雪,最冷月平均气温在 -10～-25 ℃,极端最低气温可达 -40 ℃ 以下。

春季天气系统活动频繁,常有大风天气,尤其以北部为最多,全年 8 级以上大风日数在 75 天以上,而且主要发生在春季。由于春季地面干燥,刮大风时易产生风沙,致使能见度恶劣而影响飞行。

夏季本区气温较高,高温区主要在西部,这里极端最高气温可达 40 ℃ 以上。另外,本区气温日变化也较大。夏季虽为雨季,但在本区表现不很明显。年降水量在 400 mm 以下,东部多而西部少。

秋季天气晴朗而温和,是一年中天气最好的季节,但风和日丽的天气一般维持时间不长,当冷高压活动开始增强时,气温便很快降低。

(2) 重要机场气候特点

当蒙古低压东移,气旋中心经过位于本区的锡林浩特机场时,可出现 20 h 以上的西南大风,最大风速可达 20～25 m/s。大风起时飞沙走石,天昏地暗,严重威胁飞行安全。另外,当冷锋、切变线、雷暴影响本场时,也会出现地面大风。

雷暴活动于 4～9 月,以 6～7 月为最多。一般多在午后出现,其次为前半夜,雷暴出现的主要形式是热雷暴、空中槽雷暴和冷锋雷暴。当热雷暴出现时,地面为弱高压,风微气闷,早晨有积云性高积云,午后有雷雨。当高空槽上有冷平流时,可以一连几天出现雷暴,一直到槽线破坏消亡为止,雷暴才能结束。冷锋雷暴一般出现在锋前,时间较短。

风沙、雾、烟都影响本场能见度。当西南风转西风时即起风沙,可使能见度短时少于 1 km,雾很少,日出后消散。当东北风小于 3 m/s 时有烟。

8. 新疆区

(1) 气候特征

本区位于大陆腹地,季节变化明显,寒暑悬殊,气候干燥,属典型的温带大陆性气候。

冬季气温低,多寒潮降温,平均风速小,大部分地区晴天多。气温分布一般是高山比盆地冷,盆地比山麓冷,北疆比南疆冷。北疆盆地 1 月平均气温低于 -20 ℃,极端最低气温在 -40～-35 ℃。南疆盆地和吐鲁番盆地较暖和,1 月平均气温为 -10～-8 ℃。冬季寒潮次数较多,且多从西部和北部侵入,最大降温可达 15 ℃ 以上。

春季升温快,4 月平均气温已达 8～18 ℃。春季山地和西部边境地区多阴雨,季降水量在 30 mm 以上,季阴天日数为 30～40 天。另外,由于春季天气系统活动频繁,多大风和风沙,全季 8 级以上大风日数约有 10～20 天,随大风而起的风沙天气在南疆非常突出,南疆是我国风沙最多的地区之一。当风沙和浮尘出现时,能见度十分恶劣。

夏季南疆比较炎热,北疆和天山山地气温则不高。吐鲁番盆地是全国最炎热的地区,素有

"火州"之称,夏季各月平均最高气温高于 37 ℃,极端最高气温达 49.6 ℃,为我国气温最高值。北疆及山区夏季各月平均气温仅 20 余度,酷热期甚短。另外,夏季山地降水较多,且常有雷暴和冰雹。盆地降水少,南疆盆地降水量不足 40 mm,是我国降水最少的地区。

秋季降温快,多晴天,能见度良好。由于冷空气活动,10 月南疆月平均气温已降至 10~13 ℃,北疆低于 10 ℃,而山地则低于 5 ℃。随着冷空气逐渐控制本区,降水骤减,晴天增多。秋季在南疆盆地地区几乎没有低云出现,季晴天日数在 40 天以上,是简单气象飞行的理想季节,此时北疆山区地区开始多大风天气。

(2) 重要机场气候特点

位于本区的乌鲁木齐(地窝堡)机场全年以 9、10 月天气最好,晴天较多。冬季天山北坡常有静止锋,导致本场低云、降雪。当降雪时云很低,只有 100~200 m。雪后雾日增多,故有"有雪防雾"之说法。雪和雾集中出现在 11 月至次年 3 月,其全年日数各为 40 余天。

冬半年地面一般没有大风,以山风(偏南)谷风(偏北)环流为主,夏半年则多西北风。年平均大风日为 22 天,大风风向以偏西最多,东南次之。偏西大风多出现在春末和夏季,出现时间多在下午,其次是夜间。东南大风出现于春季的 4、5 月和秋季的 10、11 月;出现时间多在夜间,一般是下午开始刮到深夜或深夜开始刮到上午,其间风速之大,持续时间之久均较西北大风为甚,最大风速曾达 40 m/s。

雷暴很少,全年平均仅 9 天,出现在夏半年,7 月最多。夏季常有系统性积雨云从西南方向移至本场,一般 2~3 h 就可以消散。夏半年多风沙,一般多为西北或东南大风所引起,沙暴日数全年 5 天,对飞行影响较大。

9. 高原区

本区主要包括我国的青藏高原。

(1) 气候特征

该区大部分位于 27°~40°N。除少数地区外,海拔高度大都在 3 000 m 以上,由于海拔高、地形复杂,而且又处于副热带纬度,故形成了特殊的高原季风性气候。

气温低,日较差大。本区冬季受中纬度西风环流控制,比较寒冷;夏季受南方暖湿气流影响,比较凉爽。1 月平均气温大都在 −20~−10 ℃。本区西部最低气温可达 −30 ℃ 以下,其日最低气温在零下的日数可达 200 天以上。7 月本区平均气温大都在 4~14 ℃,仅在南部少数地区可达 20 ℃ 左右。本区虽然气温低,但气温年较差并不是很大,而气温日较差较大,一般在 14~16 ℃,在藏北地区,最大可达 30 ℃。确实是"一年四季不分,一日四季可见"。

干湿分明,多夜雨。本区大部分地区受季风影响,干湿季明显,一般 5~10 月为湿季,11 月至次年 4 月为干季。本区降水量地区差异大,总的趋势是东多西少、南多北少、迎风坡多于背风坡。大部分地区年降水量少于 600 mm,湿季降水量一般占全年降水量的 80%~90%,而且多"夜雨"。湿季云量较多,并从东南向西北减少,而且多对流性云。本区不但夏季多对流性云,而且大部分地区全年皆可产生积雨云。积雨云年日数在 150 天以上,夏季几乎天天有积雨云产生。因此,在本区飞行时要十分注意。积雨云一般在中午开始生成,下午至傍晚发展旺盛,后半夜开始消数,这也是夜雨多的原因。积雨云云高多在 1 500~2 500 m。本区低云除多积状云外,其次为层积云。对于整个高原来说,由于海拔高,形成一般低云云高较高、高云云高较低、二者高度差较小的特点。

冬春干燥多大风。本区冬春季节为干季,天气以晴为主,降水少而多大风。降水一般以降雪为主(本区全年皆可降雪),多集中在次年2月,还可能产生暴雨雪和雪后强降温的雪灾天气。另外,冬春多大风,集中在1～5月,尤以2～4月大风日数最多。春季东部地区有时水汽较多而使能见度小于4 km,其他地区则常因大风引起的风沙而使能见度转坏,故一般3～5月能见度较差,而11月至次年1月和6～7月能见度最好。

(2) 重要机场气候特点

拉萨(贡嘎)机场位于雅鲁藏布江南岸,海拔3 540 m,由于高原天气的特殊性,气候没有明显的春夏秋冬四季之分。其气候特点大体可分为:夏季(5月中旬至9月上旬)、反过渡季(9月中旬至10月中旬)、冬季(10月下旬至次年3月中旬)、过渡季(3月下旬至5月上旬)。

夏季(又称雨季)气温回升,云系增多,雨量增大。在此季节对飞行威胁最大的就是低云,以7月为例,几乎每天都有低云,但整个夏季全天云低于标准的日数也不多。通常是上午较差,下午好一些。当天气受西南气流控制时,日变化明显,往往在10时前低云满天,下小雨,10～11时后雨停、云被抬高,或较少云。当受低压或切变线影响并有冷平流时,低云维持时间较长,有时甚至全天不适航。夏季的雪暴多为热雷暴,主要出现在傍晚和夜间,很少出现在上午,因此对飞行影响不大。整个夏季能见度都很好(>10 km),对飞行无影响。

反过渡季暖湿气流减弱,西风带南移控制高原。由多云过渡到晴好季节,天气时晴时雨,有时产生辐射低云影响飞行。这种低云在生成后一般维持2 h左右,12时前后气温升高其随即消失。

冬季(又称干季)天气晴朗,主要是由大风造成的风沙和浮尘影响飞行安全。高原上一般能见度都大于10 km,有风沙时平均能见度2～4 km,最小达50m。由于风沙和浮尘是由大风引起的,因此冬季能见度的好坏取决于风的大小。当风速超过8 m/s时就有风沙出现,一般上午吹东风午后转西风,并且风速加大,最大西风可达36 m/s。大风和风沙多出现在下午,浮尘多出现在8～12时或13时,因此对飞行影响很大。浮尘出现在暖气团内,头天晚上东风超过6 m/s,第二天8时前停止,把东部沙滩上的沙带入上空形成浮尘,开始形成时间多数在天明前后,在13时以后消失,有时全天都有。

冬夏之交的过渡季节,冷暖气团交汇,天气变化突然,云的变化无常,很不稳定。

例如,1967年4月15日7时前,天气系统和实况都很好,9时在西部雪山上有块积雨云发展,并沿江移来,9时10分布满全天,9时20分就开始移走,由于当时对天气判断不准,飞机在途中返航成都10 min,待积雨云移出后又重新返回,并安全落地。这次主要是受小尺度天气系统影响,引起局地天气变化,在天气图上看不出来。此外,大风在这个季节也很盛行,因而风沙和浮尘经常出现。

12.2 我国周边地区气候特征

12.2.1 蒙 古

蒙古位于亚洲大陆中部,境内山地多分布在西部和北部,而南部和东部比较平坦。海拔高度大多在1 000 m以上,最低处的海拔也超过500 m,为内陆高原。蒙古位于温带,因地势高和纬度高,离海甚远,四周又被高山环绕,很少受到海上暖湿气流的影响,故具有显著的大陆性气候特点。

冬季,蒙古北部是亚洲大陆高气压中心所在地,冬季长而寒冷,天气晴朗,气温很低,大部分地区盛行北风和西北风。

夏季,蒙古的气压较低,多气旋活动,南风频率增多,气温升高,但持续时间短。夏季天气变化很大,热而干燥的天气有时突然被阴雨天气所替代,高山上甚至会产生降雪。

蒙古气候干燥,降水量少,大部分地区年降水量在 300 mm 以下,并集中在夏季,6~8 月的降水量约占全年总降水量的 2/3。

12.2.2 俄罗斯亚洲部分

俄罗斯亚洲部分,南北延伸很广,气候差异较大;东西区很长,西部又远离大洋,气候差异较大。所以,分两部分介绍俄罗斯亚洲部分临近我国边境地区的气候情况。

1. 东西伯利亚地区的气候

从叶尼塞河以东到科雷姆山脉和斯塔诺尾山脉为东西伯利亚地区,与蒙古北部边境接壤,这里冬季漫长寒冷,干燥少雪,多晴天。1 月平均气温为 $-50 \sim -40 \,^{\circ}\mathrm{C}$,其东北部最冷,平均气温可低至 $-50 \,^{\circ}\mathrm{C}$。冬季从 9 月初至次年 5 月,长达 8 个月以上。冬季除低温少云天气较多外,由于辐射较强,还多辐射雾。如雅库茨克在隆冬季节几乎有一半以上的雾日。

5 月末至 9 月初可算是这里的夏季。这时积雪融化,日平均气温可在 10 ℃ 以上。7 月最热,有的地方平均气温可达 19 ℃。但是,当寒潮来袭时,即便是盛夏,最低气温也可接近 0 ℃。这里的北部地区时常为强大的高压控制,由于辐射和下沉作用,常常在地面形成厚达 1 000 m 以上的强大逆温层,水汽常在逆温层下积聚,形成浓密的低云或雾层,故夏季北部虽是永昼,但仍很少见到太阳。

这里还有分布很广的永久冻土层,深的有数百米厚。北部常年结冻,夏季中部和南部的表面层可以融化。

2. 远东地区的气候

靠近我国黑龙江流域的远东地区的气候具有中纬度季风气候特点,和我国黑龙江流域气候大体相同。

冬季从 10 月至次年 5 月,这时多西北风和北风,天气寒冷干燥,晴朗少云,降雪很少。夏季多南风和东南风,低压活动频繁,多阴雨天气,沿海一带时常有雾。

综合上述可知,俄罗斯亚洲部分具有大陆性气候特点。冬季大部分地区晴朗少云,极度寒冷;夏季短暂,除中亚、西亚地区干热外,其他地区温暖多雨。

12.2.3 中亚、西亚地区

中亚、西亚靠近我国西部边境,那里有崎岖的山地和分布很广的沙漠或半沙漠地带。这里气候的特点是:大陆性气候比较明显,冬季寒冷,夏季酷热,各地气候差异较大。

冬季多东北风和东风,夏季多北风和西北风,3~4 月低压活动较多,降水多集中在这个季节。冬季,南部最低气温可达 $-35 \sim -30 \,^{\circ}\mathrm{C}$,北部更冷一些。冬季很短,寒冷过后很快就进入夏季。该地夏季经常是炎热少云天气,降水很少。7月南部地区平均气温可保持在26～30 ℃,个别地区最高气温可达45～50 ℃。空气极为干燥,经常有风沙天气。该地区山地较多,气候受山的影响较大,如塔什干地区的焚风出现在12月,可使气温升高到22 ℃以上,两三天内就可把冰雪全部融化。夏季,焚风则带来酷热与风沙天气。降水也因山地影响而分布不均匀,在山的迎风坡上,有的年降水量可达1 000～1 500 mm;山的背风坡和沙漠地区的年降水量则多在100 mm以下。

12.2.4 朝鲜半岛

冬季,朝鲜半岛多北风和西北风,气候寒冷干燥。北部内陆1月平均气温低于－20 ℃,南部1月平均气温约在－4～0 ℃。12月至次年1月,朝鲜半岛境内冷空气活动最盛,所以西海岸风速常在10 m/s以上。除西南地区因受对马海峡暖洋流影响多阴雨天气外,其余各地晴天都多于阴天。北部地区冬季降雪较多,东北部积雪可达1 m厚,其他地区都在40 cm以下。

春季,朝鲜半岛天气变化较大,阴雨日数比冬季增多。在北部山地,夜间气温常在零度以下,有时还会降雪。西南地区,当有低压经过时,因受东部山地的抬升,常产生大量降水。春夏之交,西海岸中部和东海岸北部因受冷、暖洋流的影响多海雾和低云。

夏季,朝鲜半岛盛行从海上来的东南风,云量、降水量普遍增多。据统计,各地7月阴天日数都在半月以上,晴天日数只有1～3天。夏季降水量约占全年降水量的2/3,并且多阵性降水。朝鲜半岛大部分地区8月最热,东北部平均气温在20～22 ℃,南部约为26 ℃,东部山区当出现焚风时,气温可升到40 ℃以上。

秋季气候温和宜人,云雨稀少。只有当受台风影响时,才会出现大风和阴雨天气。

12.2.5 日 本

日本是岛国,四周都是海洋,所以具有显著的海洋性气候特点,与同纬度亚洲大陆相比温和湿润。

冬季,日本北部与南部、东海岸与西海岸的气候差异大。北部的北海道一年中有5～6个月的最低气温在0 ℃以下,极端最低气温曾达到－25 ℃;南部气温则较高,如九州鹿儿岛1月平均气温为7 ℃左右。冬季日本多西北风,由于地形作用,东西海岸气候差异较大。西海岸处于迎风坡,几乎每天都被浓密的低云笼罩,雨雪很多,降水量占全年的一半左右。当有冷锋和低压经过时,常出现大风,北部和西部还可有暴风雪,所以有的地方积雪很厚,本州和北海道的大部分地区都在50 cm以上,个别地区甚至可达2～3 m。处于背风坡的东海岸,则多晴朗而干燥的天气,雨雪很少。

春季从3月底开始,此时冬季风减弱,使西海岸降水量略为减少,而东海岸降水量有所增加,南部海岸经常有低云和雾出现。但北部东西两岸的气候仍保持着类似冬季的差异。春季日本气温升高较快,积雪很快融化,常因此造成春汛。同我国长江流域一样,日本也以进入梅雨期为夏季的开始,大致开始于6月上旬。到7月中旬,梅雨结束,进入盛夏,各地气温普遍升高。如本州7月约有一半以上的日数最高气温在30 ℃以上。这种高温在南部各地可一直延续到9月下旬。

夏季,由于气温高,水汽充沛,同时日本又多山,因此雷暴出现比较频繁。云雨日数和冬季相反,东海岸多于西海岸,但差别没有冬季明显。此外,在东北海面上,因受冷洋流影响,当暖湿气流北上时,常造成浓密的云雾。

夏秋之交,日本受台风影响较大。平均每年约有 4 次台风在日本登陆,日本常因此遭受严重的灾害。

入秋后,日本也和我国长江下游一样,有一段时间的秋雨时期,特别是北部,9 月是全年降水量最多的月份。秋雨过后,各地出现秋高气爽的天气。深秋后,随着西北风增多,西海岸阴雨天气又开始增多起来。

12.2.6 中南半岛

中南半岛地势北高南低,山脉南北纵列,纵贯河谷平原,山地多覆盖茂密的森林。它的大部分地区位于赤道季风气候带,其南端(马来半岛南部)位于赤道气候带。这里简要介绍缅甸、泰国、老挝、柬埔寨、越南等国的气候。

这一地区的气候与风的季节性变化关系很密切。当亚洲大陆为高压控制时,各地盛行东北风;当亚洲大陆为低压控制时,各地盛行西南风。随着盛行风的变化,广大地区的气候特征也跟着有相应的变化。

中南半岛大部分地区一年分旱、雨两季。北部旱季又分为热季与凉季。各地季节的大致起止时间:从 11 月至次年 5 月是旱季,5~10 月是雨季。但这只是季节变化的一个轮廓,由于季风强弱等种种原因,实际的季节转换常常提前或滞后。

旱季主要特点是干燥少雨,后期晴热。3 月以前,平均气温多在 20~25 ℃,北部在 15~20 ℃。缅甸北部山地偶有霜冻,多数地区温暖宜人。从 3 月至雨季到来之前,越南、老挝、缅甸进入热季。各地气温普遍很高,土地干旱。4 月是一年中最热的月份,月平均气温大都在 28 ℃以上,北部河谷低地的最高气温可超过 40 ℃。此外,旱季里河谷和山谷晴夜辐射冷却较强,早晨多辐射雾,有的地方一个月内最多可出现 20 个雾日。

雨季大多从 5 月下旬开始,到 10 月结束。但是,各地雨季都略有提前或推迟的现象。如泰国和缅甸有些地方的雨季可提前到 4 月底或 5 月初,并且雨季到来迅急,常伴有强烈的雷阵雨;越南雨季开始较迟,而且来得比较缓和。各地雨季开始后,气温显著降低。雨季期间,各地每月降水日数一般都在 20 天左右,最多可达 25 天。降水量最多的是在山地的西南季风的迎风坡上,年降水量可达 4 000~5 000 mm;降水量最少的是缅甸中部的曼德勒,年降水量为 800 mm,是中南半岛的干燥地区。

各地在雨季期间雨日很多,雨量集中,空气潮湿,气候条件恶劣,而且常有山洪暴发酿成灾难,对陆军各兵种的军事行动都有一定的影响。在热带丛林中,雨季是痢疾、疟疾病的流行期。

附录 A　航空气象术语中英文对照

A
鞍形气压场
col pressure field
B
饱和水汽压
saturation vapor pressure
北极大陆气团
Continental Arctic Air Mass
本站气压
station pressure
标准海平面气压
standard sea-level pressure
飑
squall
飑线风暴
squall line storm
冰雹
hail
冰晶
ice crystal
波状云
wave cloud
C
槽线
trough line
侧风
cross wind
侧风切变
cross wind shear
层积云
Stratocumulus
层云
stratus
层状云
stratiform cloud
场面气压
airdrome pressure
超级单体风暴
supercell storm
尘卷风
dust devil
赤道海洋气团
Maritime Equatorial Air Mass
传导
conduction
吹雪
driven snow
垂直风切变
vertical wind shear
垂直能见度
vertical visibility
D
大风
gale
大气
atmosphere
大气气溶胶
atmospheric aerosol
大气透明度
transparency of the atmosphere
大气湍流
atmospheric turbulence
大气温度
atmospheric temperature
大气稳定度
atmospheric stability
大气现象
atmospheric phenomenon

大气压强(压力)
atmospherie pressure

淡积云
cumulus humilis

等高线
contour

等温层
isothermal layer

等温线
isotherm

等压面图
isobaric chart

等压线
isobar

低吹雪
drifting snow

低空风切变
low-level wind shear

低空急流
low-level jet stream

低涡
vortex

低压
low pressure

低压槽
trough

低云
low cloud

地方性风
local wind

地面能见度
surface visibility

地面天气图
surface synoptic chart

地形雷暴
orographic thunderstorm

地转风
geostrophic wind

东风波
easterly wave

动力扰动
dynamie disturbance

冻雨
freezing rain

对流层
troposphere

多单体风暴
multiple-cell storm

多普勒雷达
Doppler radar

F

反气旋
anticyelone

飞行能见度
flight visibility

飞行气象条件
flight meteorological condition

飞机颠簸
aircraft bumpiness

飞机积冰
aircraft icing

飞机尾迹
aireraft trail

焚风
foehn

风
wind

风袋
wind sleeve

风级
wind force scale

风力
wind force

风切变
wind shear

风矢量
wind vector

风速

wind speed

风向

wind direction

锋

front

锋面气旋

frontal cyclone

浮尘

dust

辐射

radiation

辐射雾

radiation fog

G

干洁空气

dry and clean air

高层云

altostralus

高吹雪

blowing snow

高积云

altocumulus

高空急流

upper-level jet stream

高空天气图

upper air synoptic chart

高压

high pressure

高压脊

ridge

高云

high cloud

锢囚锋

occluded front

过冷水滴

supercooled water droplet

H

海陆风

sea-land breeze

海平面气压

sea-level pressure

寒潮

cold wave

航路天气预报

route weather forecast

航站天气预报

terminal aerodrome forecast

红外云图

infrared cloud picture

环流

circulatior

J

积雨云

cumulonimbus

积云

cumulus

积状云

cumuliform cloud

极地大陆气团

Continental Polar Air Mass

极地海洋气团

Maritime Polar Air Mass

脊线

ridge line

季风

monsoon

间歇性降水

intermittent precipitation

降水

precipitation

卷层云

cirrostratus

卷积云

cirmocumulus

卷云

cirus

K

科里奥利力(科氏力)

Coriolis force

可见光云图

visible cloud picture

L

雷暴

thunderstorm

雷暴单体

thunderstorm cell

冷锋

cold front

冷气团

cold air mass

连续性降水

continuous precipitation

龙卷

tomado

露

dew

露点

dew point

M

霾

haze

毛冰

rime ice

毛毛雨

drizzle

明冰

clear ice

N

南极大陆气团

Continental Antarctic Air Mass

能见度

visibility

逆风

head wind

逆风切变

head wind shear

逆温

temperature inversion

逆温层

inversion layer

浓积云

cumulus congestus

暖锋

warm front

暖气团

warm air mass

P

跑道视程

runway visual range

平流层

stratosphere

平流雾

advection fog

Q

气候

climate

气团

air mass

气象

meteorology

气象观测

weather observation

气象雷达

metcorological radar

气象雷达回波图

meteorological radar echo chart

气象卫星

meteorological satellite

气象要素

meteorological element

气旋

cyclone

气压场

pressure field

气压梯度力

pressure gradient force

潜热
latent heat
切变线
shear line
倾斜能见度
slant visibility
晴空湍流
clear air turbulence
气温直减率
temperature lapse rate

R

扰动气流
rough air
热层
thermosphere
热成风
thermal wind
热带大陆气团
Continental Tropical Air Mass
热带辐合带
intertropical convergence zone
热带海洋气团
Maritime Tropical Air Mass
热带气旋
tropical cyclone
热雷暴
thermal thunderstorm
热力扰动
thermal disturbance
日常航空天气报告
Surface Aviation Weather Reports

S

沙尘
sand and dust
沙尘暴
sandstorm
山地波
mountain wave
山谷风
mountain-valley breeze
闪电
lightning
湿度
humidity
数值天气预报
numerieal weather prediction
霜
frost
水平能见度
horizontal visibility
水汽
water vapor
水汽压
water vapor pressure
水相变化
water phase transformation
顺风
tail wind
顺风切变
tail wind shear
碎雨云
fracto-nimbus

T

台风
typhoon
天气
Weather
天气实况
actual weather
天气图
synoptic chart
天气系统
synoptic system
天气预报
weather forecast

W

外逸层
exosphere

卫星云图
satellite cloud picture
位势高度
geopotential height
雾
fog
雾凇
rime

X
峡谷风
gorge wind
下击暴流
downburst
相对湿度
relative humility
信风
trade wind
雪
snow
雪暴
snowstorm

Y
烟幕
smoke screen
扬沙
blowing sand
有效能见度
effective visibility
雨
rain
雨层云
nimbostratus
雨幡
virga
雨夹雪
sleet
云
cloud
云高
cloud height
云量
cloud amount
云状
cloud form

Z
阵风
gust
阵性降水
showery precipitation
阵雨
showery rain
中层
mesosphere
中云
middle cloud
重要航空天气预报
significant weather forecast
准静止锋
quasl-stationary front
自由大气
free atmosphere

附录 B 部分云图

毛卷云(见图 B-1):呈丝条状,分布零散,纤维结构清晰。

图 B-1 毛卷云

密卷云(见图 B-2):云片的中部较厚,纤维结构不明显,而边缘部分的纤维结构明显。密卷云偶尔也呈絮状或者堡状。

图 B-2 密卷云

伪卷云(见图 B-3):由鬃积雨云的云砧脱离其母体而成,云片较大较厚。在热带地区上空出现大片伪卷云时,常伴有晕。

图 B-3 伪卷云

钩卷云(见图 B-4):云丝方向比较一致,形似逗点符号,向上的一头有小簇或者小钩。

图 B-4 钩卷云

卷积云(见图 B-5):白色细鳞片状的云块聚集成群,像轻风吹过水面时泛起的微波。

图 B-5 卷积云

毛卷层云(见图 B-6、图 B-7):云幕厚薄不均,纤维结构明显。

图 B-6　毛卷层云

图 B-7　毛卷层云

匀卷层云(见图 B-8):云幕厚薄均匀,纤维结构不明显。

图 B-8　匀卷层云

透光高积云(见图 B-9):云块个体明显,排列较整齐,云块之间有间隙,可见蓝天或者上层云,即使无缝隙,但因大部分云块都比较明亮,故也能辨别日月位置。

图 B-9　透光高积云

蔽光高积云(见图 B-10):云块密集,排列不规则,大部分或者全部云层没有缝隙,不能辨别日月位置,偶尔有间歇降水。

图 B-10　蔽光高积云

荚状高积云(见图 B-11):云块呈豆荚形或者椭圆形,轮廓分明,生消变化较快。

图 B-11　荚状高积云

积云性高积云(见图 B-12):由衰退的浓积云或积雨云崩溃解体而成,云块大小不一,顶部具有积云特征。

图 B-12　积云性高积云

絮状高积云(见图 B-13):云块顶部凸起,底部不在同一水平线上,个体破碎似棉絮团,多呈白色。

图 B-13　絮状高积云

堡状高积云(见图 B-14):云块顶部凸起明显,底部并连在同一水平线上,形似城堡或者长条形的锯齿。

图 B-14　堡状高积云

透光高层云(见图 B-15)：云层较薄，透过云层看日月如同隔着一层磨砂玻璃，可见日月位置，但其轮廓模糊。

图 B-15　透光高层云

蔽光高层云(见图 B-16)：云层较厚，且厚度差异较大，厚的部分看不清日月位置，薄的部分有时可大致辨别日月位置。

图 B-16　蔽光高层云

雨层云(见图 B-17)：灰暗的均匀幕状广阔云层，云底比较均匀，起伏不明显，有时略有条纹状，带有降水量较大的连续性雨雪天气。

图 B-17　雨层云

碎雨云(见图 B-18):云体呈破碎的片状或者块状,形状极不规则,云片呈灰色或者深灰色,移动较明显。

图 B-18 碎雨云

透光层积云(见图 B-19、图 B-20):云层较薄,云块排列较整齐,云块之间有缝隙,可见蓝天或者上层云,或者虽无缝隙,但是大部分云块都比较明亮,能辨别日月位置。

图 B-19 透光层积云

图 B-20 透光层积云

蔽光层积云(见图 B-21):云层较厚,云块密集,无缝隙,常布满天空,不能辨别日月位置,有时可降间歇性雨雪。

图 B-21 蔽光层积云

荚状层积云(见图 B-22):云体中间厚、边缘薄,形似豆荚,个体分明,孤立分散。

图 B-22 荚状层积云

积云性层积云(见图 B-23):由衰退的积云或者积雨云崩溃解体而成,或者由微弱的对流作用直接形成,云块大小不一致,呈扁平的长条形,顶部具有积云的特征。

图 B-23 积云性层积云

堡状层积云(见图 B-24)：云块顶部凸起似积云，底部并连在同一水平线上，形似城堡。

图 B-24　堡状层积云

层云(见图 B-25)：灰色或灰白色云层，云底模糊不清，很像大雾，但不和地面相接，云底高度只有 50～500 m，常常笼罩山顶或高建筑物。

图 B-25　层　云

碎层云(见图 B-26)：云体呈片状，支离破碎，形状极不规则，云体常呈灰色或者灰白色。

图 B-26　碎层云

淡积云(见图 B-27):云块垂直向上发展不旺盛,其厚度小于水平宽度,从侧面看似小土包。

图 B-27　淡积云

碎积云(见图 B-28):云块破碎,中部稍有凸起,形状多变。

图 B-28　碎积云

浓积云(见图 B-29):云块垂直向上发展旺盛,庞大臃肿,从侧面看像小山和高塔,云顶成团升起,形似花椰菜。

图 B-29　浓积云

秃积雨云(见图 B-30)：云顶部圆弧形轮廓的部分或者全部模糊，或者出现了少量的云丝但尚未扩展开来。

图 B-30　秃积雨云

鬃积雨云(见图 B-31)：云顶部有明显的纤维结构，且扩展成马鬃状或者铁砧状。

图 B-31　鬃积雨云

附录 C 《气象与飞行》在线课程及教材简介

自从莱特兄弟驾驶飞机首次升空之后,气象与飞行就结下了不解之缘。各种飞行器翱翔在万里长空,都会受到气象条件的影响。一个多世纪过去了,虽然飞行器制造技术、飞行技术、气象保障技术都发生了巨大的飞跃,但人类的飞行活动仍然没有摆脱天气的影响和制约。在长期的飞行实践中,人们与复杂天气进行着搏击,遭遇过因天气造成飞行事故的惨痛教训,但也积累了应对复杂天气、处置特殊空情的丰富经验。

随着我国航空事业的蓬勃发展,与飞行相关的各个行业越来越受到人们的青睐,每年都有数以万计的从业者选择从事与飞行相关的行业。而对于飞行活动来说,确保飞行安全是永恒的话题,气象条件作为影响飞行安全的重要因素,始终为人们所重视。

航空气象教学团队秉持倾心打造了《气象与飞行》在线课程,该门课程将一步步向您揭示气象与飞行的密切关系,带领您全方位的展示飞行的"空中舞台"——大气,解密飞行的"隐形影响力"——风,探寻飞行的"空中路标"——云,了解飞行的"视程障碍"——低能见度,探析飞行的"银装累赘"——积冰,体验飞行的"坎坷道路"——颠簸,领略飞行的"最强劲敌"——雷暴,认识飞行的"无形杀手"——低空风切变,知晓飞行的"安全守卫"——航空气象保障。

该课程已在军事职业教育、学堂在线、军职在线、学习强国、国家高等教育智慧教育等5个军地平台同步上线,具有教学内容系统全面、教学设计突出实用、教学方法直观生动、教学资源丰富多样等特点。《航空气象》作为《气象与飞行》在线课程的配套教材,进一步丰富充实了在线课程教学内容,便于学生对相关理论和技能进行更全面和系统的学习。在本书相关章节,配有相关内容视频的二维码,可以直接扫码学习,实现学习由书本直达线上。

《气象与飞行》在线课程学习,可以通过进入军事职业教育、学堂在线、军职在线、学习强国、国家高等教育智慧教育等平台主页,搜索"气象与飞行"。也可以通过微信扫一扫下方各二维码,进入课程的学习。

学堂在线平台　　　　　军职在线平台

学习强国平台　　　国家高等教育智慧教育平台

参考文献

[1] 黄仪方.航空气象[M].2版.成都:西南交通大学出版社,2011.

[2] 章澄昌.飞行气象学[M].北京:气象出版社,2000.

[3] 周海申.航空气象学[M].北京:航空工业出版社,2019.

[4] 王秀春,顾莹,李程.航空气象[M].北京:清华大学出版社,2014.

[5] 赵树海.航空气象学[M].北京:气象出版社,1994.

[6] 张培昌,戴铁丕,杜秉玉.雷达气象学[M].北京:气象出版社,1988.

[7] 杨国祥.中小尺度天气学[M].北京:气象出版社,1983.

[8] 王大海.飞行原理[M].广汉:中国民航飞行学院出版社,1997.

[9] 602设计研究所编译,外国直升机动态,2000.

[10] 王迎新.航空安全与航空事故防范实用手册[M].北京:光明日报出版社,2002.

[11] 祁元福.世界航空安全与事故分析[M].北京:中国民航出版社,1998.

[12] 蒋瑞宾,气象学,北京气象学院,1986.

[13] 游性恬,张兴旺.数值天气预报基础[M].北京:气象出版社,1992.

[14] 沃洛德克.单旋翼直升机设计特点与维修原理[M].北京:军事科学出版社,1993.

[15] 唐万年.高技术局部战争气象保障概论[M].北京:气象出版社,1999.

[16] 马鹤年.气象服务学基础[M].北京:气象出版社,2001.

[17] 吴兑,邓雪娇.环境气象学与特种气象预报[M].北京:气象出版社,2001.

[18] 王永忠.气温、气压对飞行安全的影响分析[J].南京气象学院学报,2001,24(2):291-294.

[19] 张强,曹义华,潘星,等.积冰对飞机飞行性能的影响[J].北京航空航天大学学报,2006,32(6):654-657.

[20] 李春生,低空风切变的判断方法与处置措施,航空气象科技,2003.4

[21] 赵维义,傅百先,丁文勇,等.低空风切变中直升机纵向运动特性分析[J].飞行力学,2002,20(1):25-28.

[22] 汪东林,张彩先,蒋晓彦.沙尘环境对直升机的危害及防护对策探讨[J].装备环境工程,2006,3(2):68-72.

[23] 王德铮,高技术条件下局部战争战役气象保障特点和原则,跨世纪探索,1994.

[24] 张瀠,许心钰.直升机对风切变的响应[J].南京航空航天大学学报,1991,23(4):37-44.

[25] 张西,于琦.直升机结冰危害与结冰试验方法探讨[C].//中国航空学会.第十七届全国直升机年会论文集.2001:116-119.

[26] 李永艺,余能鹏,李基堂.直升机的积冰与预防[C].////中国航空学会.第十七届全国直升机年会论文集.2001:111-115.

[27] 许金城,话说沙尘暴,军事气象,2002.

[28] Departments of the Army and the Air Force, Weather support for Army Tactical Oper-

ations, 1989.

[29] SIELAND T E. Weather Support to the Air Tasking Order[J]. Air War College. 1989.

[30] KHAN K. Refractive Conditions in Arabian Sea and Their Efects on ESM and Airborne Radar Operations[D]. Monterey: Naval Postgraduate School, 1990.

[31] GEEMAERT G L. Remote Sension of Evapirati on Ducts for Naval Warfare[J]. 1989.

[32] The Influence of Weather on Refueling at Sea, AD4152260.

[33] Major Charles F. Ronerts and Majot Alvan Bruch, Meteorology in plans and Operation, Air University Review, Vol. 11, No. 20.

[34] 李春生, 低空风切变的判断方法与处置措施, 航空气象科技, 2003.

[35] Military Specification Flying Qualities of Piloted V/STOL Aircraft, MIL-8330.

[36] WANG S C, XU Z. A Simplified Method for Predicting Rotor Blade Air loads[J]. Acta Aeronauticaet Astronautica Sinica, 1982, 3(2): 1-17.

[37] GERA J. Longitudiual Stability and Control in Wind Shear with Energy Height Rate Feedback[J]. Nasa Technical Memorandum, 1980.